# 全国高职高专石油化工类专业"十二五"规划教材

# 编审委员会

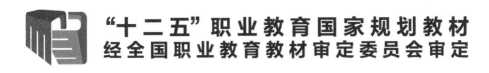

"十二五"职业教育国家规划教材

经全国职业教育教材审定委员会审定

# 润滑油生产与应用

## 第二版

康明艳　卢锦华　主编　　邓玉美　副主编

化学工业出版社

·北京·

本书共分八章，系统地介绍了摩擦磨损和润滑的原理、润滑油和添加剂的分类、润滑油基础油（包括矿物润滑油基础油和合成润滑油基础油）的制备、润滑油添加剂的选用、商品润滑油的调和、储存和包装、商品润滑油的选用、废润滑油再生、食品级润滑油简介等内容。

本书可供高职高专院校石油化工、炼油技术、精细化工、油品分析、石油工程、油气储运等专业的教师和学生使用，也可供石油化工企业一线操作人员参考学习。

**图书在版编目（CIP）数据**

润滑油生产与应用/康明艳，卢锦华主编 . —2 版 . —北京：化学工业出版社，2016.2（2021.8重印）
"十二五"职业教育国家规划教材
 ISBN 978-7-122-24831-2

Ⅰ.①润… Ⅱ.①康…②卢… Ⅲ.①润滑油-高等职业教育-教材 Ⅳ.①TE626.3

中国版本图书馆 CIP 数据核字（2015）第 179228 号

---

责任编辑：张双进　窦　臻　提　岩　　　　　　　装帧设计：王晓宇
责任校对：吴　静

---

出版发行：化学工业出版社（北京市东城区青年湖南街 13 号　邮政编码 100011）
印　　装：涿州市般润文化传播有限公司
787mm×1092mm　1/16　印张 14¾　字数 367 千字　　2021 年 8 月北京第 2 版第 3 次印刷

---

购书咨询：010-64518888　　　　　　　　　售后服务：010-64518899
网　　址：http://www.cip.com.cn
凡购买本书，如有缺损质量问题，本社销售中心负责调换。

---

定　　价：43.00 元

# 序

高等职业教育是随着社会经济的发展而逐步成熟起来的现代高等教育形式。经过20多年的实践和建设，特别是近十年随着我国教育改革的不断深入，高等职业教育发展迅速，已经发展成为一种重要的教育类型，进入到一个新的发展阶段，为我国经济建设培养了一批急需的技术应用型人才和高技能型人才。

石油化学工业是基础性产业，它为农业、能源、交通、机械、电子、纺织、轻工、建筑、建材等工农业和人民日常生活提供配套和服务，是化学工业的重要组成部分，是国民经济最重要的支柱产业之一，关系到国家的经济命脉和能源安全，在国民经济、国防建设和社会发展中具有极其重要的地位和作用。世界经济强国无一不是石油化工工业强国。近年来，我国石油化学工业发展迅速，2010年全行业总产值已位居世界第二位，仅次于美国。石油化学工业规模的扩大和技术水平的提高，对石油化工类的专业技术人才培养提出了新的要求，需要我们高等职业院校为之培养一大批实用型、操作型技术应用人才，这不仅为我们石油化工类高职院校的大力发展提供了良好机遇，更是对我们提出了更高的要求和挑战。

然而我们也清醒地认识到高职高专院校所培养的人才与行业企业的需求还存在一定的偏差。虽然很多学校校园面积、建筑面积、教学仪器设备、图书等硬件办学条件得到大大改善，一批院校形成了相当优质的教学资源，为培养高素质、高水平的人才奠定了物质基础。但是影响教学质量提高的核心——专业建设、课程建设这些软件条件却不能完全满足人才培养的需要，其中作为课程建设和专业建设重要内容的教材建设滞后于高等职业教育发展的步伐，是造成这种偏差的直接原因之一。教材是教学思想与教学内容的重要载体，是教学经验的结晶，体现了教学方式与方法，也是提高教育教学质量的重要保证，具有广泛的辐射和带动作用。教育部《关于全面提高高等职业教育教学质量的若干意见》（教高[2006] 16号）明确提出要"加强教材建设，重点建设好3000种左右国家规划教材，与行业企业共同开发紧密结合生产实际的实训教材，并确保优质教材进课堂。"纵观目前我国高职高专石油化工类专业教材建设，主要存在：教材缺乏系统，落后于教育教学改革；内容陈旧，先进性与针对性不强；缺乏以能力培养为核心的特色专业教材；没有形成高水平教材编写团队，编写人员实践经验缺乏，未能体现"工学结合"、"校企结合"的职业教育理念和"工作过程系统化"、"教学做一体"、"项目导向、任务驱动"等先进教学模式；教材没有立体化的教学资源相配套等问题。

为了适应我国高职高专石油化工类专业教学的需要，在总结近十年高职高专教学改革成果的基础上，组织建设一批满足我国石油化工行业高技能人才培养需要的高质量规划教材不仅必要而且非常迫切。因此，教育部高职高专化工技术类专业教学指导委员会、中国化工教育协会全国化工高等职业教育教学指导委员会联合化学工业出版社共同规划并组织了"全国高职高专石油化工类专业'十二五'规划教材"。为保证本套规划教材编写工作有序高效和教材编写质量，教指委在广泛调研的基础上组织有关专家就教材建设方案进行了研讨，提出规划教材的建设原则与要求；出版社依据此编写原则与要求组织全国石油化工高职高专院校专业老师进行教材编写项目的申报，公开征集编写方案，并在教指委的指导下组织了高职教育领域的课程专家按照"工学结合，理论实践一体化设计思想"的教材建设评审标准，对申报的编写方案进行了答辩，最终在全国范围内遴选出 16 所院校从事石油化工职业教育的优秀骨干教师编写这套规划教材。另外，在教指委的领导下还成立了"全国高职高专石油化工类专业'十二五'规划教材编审委员会"。

这套规划教材主要体现了如下特色：

1. 坚持理论实践一体化，避免了理论与实践相隔离的现象。重在基本概念的阐释、科学方法的结论和理论的应用方面，减少大篇幅的理论阐述和推导过程。教材编写符合高职高专学生实际，充分考虑学生学习能力之所长。

2. 以学生能力培养为核心，与"工学结合"、"校企结合"等先进教育模式相适应。

3. 以当前高职教育的课程改革为基础，突出教材编写体系的创新性，同时注意把握创新教材的通用性，便于教师的教学设计，教材的结构安排、编排方式符合教师教学的需要和学生学习的需要。

4. 反映了生产实际中的新技术、新工艺、新方法、新设备、新规范和新标准，基本保证了教学过程与生产一线的技术同步。

5. 立体化教学资源配套齐全。本套规划教材均配有供教师使用的电子课件、课程标准、习题解答等教学资源。

本套教材根据教育部教高［2006］16 号文件的精神，吸收了先进的高职高专教育教学改革理念，特别是石油化工、炼油等专业国家示范性高等职业院校建设的成果，汇集了全国众多石油化工类院校优秀教师的教学经验，也得到了行业企业专家、相关院校的领导和教育教学专家的指导与大力支持。相信它的出版不但能够满足当前高职高专石油化工类专业教学的需要，而且对于该类专业的课程建设与改革也能起到一定的示范和引领作用，对于提高职业教育教学质量将起到积极的推动作用。

总之，希望通过我们的工作能够为我国的高职高专教育工作和石油化学工业的发展贡献绵薄之力。在此向所有积极参与本套规划教材建设及给予热情支持的领导、专家和教师们表示衷心的感谢！殷切期望广大读者提出宝贵意见和建议！

曹克广
2011 年 7 月

# 前　言

为了达到高职教育培养高素质劳动者和技能型人才的人才培养目标，高职院校的课程体系及课程内容都必须紧密结合生产实际和行业标准，这就要求高职教材必须产教结合并体现行业标准。

随着我国对环境保护的严格要求，润滑油生产企业必须在环境友好的基础上进行生产与管理，为了更好地适应润滑油生产企业对人才全方位的要求，更好地突出产教结合并体现标准，《润滑油生产与应用》编写团队对第一版教材进行了修订。

第二版教材的更新内容有两个方面：首先依据润滑油生产企业的 HSE 管理标准对第一版教材中设计的七个教学项目增加了生产过程中 HSE 管理方面的内容，包括健康防护、安全管理与环境保护等，便于指导读者在润滑油生产的过程中进行健康防护、安全防护和环境保护；其次，对目前公众关注度极高的食品安全中涉及的食品级润滑油进行了专门介绍，让读者了解食品级润滑油的组成、分类以及质量鉴定方法，指导读者更好地选择选用对身体无害的食品。

本书由康明艳、卢锦华任主编，邓玉美任副主编，肖文平、李贤宇参编。第二版教材的修订内容由天津渤海职业技术学院教师康明艳、宋翔和周博完成，其中第一章、第二章、第三章和第四章的修订工作由康明艳完成，第五章的修订工作和第八章的编写工作由宋翔完成，第六章和第七章的修订工作由周博完成，全书的统稿由康明艳完成。

在第二版教材的编写过程中参考了大量的文献资料，在此一并致谢。由于编者的水平有限，书中不妥之处在所难免，恳请专家和读者批评指正。

编　者
2015 年 7 月

# 第一版前言

本教材是教育部高职高专化工技术类专业教学指导委员会、中国化工教育协会全国化工高等职业教育教学指导委员会规划组织的全国高职高专石油化工类专业"十二五"规划教材之一。

一切作相对运动的表面间都会存在摩擦现象，表面都会产生磨损，为了降低摩擦、减小磨损，在摩擦副表面间都要加入润滑油。润滑油的产量不高，但品种很多，随着现代工业的发展，对润滑油的要求也越来越严格。为了让读者了解润滑油的作用原理、润滑油的制备过程、润滑油的选用以及润滑油使用后的废油处理，我们综合各方面的资料加以提炼和总结编撰成本书。

本书共分七章，系统地介绍了摩擦磨损和润滑的原理、润滑油和添加剂的分类、润滑油基础油（包括矿物润滑油基础油和合成润滑油基础油）的制备、润滑油添加剂的选用、商品润滑油的调和储存和包装、商品润滑油的选用和废润滑油再生等内容。

本书由康明艳、卢锦华、邓玉美、肖文平和李贤宇等人共同编写。其中，第一章部分内容和第二章由天津渤海职业技术学院康明艳编写；第四章和第六章部分内容由承德石油高等专科学校卢锦华编写；第三章和第五章由天津渤海职业技术学院邓玉美编写；第七章由天津石油职业技术学院肖文平编写；第一章部分内容和第六章部分内容由天津渤海职业技术学院李贤宇编写。全书由康明艳统稿。

本书由兰州石化职业技术学院冯文成教授和天津渤海职业技术学院杨永杰教授主审，在编写过程中还得到了润滑油行业的老前辈——西安石油大学张景河教授的悉心指导，在此，对三位专家表示深深的谢意。

在编写本书的过程中，我们参考了相当多的文献资料，已列入参考文献中，在此特向文献资料的原作者表示衷心感谢。

由于编者的水平有限，在编写的过程中对内容的把握以及取舍还存在不足，不妥之处难免，敬请广大专家和读者不吝指教。

编　者
2012 年 5 月

# 目　录

# 第四章 润滑油添加剂 ‥‥‥‥‥‥‥‥‥‥‥‥‥‥‥‥‥‥‥‥‥‥‥‥‥‥‥‥‥‥‥‥‥‥ 105

# 第五章 商品润滑油的调和和储存包装 ‥‥‥‥‥‥‥‥‥‥‥‥‥‥‥‥‥‥‥‥‥‥‥ 113

# 第一章　摩擦、磨损与润滑

【知识目标】

　1. 了解摩擦和磨损的原理。

　2. 理解摩擦和磨损的种类、摩擦和磨损的原因。

　3. 了解摩擦和磨损的危害。

　4. 理解润滑的作用原理、润滑的种类。

　5. 理解润滑剂的分类，掌握各种润滑剂的组成、特点和适用场合。

【能力目标】

　1. 能从外观上认识润滑油。

　2. 能根据两个作相对运动的物体表面的形状判断摩擦和磨损程度并正确选用润滑油。

　3. 能根据相对运动的物体接触面的油膜厚度和形式判断润滑形式。

　4. 会根据不同的应用场合分析并选用适合的润滑剂。

 实例导入

　　图 1-1 为某一设备中产生摩擦现象的相互接触的两个表面（即摩擦副）中一个面的剖面图。

图 1-1　摩擦副表面的剖面图

　　从摩擦副表面的剖面图 1-1 上，可以看到在摩擦副的这个表面出现了什么现象？实际生活中又有哪些生活实例中有这些相同的现象发生？这些现象有哪些危害？如何避免？

## 第一节　摩　　擦

　　世界能源的 1/3～1/2 最终以各种不同形式的摩擦消耗掉，因此，降低机械的摩擦损失，对节约能源至关重要。为了减小机械的摩擦和磨损，必须对机械表面的性状、摩擦和磨损的情形进行研究。

**一、摩擦的作用**

1. 摩擦的定义

相互接触的物体在相对运动时或具有相对运动的趋势时，接触面间所产生阻碍其相对运动的阻力称为摩擦力，发生的现象则称为摩擦。

互相接触的物体相对运动时产生的摩擦现象，在生产实践中早就被人们注意到。早在1508年，达·芬奇就正确地阐述了有关摩擦力的概念。1699年，法国工程师阿蒙顿归纳了两条有关摩擦的基本定律：第一，摩擦与两物体的接触面的大小无关；第二，摩擦阻力与垂直负荷成正比。

根据此定律得出摩擦力与负荷的关系：

$$f = F/P$$

式中　$f$——摩擦系数；

　　　$F$——摩擦力，N；

　　　$P$——摩擦面上的垂直负荷，N。

在一定条件下，摩擦系数 $f$ 是一个常数，但摩擦系数与摩擦接触表面积、摩擦表面的材料、摩擦的种类和摩擦表面的加工精度等有关。如两块铜材在空气中的摩擦系数约为0.6，石墨与石墨的摩擦系数在不太干燥的空气中约为0.1，在很干燥的空气中超过0.5。

摩擦现象是在两个摩擦表面之间产生的，摩擦力的大小与摩擦表面的相互作用有密切的关系。

2. 摩擦的作用

在许多场合，摩擦对人类有利。比如，人们依靠摩擦来拿起和握住物品，房间内的家具依靠与地面的摩擦而保持在固定的位置，水龙头利用摩擦力而拧紧，钉子依靠摩擦力而固定在木材中以及人们生活中用刷子洗刷掉衣服上的污渍等。

在更多的情况下，摩擦是一个有害的因素，需要采取一定的措施进行限制，这在机械行业是一个十分普遍的问题。摩擦产生的危害主要体现在以下几个方面。

(1) 消耗动力　金属表面发生相对运动时，其凸起的部分发生碰撞，会消耗一部分机械能。金属在摩擦过程中会产生塑性变形，导致能量的大量消耗。

(2) 金属表面产生大量热能　金属表面发生相对运动时因摩擦而产生的热能使机件表面温度升高，严重时甚至使金属熔化而烧结。

由于这些热量集中在金属表面，瞬时温度可达 500~1000℃，而高温下，化学反应很容易进行。例如常用的抗磨剂二烷基二硫代磷酸锌，在温度达到140℃时会分解，并进一步生成聚合物，分解出的活性元素还会与摩擦副表面发生作用。矿物油中的烃类当温度达到400℃左右时分解，当遇到氧或受到摩擦表面的催化作用时，会在更低的温度下发生化学反应。

(3) 机件磨损　在摩擦碰撞过程中，凸起部分会被撕裂，或因疲劳而碎裂，坚硬的部分还可将较软的部分划伤，这些都会使机件损毁，即磨损。机械零件表面磨损后往往造成设备精度丧失，需要进行维修，使得生产过程不得不被迫停工。

除了传动皮带、摩擦轮等部件外，一般的机械部件都要求减小摩擦和磨损，以保证机械的正常、高效运转。

摩擦对人们的生活既有利又有害，这是一个客观规律。只要认真研究和了解摩擦的原因，并采取相应的措施，就能达到利用摩擦为人类造福和控制、减缓摩擦，提高机械效率，延长机器零件使用寿命的目的。

## 二、产生摩擦的原因

当两个金属表面被负荷压紧并发生相对运动时，阻碍运动进行的阻力就是产生摩擦的根本原因。

### 1. 机械啮合

机械啮合由物体表面不平滑的凸起部分阻挡相互的运动而产生。任何实际存在的表面都不是绝对平滑的，一般都留有加工的痕迹，即使经过精密的加工，如研磨，其表面也只是相对光滑些，绝对光滑的表面是不存在的。

即使加工很"光滑"的零件表面，在显微镜的观察下也是凸凹不平的（见图1-2），有如地球表面的地貌一样，布满了高山和深谷。零件表面的这种凸凹不平的几何形状，称为表面形貌。表面上凸起处称为波峰，凹下处称为波谷。相邻的波峰与波谷间的距离称为波幅（$H$），相邻波峰或相邻波谷间的距离称为波距或波长（$L$）。

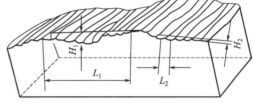

图1-2　金属零件表面的形貌

### 2. 摩擦副表面产生的热量

当表面发生相对运动时，由于所有摩擦作用都发生在很小的实际接触面上，因此支撑点附近的表面温度会迅速升高，产生的热量造成局部的软化和熔化而使黏结力增大。因此发生相对运动特别是高速运动时撕裂黏结点要消耗更多的动力。

### 3. 摩擦副相互接触部分的分子间引力

实践表明，摩擦力不一定随摩擦副表面的粗糙度降低而减小，有时反而增大。这是因为表面越光滑，相互接触的部分越多，分子间引力产生的摩擦阻力也越大。

## 三、摩擦的分类

摩擦的现象极为普遍，种类很多，根据对摩擦现象观察和研究的依据不同，可将摩擦划分为不同的类型。摩擦的分类通常按摩擦副的运动状态、运动形式和润滑状况来划分。

### 1. 按摩擦副的运动状态分类

按摩擦副的运动状态分类，摩擦可分为静摩擦和动摩擦两种。

（1）静摩擦　当物体在外力作用下对另一物体产生微观弹性位移，但尚未发生相对运动时的摩擦称为静摩擦。在相对运动即将开始瞬间的静摩擦即最大静摩擦，又称极限静摩擦。此时的摩擦系数，称为静摩擦系数。

（2）动摩擦　当物体在外力作用下沿另一物体表面相对运动时，产生的摩擦称为动摩擦。两物体之间具有相对运动时的摩擦系数，称为动摩擦系数。

静摩擦小于极限静摩擦，而动摩擦则一般大于极限静摩擦。

### 2. 按摩擦副的运动形式分类

按摩擦副的运动形式分类，摩擦可分为滑动摩擦、滚动摩擦和自旋摩擦三种。其示意图见图1-3。

（1）滑动摩擦　一个物体在另一个物体上滑动时产生的摩擦称为滑动摩擦［见图1-3（a）］。如机床导轨的往复运动、曲轴在轴瓦套中的转动和活塞在汽缸内的运动等。

（2）滚动摩擦　圆柱形或球形的物体在另一物体上滚动时产生的摩擦称为滚动摩擦［见图1-3（b）］。如滚珠或滚柱在轴承中滚动等。

（3）自旋摩擦（转动摩擦）　物体沿垂直于接触表面的轴线作自旋运动时的摩擦，称为

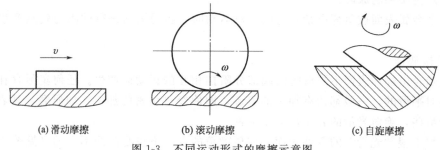

图 1-3　不同运动形式的摩擦示意图

自旋摩擦［见图 1-3(c)］。在分类时有时不作为单独的摩擦形式出现，以摩擦力矩来表征。

3. 按摩擦副的润滑状况分类

按摩擦副的润滑状况分类，摩擦可分为干摩擦、液体摩擦和边界摩擦三种。

（1）干摩擦　两个物体表面间没有润滑剂存在时的摩擦称为干摩擦［见图 1-4(a)］。

（2）液体摩擦　两个物体表面被一层润滑剂隔开时的摩擦称为液体摩擦［见图 1-4(b)］。此时摩擦只发生在润滑剂分子之间。

（3）边界摩擦　当固体摩擦表面不是被一层具有流动性的液体隔开，而是被一层很薄的吸附油膜隔开，或是被一层具有分层结构和润滑性能的边界膜隔开时的摩擦，称为边界摩擦［见图 1-4(c)］。

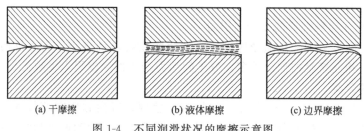

图 1-4　不同润滑状况的摩擦示意图

边界膜的厚度一般在 $0.1 \sim 1\mu m$ 以下，摩擦面大部分区域被边界膜隔开。边界摩擦是液体摩擦和干摩擦之间的一种中间状态。摩擦阻力远小于干摩擦，摩擦系数约为 $0.01 \sim 0.1$。

实际上，纯粹的边界摩擦并不存在。物体作相对滑动时，由于它的表面粗糙度不同，当凸起较高的部分发生边界摩擦时，凸起较低的部分处于液体摩擦状态中；当凸起较低的部分处于边界摩擦时，凸起较高的部分因挤压剧烈会导致边界膜破裂，其表面直接接触而发生局部的干摩擦。

# 第二节　磨　　损

## 一、磨损的原理

### 1. 磨损的定义

两个物体作相对运动时，在摩擦力和垂直负荷的作用下，摩擦副的表层材料不断发生损耗的过程或者产生残余变形的现象称为磨损。

磨损是摩擦副运动所造成的，即使是经过润滑的摩擦副，也不能从根本上消除磨损。

特别是在机械启动时，由于零件的摩擦表面上还没有形成油膜，就会发生金属间的直接接触，从而造成一定的磨损。

　　2. 磨损的危害

　　摩擦副材料表面磨损后，往往造成设备精度丧失，需要进行维修，造成停工损失、材料消耗与生产率降低，尤其在现代工业自动化、连续化的生产中，由于某一零件的磨损失效甚至会影响到全线的生产。磨损是机械运转中普遍存在的一种现象，人们必须对磨损现象不断进行研究，寻求提高零件耐磨性和使用寿命以及控制磨损的措施，才能减少制造和维修费用。

　　3. 磨损过程的三个阶段

　　机械摩擦副的磨损随使用时间的不同而不同。摩擦副从开始使用到完全失效的磨损过程大致可分为三个阶段，即跑合阶段、稳定磨损阶段和急剧磨损阶段，如图1-5所示。

　　（1）跑合阶段　跑合阶段又称磨合阶段，摩擦副在使用初期，在载荷的作用下，摩擦表面逐渐被磨平，实际接触面积逐渐增大，磨损速度开始很快，然后减慢，见图1-5中的 oa 段。

　　（2）稳定磨损阶段　经过跑合阶段的磨合，摩擦表面硬化，微观几何形状改变，从而建立了弹性接触的条件，这

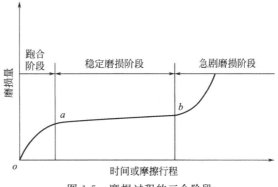

图 1-5　磨损过程的三个阶段

时磨损已经稳定下来，磨损量与时间成正比缓慢增加，见图1-5中的 ab 段。

　　（3）急剧磨损阶段　经过较长时间的稳定磨损之后，由于摩擦表面之间的间隙和表面形状的改变，以及产生金属晶格疲劳等情况，磨损速度急剧加快，直至摩擦副不能正常运转。当摩擦副工作达到这一阶段时，机械效率下降，精度降低，出现异常的噪声及振动，最后导致零件完全失效。

　　从磨损过程的变化来看，为了提高机械零件的使用寿命，应尽量延长稳定磨损阶段。但是，恶劣条件下的磨合磨损之后，可能会直接进入急剧磨损阶段，不能建立正常工作条件。因此，对于新的机械设备保证良好的磨合是非常重要的。实践证明，良好的磨合能够使摩擦副的正常工作寿命延长1～2倍，而且还能有效地改善摩擦副的其他性能。例如对于滑动轴承，良好的磨合可改善表面形貌，更有利于建立流体动压润滑膜；发动机的合理磨合可提高汽缸活塞环的表面品质，减少擦伤痕迹，提高密合性，使发动机的耗油量降低。

　　良好的磨合性能表现为磨合时间短，磨合磨损量小，以及磨合后的表面耐磨性高。为了提高磨合性能，一般可选择合理的磨合规范。合理的磨合规范应当是逐步地增加载荷和摩擦速度，使表面品质得到改善，磨合的最后阶段应当接近使用工况。

　　**二、磨损的分类**

　　根据磨损产生的原因和磨损过程的本质，磨损主要可分为四种类型，即黏着磨损、磨料磨损、疲劳磨损和腐蚀磨损。

　　1. 黏着磨损

　　当摩擦副接触时，由于表面不平发生点接触，在相对滑动和一定载荷作用下，在接触点发生塑性变形或剪切，使其表面膜破裂，摩擦表面温度升高，严重时表层金属会软化或

熔化，此时，接触点产生黏着。在摩擦滑动中，黏着点被剪断，同时出现新的黏着点，如果黏着点被剪断的位置不是原来的交界面，而是在金属表层，则会造成材料的消耗，即黏着磨损。

根据黏着程度不同，黏着磨损情况也有差异。若剪切发生在黏着结合面上，表面转移的材料极轻微，则称"轻微磨损"；若剪切发生在摩擦副一方或两方金属较深的地方，称为"撕脱"，在一些高负荷的摩擦副表面可以看到这种现象。黏着磨损的磨损量与载荷大小、滑动的距离和材料的硬度等因素有关，通常与载荷大小和滑动的距离成正比，与材料的硬度成反比。

为了提高摩擦副的抗黏着磨损能力，通常可以使用不易相互黏附的金属作摩擦副材料，增加润滑油膜的厚度，以及在润滑油脂中加入油性和极压添加剂，提高润滑油的吸附能力和油膜的强度等方法。

2. 磨料磨损

磨料磨损是指硬的物质使较软的金属表面擦伤而引起的磨损。它包括两种类型，一种是粗糙的硬表面把较软表面划伤；另一种是硬的颗粒在两摩擦面间滑动引起摩擦副表面的划伤。

对于第一种情况，摩擦表面的磨损主要与材料表面的粗糙程度和两表面硬度的差异相关。一般来讲，材料表面的光洁度越高，所造成划伤的情况就越轻微；两摩擦表面的硬度相差越大，就越容易使硬表面将软表面划伤。

硬的颗粒在摩擦面间引起的划伤，往往是因为摩擦面间混入了灰尘、泥沙、铁锈以及发动机中的焦末等，在黏着磨损、腐蚀磨损中产生的颗粒也能引起磨料磨损。磨料磨损是造成摩擦面磨损的一个重要类别。据统计，因磨料磨损而造成的损失，占整个工业范围内磨损损失的50%。因此，对机械摩擦副要特别注意保持摩擦面、润滑系统以及润滑油的清洁，防止混入杂质颗粒。

3. 疲劳磨损

黏着磨损和磨料磨损都是基于摩擦副表面直接接触，相接触的表面出现的材料损耗。金属磨损颗粒尺寸非常小，而且在摩擦副开始工作时就出现。还有一种磨损，在摩擦副工作的初期阶段一般不会发生，而发生在摩擦副经过长时期工作以后的阶段，其摩擦现象是较大的片状颗粒从材料上脱落，在摩擦表面上出现针状或豆瓣状的小凹坑，此磨损类型被称为疲劳磨损。

疲劳磨损通常出现在滚动形式的摩擦机件上，如滚动轴承、齿轮、凸轮以及钢轨与轮箍等。出现疲劳磨损的主要原因是在滚动摩擦面上，两摩擦面接触的部位产生接触应力，表层发生弹性变形，而在内部产生较大的剪切应力所致。由于接触应力的反复作用，使得金属的晶格结构逐渐遭到破坏，当晶格结构被破坏到使材料承载强度低于载荷应力时，材料将会出现裂纹，而随着摩擦过程的进行，裂纹逐渐扩大，沿着最大剪应力的方向裂纹扩展到材料表面，最终使少量的材料从表面上脱落，在摩擦表面出现豆瓣状凹坑。

对于完善的、无缺陷的金属材料来说，在滚动接触的情况下，损坏的位置决定于出现最大剪应力的位置。如果还伴随着滑动，损坏的位置就移向表面。由于材料很少是完美无缺的，因此，发生损坏的位置就与材料中的杂质、孔隙、细小的裂纹以及其他因素有关。

工作一定时间后开始出现大的磨损碎片是疲劳磨损的特点，摩擦副一旦出现了疲劳磨损，就标志着使用寿命的终结。改善摩擦副的材质、减小接触点的接触应力和采用合适的润滑剂可以延缓疲劳磨损的出现。尤其是高黏度的润滑油不易从摩擦面挤掉，有助于接触区域压力的均匀分布，从而降低了最高接触应力值。例如某单位有两台同型号减速器，其中一台先投入生产，采用 30 号机械油润滑，运行两个月后出现疲劳磨损；另一台换用 28 号轧钢机油，由于提高了用油黏度，运行了一年半未出现疲劳磨损。

### 4. 腐蚀磨损

当摩擦在腐蚀性环境中进行时，摩擦表面会发生化学反应，并在表面上生成反应产物。一般反应产物与表面黏结不牢，容易在摩擦过程中被擦掉，被擦掉反应层的金属可又产生新的反应层，如此循环下去，会造成金属摩擦副材料很快地被消耗掉，这就是腐蚀磨损。由此可见，材料的腐蚀磨损实质是腐蚀与摩擦两个过程共同作用的结果。

根据与材料发生作用的环境介质的不同，腐蚀磨损可分为氧化腐蚀磨损和特殊介质腐蚀磨损。氧化腐蚀磨损是材料与氧气作用而产生的，是最常见的一种磨损形式，它的损坏特征是在金属的摩擦表面沿滑动方向呈匀细磨痕。特殊介质腐蚀磨损是在摩擦过程中，零件受到酸、碱、盐介质的强烈腐蚀而造成的腐蚀磨损。

摩擦副的磨损除以上讨论的几种主要情况外，还有一些其他类型，如微动磨损、冲蚀磨损和热磨损等。微动磨损是两接触表面相对低幅振荡而引起的磨损现象，其多发生在机械连接处的零件上。冲蚀磨损是指流体束冲击固体表面而造成的磨损，它包括颗粒束冲蚀、流体冲蚀、汽蚀和电火花冲蚀（如电机上的电刷的冲蚀等）。热磨损是指在滑动摩擦中，由于摩擦区温度升高使金属组织软化，而使表面"涂抹"、转移和摩擦表面的微粒脱落。

# 第三节　润　滑

## 一、润滑的作用原理

### 1. 润滑的定义

在摩擦副表面之间加入一些介质（润滑剂），用润滑剂的液体层或润滑剂中的某些分子形成的表面膜将摩擦副表面全部或部分地隔开，变固体表面间的干摩擦为润滑油分子间的摩擦。由于润滑油分子间的摩擦系数比金属表面的干摩擦系数要小得多，从而达到降低摩擦、节省能耗、减小磨损、延长机械设备使用寿命的目的，这一过程称为润滑。

### 2. 润滑的作用

润滑剂最重要的功能是减小摩擦与磨损，但在不同的应用场合除具备这两项最重要的润滑功能外，还具备其他不同的功能。润滑剂也因具有动力媒介、热传导与绝缘等性能而可作为用于非相对运动体的一种纯功能性油。润滑剂的作用具体表现在以下几个方面。

（1）降低摩擦　在摩擦副表面加入润滑剂后形成的润滑油膜将摩擦表面隔开，使金属表面间的摩擦转化为具有较低抗剪切强度的油膜分子间的内摩擦，从而降低摩擦阻力和能量消耗并使摩擦副运转正常。

（2）减小磨损　在摩擦副表面形成的润滑膜可降低摩擦并支撑载荷，因此可以减小表面磨损及划伤，保持零件的配合精度。

（3）冷却降温　采用液体润滑剂的循环润滑系统可以把摩擦时产生的热量带走，降低机械运转摩擦发热造成的温度上升。

（4）防止腐蚀　摩擦表面的润滑剂膜覆盖在摩擦面上有隔绝空气、水蒸气及其他腐蚀性气体的作用，可防止摩擦表面被腐蚀或生锈。

（5）传递作用力　某些润滑剂（如液压油）可以作为力的传递介质，把冲击振动的机械能转变成液压能。

（6）减振作用　吸附在金属表面上的润滑剂由于本身应力小，在摩擦副受到冲击时能够吸收冲击振动的机械能起到减振和缓冲作用。

（7）绝缘作用　矿物油等润滑剂有很高的电阻，因此可作为电绝缘油和变压器油。

（8）清洗作用　随着润滑油的循环流动，可把摩擦表面的污染物和磨屑等杂质带走，再经过滤器滤除。内燃机油还可以把活塞上的尘土和其他沉积物分散去除，保持发动机的清洁。

（9）密封作用　润滑剂对某些外露零部件形成密封，防止冷凝水、灰尘及其他杂质入侵，并使汽缸和活塞之间保持密封状态。

在润滑剂的这些作用中，降低摩擦和减小磨损是润滑剂最主要的功能。

3. 润滑的分类

用润滑剂来隔开摩擦表面，防止它们直接接触，就是通常所说的"机械的润滑"。根据润滑油在摩擦表面上所形成润滑膜层的状态和性质，润滑分为流体润滑和边界润滑两大类型。

（1）流体润滑　流体润滑又称液体润滑，它是在摩擦副的摩擦面被一层具有一定厚度并可以流动的流体层隔开时的润滑。此时摩擦面间的流体层，称为流体润滑的润滑膜层。

流体润滑膜层具有三个特点：一是具有流动性，可以流动，摩擦阻力小，但容易流失；二是具有一定的流体压力，可起到平衡外载负荷的作用；三是流体层需达到一定的厚度，保证摩擦面间的微凸体相互之间不发生接触。

流体润滑的摩擦系数很小，在 0.001～0.01 之间，磨损也非常低，是润滑中一种最理想的状态。其缺点是流动液体层的形成较困难，需特定的条件，同时所形成的流体层易于流失，承受负荷的能力有限。

流体润滑根据流体润滑膜产生的方式，分为流体静压润滑、流体动压润滑及弹性流体动压润滑三种类型。

① 流体静压润滑。通过外部油泵提供的压力实现流体润滑的方式称为流体静压润滑。润滑中，油品在高压油泵的作用下通过油路输送到轴承底部的油腔中，利用油的压力和流动的冲力将支承的轴顶起，以此形成轴与轴套之间的流体油层。由于这种润滑油层的形成与轴承的运转状况无关，无论轴承的转速高或低，即使在静止状态时也可以保证摩擦面上有着足够厚度的流动油层，因而称之为流体静压润滑。这种润滑方式的缺点是设备昂贵、复杂。

② 流体动压润滑。通过轴承的转动或摩擦面在楔形间隙中的滑动而产生油压自动形成流体油膜的方式叫做流体动压润滑。流体动压润滑广泛应用于滑动轴承和高速滑动摩擦部件之中，是机械设备中应用最普遍的润滑方式。

滑动轴承在运转过程中，由于轴和轴套间隙中润滑油受到高速转动轴的摩擦力作用，随同轴一起转动，在转动中油进入轴承底部相接触的摩擦区域时，由于轴与轴套间呈楔形间隙，油流通道变小，使油受到挤压，因而产生油压。油压的产生使轴受到一个向上的作用力，当轴承的转速足够高，产生的油压达到一定值时，就可以将轴抬起，在摩擦面间形成一层流动的油层。

③ 弹性流体动压润滑。弹性流体动压润滑是一种比较复杂的情况，它是在流动油层已存在的前提下，摩擦面对油层挤压并伴随着金属表面和润滑油性质发生变化的过程。弹性流体动压润滑主要存在于齿轮和滚动轴承的润滑中。在齿轮和滚动轴承中，摩擦件的运动方式及摩擦面的接触方式同滑动轴承完全不同。滑动轴承中摩擦件的相对运动和摩擦面的接触都是滑动的方式。而在齿轮部件和滚动轴承中，摩擦副的运动方式是一个摩擦件相对

于另一个摩擦件的滚动，摩擦面的接触是从分离到接触，接触后再分离的"离合"过程。在这个"离合"过程中，如果摩擦部位存在着润滑油，则会形成对油的挤压。由于在接触点上负荷压力的作用会使金属面产生形变，接触面积增大，同时油受到挤压而使得黏度增大，变得黏稠，因此在机械高速运转的摩擦过程中，则往往在润滑油尚未从摩擦面完全挤出的瞬间，就已经完成了一个"离合"挤压的过程，摩擦面上仍保持着一层呈流体状态的油层。

流体润滑膜的形成与油品的性质关系密切，从以上几种流体润滑膜形成过程的讨论可以看出，流体油膜形成的起因是流体油压的产生，而油压的产生则与流体在摩擦面上的流动阻力的大小，即油品的黏性有关。试验证明，油品的黏度越大，油品越黏稠，在摩擦面保持流体润滑层的能力就越强。因此，在大负荷尤其是低转速形成流体润滑膜困难的条件下，应尽量选用黏度大的油品，而在小负荷、高转速的条件下，则可使用低黏度的润滑油。

（2）边界润滑 摩擦表面被一层极薄的（约 $0.01\mu m$）、呈非流动状态的润滑膜隔开时的润滑称为边界润滑。与流体润滑相比，边界润滑中的润滑膜层呈非流动状态，能稳定地保持在摩擦表面，它的形成不需要类似流体润滑的种种条件，并具有很高的承受负荷的能力。因而在机械润滑中也得到了广泛的应用。在所有难以形成流体润滑的摩擦机件上，润滑形式往往是边界润滑。

在边界润滑状态下，摩擦力要比流体润滑状态大得多，摩擦表面的金属凹凸点的边界可能发生直接接触，液体的润滑已不完全是由它的黏度起作用，而主要是靠往润滑剂中加入某些活性化合物。这些化合物能与摩擦表面的金属起物理或化学作用而在凸点峰顶处形成边界膜，正是这层边界膜起到主要的润滑作用。如果只靠提高所用润滑油的黏度，是不能适应边界润滑状态要求的。

边界润滑是一类相当普遍的润滑状态，如汽缸与活塞环、凸轮与挺杆等处都可能处于边界润滑状态。在一般情况下，边界润滑的摩擦系数小于 0.1，高于流体润滑而低于干摩擦。所以，相对干摩擦来说，边界润滑能有效地减少机器零件的磨损，延长使用寿命，较大幅度地提高承载能力，扩大使用范围。

边界润滑根据润滑膜的性质和形成的原理不同，分为吸附膜边界润滑和反应膜边界润滑两种。其中，吸附膜又可划分为物理吸附膜和化学反应膜。对于在高温高压下形成的反应膜边界润滑（即条件最苛刻的边界润滑），也称为"极压润滑"。现将吸附边界润滑膜和反应边界润滑膜的形成和特点介绍如下。

① 吸附膜边界润滑。依靠金属表面的吸附作用所形成的润滑油膜层称为边界吸附膜。吸附膜由于吸附在金属表面，已失去流动性，因而能稳定地保持在金属摩擦件的表面。

边界吸附润滑膜在重负荷、低转速或低滑动速度的摩擦部件上都能够保持稳定，起到比流体润滑膜更为稳定和可靠的润滑作用。当机械的转速很低、负荷很高，使得摩擦面间的流动油层受到破坏，被挤压出去时，金属面上所吸附的油层往往还能保持，起到润滑的作用。一般情况下，边界吸附膜的厚度为 $0.1\sim1\mu m$，仅为流体润滑膜层的1%左右，其摩擦系数约为干摩擦的1/10。在机械设备的润滑中，例如发动机中汽缸与活塞环、凸轮与挺杆以及重负荷齿轮的润滑，同时也包括各类摩擦部件在启动瞬间的润滑，往往处于吸附膜边界润滑状态。

金属表面边界吸附膜依靠金属晶格分子对油分子的吸附而形成。通常，金属晶格的引力场可使金属表面形成数十到数百层的油分子吸附层。这种引力场对油品中的极性分子有着更强的吸附作用。现代研究表明，金属面上的吸附膜是一种由多层分子定向排列的层状结构。与金属表面接触的分子，其极性端吸附于金属的表面晶格，非极性端则朝向着外部，和相邻分子的非极性端相连，而相邻分子朝外的极性端又与更外一层分子的极性端相连，直至金属力场的衰减不能再吸附油品分子为止，以此构成分子层与层之间的定向排列。这种定向的排列与吸附分子的极性有密切关系。通常，极性强的分子有利于分子层之间排列结构的牢固结合和减缓金属引力场的衰减，从而增大吸附膜的强度和厚度。

由于吸附膜边界润滑时，摩擦发生在吸附膜内部分子层与层之间，因此，其油膜的性质与油品的黏度无关，而取决于吸附分子的极性。润滑油的这种在金属表面形成边界吸附润滑膜的性质通常称为"油性"。它与油品中极性分子的极性、相对分子质量以及含量有关。而这些极性分子往往就是为提高油性而加入的酯类结构的油性添加剂。

吸附膜的油膜强度优于流体油膜，但在更高的负荷和高温条件时，它也会失效。这些通过分子吸附作用而形成的膜层，具有吸附的可逆性，低温时可形成较稳定的吸附层，而在高温时则会发生解吸现象。据研究，金属表面的各类吸附膜能保持的温度通常不超过$200\sim250℃$。因此，在高温的工作条件下，或者是在一些会产生大量摩擦热量的极高负荷的部件中，仅依靠润滑油的黏度和油性则是不够的，这时还需要润滑油具有极压润滑的性质，通过金属表面的化学反应膜层实现润滑。

② 化学反应膜边界润滑。即使是高强度的吸附膜，在温度超过$200\sim250℃$时也会失效。同时，润滑油在这样的高温下还会发生氧化反应。因此，在高温、高压的苛刻条件下，就需要考虑采用其他的方式来实现机械设备的润滑。为解决这个问题，一个有效的方法就是采用极压润滑，也就是在摩擦表面形成化学反应边界润滑膜。

a. 化学反应膜的生成。化学反应边界润滑膜的形成依赖于油品中的极压添加剂，即含有硫、磷和氯等元素的有机化合物（如硫化烯烃、亚磷酸二正丁酚和氯化石蜡等）。这些化合物在高温、高压工作条件下，在相互滑动的摩擦表面上，由于摩擦面上微凸体在高负荷下的大面积接触，摩擦热量聚集，因而在摩擦面接触点区域出现高温，使这些有机化合物分解出活性元素，与金属表面起化学反应，从而生成相应的金属化合物，例如硫化铁、氯化铁等，这层通过反应生成的化合物膜层被称为边界润滑反应膜。

极压润滑中形成的边界反应膜可在高温下稳定地存在，即使在摩擦过程中会出现部分损耗，也能有新的成分及时生成，因而总能在摩擦面上始终保持有一层反应膜润滑层，保证高温高压苛刻条件下可靠的润滑。

b. 化学反应膜的特点。反应膜形成和稳定保持的温度可达数百度至上千度。与边界吸附膜相类似，边界反应膜也具有较低的抗剪切阻力，并能承受更高的载荷。这类由添加剂与金属生成的硫化物、磷化物、氯化物薄膜，具有比金属低得多的硬度和剪切强度，并且熔点较低，还可在摩擦过程中的高温高压下产生部分变形流动，对表面起到化学抛光作用，使摩擦表面更加光滑，使单位面积承受载荷下降，这些对表面的润滑效果都起到一定的改善作用，从而使摩擦副的摩擦阻力降低，材料的磨损减小。

化学反应膜比吸附膜稳定得多。它的摩擦系数与膜的抗剪切强度有关，当抗剪切强度低时，摩擦系数也低，通常摩擦系数为$0.1\sim0.25$。反应膜要能在重载、高速、高温情况下保证有效的边界润滑，就应具有一定的厚度，一般要求反应膜的厚度为一至数十纳米，曾记录到厚度为$100nm$的硫化铁膜。

极压添加剂能在金属表面产生低熔点反应膜已为实践所证明。研究者曾在使用含硫、含氯润滑油的汽车准双曲面齿轮表面上发现了硫化铁及氯化铁的存在。

除了含硫、磷和氯的有机物外，还可采用含氟和氮等元素的有机物作极压添加剂。此外，有机金属化合物如环烷酸铅、二烷基二硫代磷酸锌等也可用来作极压添加剂。

极压反应膜比吸附膜稳定，适用于重载和高温下的润滑。但由于其形成的温度高，低温下发挥不了作用，因而不适合于较低温度下的润滑。另外，反应膜在形成时，添加剂反应能力也不能过强，否则会加快材料的损耗而造成腐蚀。

**二、润滑剂的分类**

润滑剂按照其物理状态可分为液体润滑剂、半固体润滑剂、固体润滑剂和气体润滑剂四大类（见表1-1），每类各有其性能特点和适用范围。

表 1-1　现代润滑材料的分类和构成

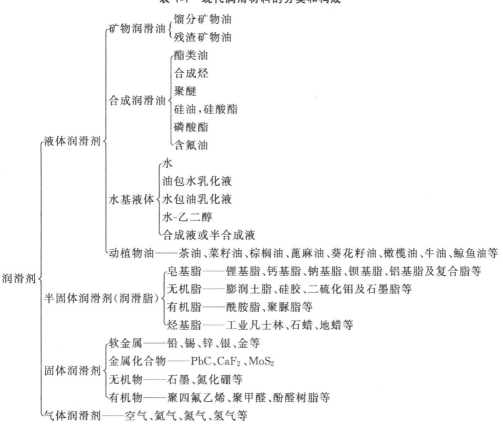

1. 液体润滑剂

液体润滑剂是用量最大、品种最多的一类润滑材料，包括矿物润滑油、合成润滑油、动植物油和水基液体等。

液体润滑剂的特点是具有较宽的黏度范围，为不同的负荷速率和温度条件下工作的运动部件提供了较宽的选择余地。

（1）矿物润滑油　矿物润滑油的产量约占润滑油总产量的90％，一般由矿物基础油和添加剂调和而成，不含添加剂的矿物润滑油只占矿物润滑油总产量的15％左右。矿物润滑油的原料充足，价格便宜，质量能满足各种机械设备的使用要求。

矿物润滑油基础油一般选用适合于润滑油性能要求的石油，经分馏、精制、脱蜡等工艺加工而成。依据原油性质或加工方法的不同，矿物润滑油基础油可分为石蜡基基础油、中间基基础油和环烷基基础油；按黏度指数不同，分为超高黏度指数基础油、很高黏度指数基础油、高黏度指数基础油、中黏度指数基础油和低黏度指数基础油。

（2）合成润滑油 为了满足某些在低温、高温和高真空等条件下工作的飞机、火箭等机械的要求，人们利用人工合成的方法合成化合物作为润滑油的原料。以合成原料为基础油制成的润滑油统称为合成润滑油。

合成润滑油种类较多，根据化学结构不同分成酯类油、聚醚、聚硅氧烷、硅油、硅酸酯、含氟油、磷酸酯和聚烯烃。

与矿物润滑油相比，合成润滑油具有优良的黏温性能和低温流动性、良好的热氧化安定性、低挥发性，以及其他一些特殊性能，如化学安定性和抗辐射性等。但合成润滑油的成本比矿物润滑油的成本高得多，目前合成润滑油大部分用在矿物润滑油不能满足使用要求的某些特殊润滑场合。

（3）动植物油 作为润滑剂的动植物油脂主要是植物油如菜籽油、蓖麻油、花生油和葵花籽油等，目前仍作为某些金属切削液的重要组分。动植物油作为润滑油的优点是油性好、生物降解性能好，缺点是氧化安定性和热稳定性较差，低温性能也不够好。

随着石油资源的逐渐短缺和环保要求的日益严格，人们又开始重视动植物油脂作为润滑材料的开发应用，并希望通过化学方法改善它的热氧化安定性和低温性能，使之成为未来替代矿物润滑油的重要润滑材料。

（4）水基液体 水基液体是含水的润滑剂，有溶液型和乳化型两类。由水、油、乳化剂及添加剂组成的乳化液，有水包油和油包水两种形式。由于水具有无毒、不燃、不污染环境、价格低、来源丰富和储存方便的优点，作为润滑油成分又有冷却性能好和抗氧化安定性好等特点。

用水代替油使用不仅可以节约资源，而且使用安全，有利于保护环境，但水作为润滑剂有表面张力大、黏度低、润滑性能差、摩擦系数大、倾点高、冻结后膨胀、适用温度范围窄、易腐败变质、易使金属锈蚀等缺点，因此使用范围受到限制。目前乳化液主要用于液压油及金属加工油液。水包油型水基液压油最早作为耐燃液压油，大量用于冶金和矿山机械，目前作为液压油已广泛用于冶金、矿山、玻璃、陶瓷、塑料和纤维等行业的机械上，乳化汽缸油也大量用于船舶机械及火车上。由于乳化液具有良好的冷却性能，因而被广泛用作切削、研磨、压延、冲压和拉拔等场所作为金属加工液。

2. 润滑脂

润滑脂又称为半固体润滑剂，是在常温常压下呈半流动状态并且具有胶体结构的润滑材料。按使用的稠化剂种类不同，润滑脂分为皂基脂、烃基脂、无机脂和有机脂四类。皂基脂中的锂基脂具有多方面的优良性能，产量一般占润滑脂总产量的60%以上。目前使用的润滑剂主要是液体状态的润滑油，润滑脂的产量只占润滑剂总产量的2%左右。润滑脂由具有良好润滑性能的润滑油与具有良好亲油性的碱土金属皂类、膨润土、硅胶脂、有机高分子聚合物等稠化剂形成具有安定网架结构的胶体。

在一些特殊条件下，要求使用润滑脂作润滑剂，例如：某些开放式的润滑部位要求有良好的黏附性，防止润滑剂流失或滴落；在有尘埃、水分或有害气体侵蚀的情况下，要求有良好的密封性、防护性和防腐蚀性；由于运转条件限制要求长期不换润滑油的摩擦部位，以及摩擦部位的温度和速度变化范围很大的机械，往往需要使用耐负荷能力强的润滑脂。

3. 固体润滑剂

（1）作用特点 固体润滑剂是一类新型润滑剂，具有耐高温、耐低温、抗辐射、不污染环境等优点，主要用于宇航工程等高温、低温、高真空、强辐射、高化学腐蚀的特殊条件下的润滑，特别适合于给油不方便、装拆困难的场合。固体润滑剂的缺点是摩擦系数较高，冷却散热性能差。

固体润滑剂的润滑作用有三种类型：

① 能在摩擦表面形成固体润滑膜，润滑机理与边界润滑相似；

② 软金属固体润滑剂利用软金属抗剪切强度低的特点起到润滑作用；

③ 具有层状结构的物质（如石墨）利用其结构特点起到润滑作用。

（2）常用的固体润滑剂　常用的固体润滑剂包括以下四类。

① 软金属，如铅、锡、铟、锌、银、金等；

② 金属化合物，如氧化铅、氟化钙、硫化锰和各种技术脂肪酸皂等；

③ 无机物，如石墨、氮化硼、滑石、云母等；

④ 有机物，如石蜡、聚四氟乙烯、聚酰胺、酚醛树脂等。

### 4. 气体润滑剂

气体润滑剂的优点是摩擦系数小，在高速下产生摩擦热少，温升低，运转灵活，工作温度范围广，形成的润滑膜比液体薄，气体支撑能保持较小间隙，在高速支撑中容易保持较高的回转精度，在放射性和其他特殊环境中也能保持正常工作，而且能在润滑表面普遍分布，不会产生局部热斑，不存在密封、堵塞和污染等问题。

气体润滑剂可用在比润滑油脂更高或更低的温度下，如在 $10000 \sim 600000 r/min$ 高速转动和 $-200 \sim 2000℃$ 温度范围内润滑滚动轴承，其摩擦系数可低到测不出的程度。使用在高速精密轴承（如医用牙钻、精密磨床主轴及惯性导航陀螺）上可获得高精度。但气体润滑剂密度低，因此承载能力低，只能用在 $30 \sim 70 kPa$ 的空气动力学装置和不高于 $100 kPa$ 的空气静力学装置中，对使用的设备精度要求很高，需要用价格较高的特殊材料制成，而且排气噪声高。

常用的气体润滑剂有空气、氦气、氮气、氢气等。空气适宜在 $650℃$ 以下使用，氮气和氦气等惰性气体可用在 $1000℃$ 以上的润滑温度。

气体润滑剂要求清净度很高，使用前必须进行严格的精制处理。目前气体润滑剂在高速设备中的应用有所增加，如在精密光学仪器、牙医的钻床、测定仪器、电子计算机、精密的研磨设备中，以及在制药、化学、食品、纺织和核工业这类低负载而要求避免污染的领域。

### 三、润滑油的构成

润滑油一般由基础油和添加剂两部分组成。基础油是润滑油的主要成分，也是润滑油添加剂的"载体"，决定着润滑油的基本性质；添加剂则可弥补和改善基础油性能方面的不足，赋予其某些新的性能，是润滑油的重要组成部分。

### 1. 润滑油基础油

润滑油基础油在润滑油中所占的比例为 $70\% \sim 99\%$，其品质的高低直接影响成品润滑油质量的好坏。

（1）润滑油基础油的分类　按来源不同，润滑油基础油可分为矿物型基础油和合成型基础油两大类。随着环保意识的加强，具有生物降解性的绿色基础油也有一定的发展。

① 矿物型基础油。矿物型基础油是指天然原油经过常减压蒸馏和一系列精制处理而得到的基础油，目前是润滑油基础油的主要部分。

迄今为止，国际上尚未对矿物润滑油基础油制定统一的分类标准。早期的标准是按照生产矿物润滑油基础油原料所用原油的类别分为石蜡基、中间基和环烷基三类不同黏温性能的基础油。然而，随着炼油技术的发展，润滑油加氢裂化、加氢降凝技术的应用，即使用黏温性不好的中间基和环烷基原油也可生产出高黏度指数的基础油。因此，目前基础油标准的划分已广泛采用按黏度指数及适用范围划分的方法。

　　a. 根据基础油的黏度分类。每一类基础油按黏度等级可分为不同牌号。国外通常用赛氏黏度（S）来划分基础油的黏度等级。中性油的黏度较低，用100F（37.8℃）时的赛氏通用黏度表示。光亮油黏度较高，用210F（98.9℃）时的赛氏通用黏度表示。我国则分别用40℃和100℃赛氏通用黏度表示，并取通用黏度整数的近似值作为牌号，但在实际生产中仍多采用运动黏度作为操作控制指标。运动黏度与赛氏通用黏度及基础油牌号的对应关系见表1-2。

表 1-2　运动黏度与赛氏通用黏度及基础油牌号的对应关系

| 类　别 | 基础油黏度范围①② | | 基础油黏度牌号 |
| --- | --- | --- | --- |
| | 运动黏度范围/(mm²/s) | 赛氏通用黏度范围/(mm²/s) | |
| 中性油 | 9～10 | 55～59 | 60 |
| | 13～15 | 70～74 | 75 |
| | 20～22 | 98～106 | 100 |
| | 28～32 | 133～151 | 150 |
| | 38～42 | 178～196 | 200 |
| | 55～63 | 256～292 | 300 |
| | 65～72 | 302～334 | 350 |
| | 95～107 | 440～496 | 500 |
| | 110～125 | 510～579 | 600 |
| | 120～135 | 556～625 | 650 |
| | 135～150 | 625～695 | 750 |
| | 160～180 | 741～834 | 900 |
| | 200～230 | 927～1065 | 1200 |
| 光亮油 | 16～20 | 82～99 | 90 |
| | 16～22 | 82～107 | 90 |
| | 25～28 | 120～134 | 120 |
| | 26～30 | 125～143 | 125/140 |
| | 30～33 | 143～156 | 150 |
| | 41～45 | 193～211 | 200/220 |

① 中性油为40℃运动黏度和赛氏通用黏度范围，光亮油为100℃运动黏度和赛氏通用黏度范围。
② 运动黏度和赛氏通用黏度的换算关系见 ASTM D2161。

　　b. 根据黏度指数和适用范围划分。20世纪80年代以来，随着内燃机油等油品的快速发展，对润滑油基础油在黏度指数、氧化安定性、抗乳化性和蒸发损失等方面提出了较高的要求。随着加氢工艺技术的提高和应用，已可从中间基和环烷基原油中制取高黏度指数的中性油，从石蜡基原油中制得低凝点的中性油，因此根据原油属性的分类方法已失去意义。目前，国外普遍改用根据黏度指数的分类方法。

　　中国石化总公司1995年按照国际目前通用的分类方法，提出了我国润滑油基础油新的分类方法和规格标准 Q/SHR 001—95，见表1-3。

表 1-3　润滑油基础油新的分类方法和规格标准

| 黏度指数 类别 品种代号 | 超高黏度指数基础油 | 很高黏度指数基础油 | 高黏度指数基础油 | 中黏度指数基础油 | 低黏度指数基础油 |
| --- | --- | --- | --- | --- | --- |
| | VI≥140 | 120≤VI<140 | 90≤VI<120 | 40≤VI<90 | VI<40 |
| 通用基础油 | UHVI | VHVI | HVI | MVI | LVI |
| 专用基础油 低凝点 | UHVIW | VHVIW | HVIW | MVIW | — |
| 深度精制 | UHVIS | VHVIS | HVIS | MVIS | — |

其中代号均为英文字头缩写。VI 为黏度指数；L、M、H、VH、UH 分别为低、中、高、很高、超高。根据适用范围分为通用基础油和专用基础油两类。专用基础油包括低凝点基础油和深度精制基础油，分别在代号后加 W 和 S 表示，W 表示低凝特性，S 表示深度精制。

②　合成型基础油。合成润滑油基础油一般是由低分子组分经过化学合成而制备的较高分子的化合物。与矿物型基础油相比，合成型基础油具有优良的性能，可以满足矿物型基础油和天然油脂所不能满足的使用要求。合成油的用量尽管只占润滑油总量的 3% 左右，但因性能优异，在航空和航天等润滑条件特殊的重要场合发挥了重要作用。

根据合成润滑油基础油的化学结构，已工业化生产的合成润滑油分为酯类油、聚醚、合成烃、硅油、含氟油和磷酸酯六大类。

（2）润滑油基础油的规格

①　润滑油通用基础油的规格（Q/SHR 001—95）

a. 高黏度指数基础油（HVI），黏度指数一般不小于 95，适用于配制黏温性能要求较高的润滑油。黏度牌号分为：HVI-75、HVI-100、HVI-150、HVI-200、HVI-350、HVI-400、HVI-500 和 HVI-650 八个中性油以及 HVI-120BS、HVI-150BS 两个光亮油。

b. 中黏度指数基础油（MVI），黏度指数一般不小于 60，适用于配制黏温性能要求不高的润滑油。黏度牌号有：MVI-60、MVI-75、MVI-100、MVI-150、MVI-250、MVI-500、MVI-600、MVI-750 和 MVI-900 等九个中性油以及 MVI-90BS、MVI-125/140BS 和 MVI-200/220 BS 三个光亮油。

c. 低黏度指数基础油（LVI），没有规定最低黏度指数，可用于调配不要求黏度指数的润滑油，如变压器油、冷冻机油等低凝点润滑油。黏度牌号有：LVI-60、LVI-75、LVI-100、LVI-150、LVI-300、LVI-500、LVI-900 和 LVI-1200 八个中性油以及 LVI-90BS、LVI-230/250BS 两个光亮油。

②　润滑油专用基础油的规格（Q/SHR 001—95）

a. 高黏度指数深度精制油（HVIS），除黏度指数大于 95 外，还规定了较优良的氧化安定性、抗乳化性和一定的蒸发损失等指标。适合于调配高档汽轮机油和极压工业齿轮油。包括八个中性油和两个光亮油品种，其黏度牌号与 HVI 相对应。

b. 高黏度指数、低凝点、低挥发性中性油（HVIW），除黏度指数大于 95 以外，还规定较低倾点、较低蒸发损失、较好的氧化安定性等指标，主要用于配制高档内燃机油、低温液压油、液力传动油等。有七个中性油和一个光亮油品种。

c. 中黏度指数深度精制基础油（MVIS），除黏度指数不小于 60 外，还规定有较好的氧化安定性、抗乳化性等指标，适用于配制汽轮机油，有八个中性油品种。

d. 中黏度指数、低凝点、低挥发性中性油（MVIW），除黏度指数不小于 60 外，还规定有好的抗氧化安定性、抗乳化性和低蒸发损失等指标，适合于配制高档内燃机油、低温液压油。

抗氧化安定性、抗乳化性、蒸发损失等新规格指标的建立，反映了内燃机油等油品自 20 世纪 80 年代以来对于使用性能的新要求，只有用具有这些规格指标的基础油才能配制成高档的内燃机油等工业润滑油。

2. 润滑油添加剂

（1）添加剂的定义　添加剂是在油中添加极少量（百分之几到百万分之几），就能显著改善油品的一种或几种使用性能的油溶性化合物。

（2）添加剂在商品润滑油中的作用　使用添加剂，可以提高油品质量，降低成本，减少油品消耗量，延长润滑油的使用周期，并且可以满足某些只靠改进石油炼制方法无法达到的要求。加入添加剂已成为合理有效地利用石油资源、节约能源所必不可少的技术措施。但添加剂不是万能的，它不能使劣质油品变成优质油品，只是提高油品质量的主要措施之一，润滑油的质量与基础油的类型和加工手段也有直接的关系。

（3）润滑油添加剂的分类　添加剂的种类很多，根据添加剂的作用大致可分为两大类。一类是改善润滑油物理性质的添加剂，如降凝剂、黏度指数改进剂、消泡剂、破乳剂和油性剂等，它们能使润滑油分子变形、吸附和增溶；另一类是改善润滑油化学性质的添加剂，如抗氧化剂、防锈剂、清净分散剂和极压抗磨剂等，它们本身与润滑油发生化学反应。添加剂从机理来看也可分为两类，第一类是靠界面的物理化学作用发挥其使用性能，分为耐载荷添加剂（油性剂、抗磨剂和极压剂）、金属表面钝化剂、防锈防腐剂、清净分散剂、降凝剂和抗泡剂；第二类是靠润滑油整体性质作用达到润滑目的的添加剂，如抗氧剂和黏度指数改进剂。大部分添加剂都是结构复杂的化合物及其混合物。

国际上没有添加剂的统一分类标准，我国按添加剂作用分为九类：清净分散剂、抗氧防腐剂、极压抗磨剂、油性剂和摩擦改进剂、降凝剂、抗氧剂和金属减活剂、黏度指数改进剂、防锈剂、抗泡沫剂。

（4）添加剂的性能　润滑油添加剂要起到润滑油基础油助剂的作用，自身应具有以下几种性能：

① 副作用小，对其他添加剂的作用和润滑油的其他性质没有破坏作用；
② 能溶于油品而不溶于水，遇水不乳化、不水解；
③ 与润滑油使用条件相适应的热安定性；
④ 容易得到且价格低廉。

**四、润滑油生产流程**

润滑油一般由润滑油基础油和添加剂两部分组成。润滑油基础油是润滑油的主要成分，决定着润滑油的基本性质；添加剂则可弥补和改善基础油性能方面的不足，赋予其某些新的性能，是润滑油的重要组成部分。在一定条件下，把性质和组成相近的两种或两种以上基础油，按一定比例混合并加入添加剂的过程称为调合。

润滑油生产流程如图1-6所示。第一步，生产润滑油基础油（包括物理法生产矿物润滑油基础油、加氢法生产矿物润滑油基础油和化学法生产合成润滑油基础油）；第二步，根据润滑油的使用性能和经济性选择合适的一种或几种润滑油基础油；第三步，根据润滑油的使用性能以及润滑油基础油的物理和化学性能选择一种或几种润滑油添加剂；第四步，将选定的润滑油基础油和润滑油添加剂按要求的比例和操作条件进行调和，一般润滑油要由1～3种基础油和1～5种添加剂调和而成。

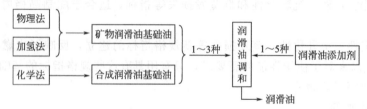

图1-6　润滑油生产流程

调和是生产润滑油的最后一道工序。调和的方法分为罐式调和和管道调和两种，我国现阶段大都采用罐式调和。

由于润滑油的品种多、数量少，除了像燃料油采取泵送循环的办法在较大的容器中进行调和外，还同时采取在中、小型容器中用机械搅拌或压缩空气搅拌的办法进行调和。

调和的步骤是按一定的比例先将各润滑油精制组分从原料油储罐中泵入调和罐，然后再加入各种添加剂进行调和。但调和高黏度润滑油时，为了调和均匀，在调和容器内必须装有蒸汽加热盘管，以降低油的黏度。

由此可以看出，商品润滑油的生产包括润滑油基础油的生产、润滑油添加剂的选用、基础油和添加剂的调和三部分。本书中润滑油的生产部分将按照润滑油生产流程来展开，其中第二章和第三章将介绍润滑油基础油的生产，第四章介绍润滑油添加剂的选用，第五章介绍商品润滑油的调和。

---

**[知识拓展]**　　**如何鉴别机油的质量**

1. 观察机油颜色

国产正牌散装机油多为浅蓝色，具有明亮的光泽，流动均匀。凡是颜色不均、流动时带有异色线条者均为伪劣或变质机油，若使用此类机油，将严重损害发动机。进口机油的颜色为金黄略带蓝色，晶莹透明，油桶制造精致，图案字码的边缘清晰、整齐，无漏色和重叠现象，否则为假货。

2. 闻气味

合格的机油应无特别的气味，只略带芳香。凡是对嗅觉刺激大且有异味的机油均为变质或劣质机油，绝对不可使用。

3. 搓捻鉴别

取出少许机油，放在手指上搓捻。搓捻时，如有黏稠感觉，并有拉丝现象，说明机油未变质，仍可继续使用，否则应更换。

4. 油尺鉴别

抽出机油标尺对着光亮处观察刻度线是否清晰，当透过油尺上的机油看不清刻线时，则说明机油过脏，需立即更换。

5. 倾倒鉴别

取少量机油注入容器内，然后从容器中慢慢倒出，观察油流的光泽和黏度。若油流能保持细长且均匀，说明机油内没有胶质及杂质，还可使用一段时间，否则应更换。

6. 油滴检查

在白纸上滴一滴机油，若油滴中心黑点很大，呈黑褐色且均匀无颗粒，周围黄色浸润很小，说明机油变质应更换。若油滴中心黑点小而且颜色较浅，周围的黄色浸润痕迹较大，表明机油还可以使用。

# 本 章 小 结

摩擦和磨损是人们日常生活中经常遇到的现象，其中摩擦对人类的生产和生活有利也有弊，而磨损对人类的生产和生活则有害无利。减小摩擦可以达到节能的目的，而减小磨损可以节约宝贵的资源（材料）和人力，同时也维护了机械设备的正常运转，达到了提高工效、防护（防腐、防锈）和环保等要求。为了达到减小摩擦和磨损的目的，人类创造出的工艺技术和产品就是润滑科学技术和日新月异的润滑剂（主要是润滑油）。

　　本章主要介绍了摩擦、磨损的定义、作用和分类等基本概念，便于从设备表面的摩擦和磨损的外观上去判断设备表面摩擦或磨损的类型，从摩擦和磨损产生的原因分析如何减小摩擦和磨损。

　　有效地减小摩擦和磨损的方法是在摩擦副表面间加入适当的润滑剂。为便于人们针对不同的摩擦和磨损状况选择合适的润滑剂，本章引出了润滑的概念、润滑的作用、润滑的分类以及润滑剂的分类。

# 习　　题

1. 什么叫摩擦？请举出生活中的实例分别说明摩擦对人类的生活和设备的作用。
2. 什么叫磨损？请举例说明生活中遇到的磨损现象以及磨损对人类生活和设备的作用。
3. 摩擦和磨损是一回事吗？请比较摩擦和磨损的区别和联系。
4. 什么叫润滑？生活中见到的润滑剂有哪些？简要说明不同润滑剂的应用场合。
5. 摩擦、磨损和润滑三者有什么关系？

# 实 训 建 议

【实训项目一】　分析离心泵中的摩擦、磨损和润滑

　　实训目的：通过一台废旧离心泵拆装后各个摩擦副表面的形状，让学生分析在常用的化工通用设备——离心泵运转过程中的摩擦和磨损出现的部位以及如何减小摩擦和磨损的方法；让学生了解摩擦和磨损的区别和联系、减小摩擦和磨损的方法，分析在不同的摩擦和磨损部位应该采用哪种润滑剂。

【实训项目二】　判断机油的质量好坏

　　准备四种机油样品：质量合格的新机油（样品1）；质量合格的新机油中人为添加少量水（样品2）；水含量和杂质含量均不合格的劣质机油（样品3）；修理厂更换下来的废机油（样品4）。

　　让学生通过目测和闻味以及其他不借助仪器和化学手段的方法来判别这四种油，并说出每一种油的基本特征。

# 第二章  矿物润滑油基础油的制备

【知识目标】

1. 掌握矿物润滑油原料的制备工艺。
2. 掌握传统法生产润滑油基础油各工艺过程的工艺原理、工艺流程和操作条件。
3. 了解传统法和加氢法生产润滑油基础油各自的优缺点和使用现状。
4. 掌握加氢法生产润滑油基础油各工艺过程的工艺原理、工艺流程和操作条件。

【能力目标】

1. 能对减压蒸馏进行操作控制。
2. 能进行溶剂脱沥青、溶剂精制和溶剂脱蜡以及白土补充精制工艺的操作控制。
3. 能进行加氢精制和加氢裂化的操作控制。
4. 会分析催化脱蜡的反应原理,能根据原料和工艺流程选择合适的催化脱蜡催化剂。

 实例导入

图 2-1 为我国某大型炼油厂燃料-润滑油型常减压蒸馏原则工艺流程图,请问:什么是燃料-润滑油型常减压蒸馏?该装置的减压蒸馏塔有什么特征?该装置的哪部分产品可以作为润滑油生产的原料?润滑油原料和润滑油产品的组成有什么不同?

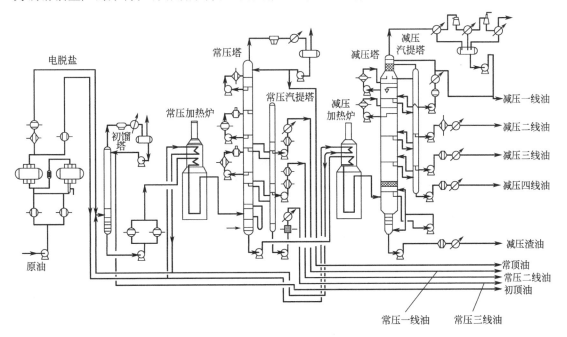

图 2-1  燃料-润滑油型常减压蒸馏原则工艺流程图

矿物润滑油的生产工艺流程如图 2-2 所示。主要由矿物润滑油原料的制备（减压蒸馏和脱沥青）、除去不理想组分（精制和脱蜡）和调和（润滑油基础油与一定量的特定添加剂进行调和）三个部分构成。

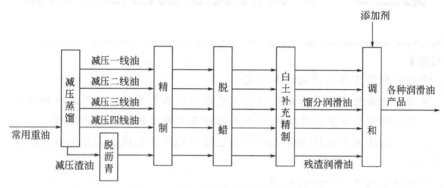

图 2-2　矿物润滑油的生产工艺流程

其中，精制过程包括润滑油溶剂精制、润滑油加氢精制；脱蜡过程包括润滑油溶剂脱蜡、润滑油加氢处理和润滑油催化脱蜡等工艺过程。除去不理想组分采用溶剂精制、溶剂脱蜡等物理方法的润滑油基础油的生产称为"物理法"，而与"物理法"相对应的采用加氢精制、加氢处理和催化脱蜡工艺生产基础油的方法称为"加氢法"。下面本章将分三节分别介绍矿物润滑油基础油原料的制备、物理法生产矿物润滑油基础油和加氢法生产润滑油基础油。

# 第一节　矿物润滑油基础油原料的制备

矿物润滑油基础油的原料由烷烃、

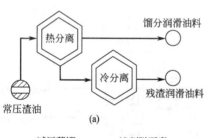

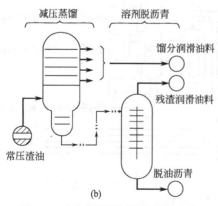

图 2-3　矿物润滑油原料的制备工艺

环烷烃、芳烃、环烷芳烃和少量含氧、含氮、含硫有机化合物以及胶质、沥青等非烃类化合物组成。带长侧链的单环和双环烷烃类是润滑油的理想组分。沥青、胶状物质、带短侧链的多环烷烃、带短侧链的多环芳香烃、环烷酸类和具有高熔点的大分子固态烃类（蜡）以及某些含硫、氮、氧的化合物对润滑油的性能有不利影响，称为非理想组分。

矿物润滑油基础油原料制备阶段的工艺结构比较固定，不因原油种类不同而改变，一般由常压渣油的减压蒸馏和减压渣油的溶剂脱沥青工艺组成，分别制备馏分润滑油料和残渣润滑油料，见图 2-3。

图 2-3 中，利用常压渣油中各种组分沸点不同的特点，通过减压蒸馏装置从常压渣油中分离出减压馏分油作为馏分润滑油原料。减压渣油中含有重质润滑油料和大量胶状物质，将减压渣油中的重质润滑油料和沥青质、胶质分开的工艺过程称为渣油脱沥青，常用的脱沥青方法是丙烷脱沥青法。

### 一、常压渣油减压蒸馏

1. 减压蒸馏的基本原理

原油蒸馏是将原油加热，其中轻组分汽化，将汽化的轻组分导出进行冷凝，使原油中轻、重组分得以分离的过程。原油是由烃类和非烃类组成的混合物，原油中各组分的沸点不同，分离时的产物为沸点范围不同的馏分。

原油蒸馏依据蒸馏塔的操作压力不同分为常压蒸馏和减压蒸馏。通过常压蒸馏，可以把原油中350℃以前的汽油、煤油、轻柴油等直馏产品分馏出来。

在常压下进行分离，如果要将沸点高于350℃的馏分分离出来，必须使操作温度达到四五百度以上。高温可能导致重质油中的胶质、沥青质等不安定组分发生裂解和缩合等化学反应，不仅会降低产品的质量，而且会加剧设备的结焦而缩短生产周期。

常压渣油在减压加热炉中被加热，部分组分汽化，加热的最终温度取决于减压塔的拔出率和重质组分的热分解温度。减压塔的残压一般在8.0kPa左右或更低，它是由塔顶的抽真空系统造成的。从减压塔顶逸出的主要是裂化气、水蒸气以及少量油气，馏分油则从侧线抽出。减压塔底产品是沸点很高（500℃以上）的减压渣油，原油中绝大部分的胶质、沥青质都集于其中。

依据生产的产品不同，减压蒸馏可分为润滑油型减压蒸馏和燃料油型减压蒸馏，本书中提到的减压蒸馏特指润滑油型减压蒸馏，减压塔顶的残压为5～8kPa。

2. 润滑油型减压蒸馏的工艺特点

以生产润滑油基础油原料为主的减压蒸馏的分馏效果的优劣直接影响到其后的加工过程和润滑油产品的质量。润滑油基础油原料的质量要求黏度合适、残炭值低、色度好和馏程窄。因此，对润滑油型减压塔的分馏精确度要求高，不仅要求有高的拔出率，而且应具有足够的分馏精确度，实现的关键是尽可能提高汽化段的真空度。

（1）塔底采用较大的汽提蒸汽量　塔底采用较大的汽提蒸汽量的目的是降低减压蒸馏塔汽化段的油气分压。

（2）塔板间距大，进料段和塔顶有较大的气相破沫空间　减压塔处理的原料较重、黏度大，而且还可能含有一些表面活性物质，加之塔内的蒸汽流速大，因此蒸汽穿过塔板上的液层时形成泡沫的倾向比较严重。为了减少携带泡沫，减压塔的塔板间距比常压塔的大，而且在塔的进料段和塔顶都设计了很大的气相破沫空间，并设有破沫网等设施。

（3）塔板数少，每层塔板的压降小　减少减压塔塔板数和降低气相通过每层塔板的压降的目的是为了在满足分离要求的基础上，降低从汽化段到塔顶的压降。

减压塔在很低的压力（几千帕）下操作，各组分间的相对挥发度比在常压条件下大为提高，比较容易分离。因此，有可能采用较少的塔板而达到分离的要求，而且减压塔内采用较大的塔板间距，通常在减压塔的两个侧线馏分之间只设3～5块精馏塔板就能满足分离的要求。

为了降低每层塔板的压降，减压塔内应采用压降较小的塔板，常用的有舌形塔板、网孔塔板、筛板等。近年来，国内外已有不少减压塔部分或全部地用各种形式的填料以进一步降低压降。例如在减压塔操作时，每层舌形塔板的压降约为0.2kPa，用矩鞍环（英特洛克斯）填料时每米填料层高的压降约0.13kPa，而每米填料的分离能力约相当于1.5块理论塔板的分离能力。

（4）塔顶不出产品　采用塔顶循环回流而不采用塔顶冷回流，塔顶不出产品，以减少通过塔顶馏出管线的气体量，从而降低塔顶馏出管线的流动压降。

（5）塔顶、塔底采用缩径，中段塔径较常压蒸馏塔塔径大　塔顶不出气体产品，所以塔顶气体流量小，采用较小的塔径。塔底采用较小的塔径是为了减小减压渣油在减压塔底的停留时间，从而减少减压渣油结焦反应的发生。

气相组分在减压条件下，油气、水蒸气和不凝气的比容大，比常压塔中油气的比容要高出十余倍。尽管减压蒸馏时允许采用比常压塔高得多（通常约两倍）的空塔线速，减压塔的直径还是很大。为了使沿塔高的气相负荷均匀以减小塔径，减压塔一般采用多个中段循环回流，也有利于回收利用回流热。

（6）采用低流速的转油线　采用低流速转油线的目的是减小减压加热炉出口到减压塔进料处的压降，从而提高汽化段的真空度。

（7）侧线设置汽提塔　侧线设置汽提塔的目的是为了保证侧线抽出馏分中的轻组分含量满足要求。

**3. 减压蒸馏的工艺流程**

（1）湿式润滑油型减压蒸馏　为了满足在最高允许温度和汽化段能达到的真空度的限制条件下尽可能地提高减压塔的拔出率，在减压塔底使用水蒸气汽提，并且在加热炉管中注入水蒸气，这种减压蒸馏方式称为"湿式减压蒸馏"，是传统的润滑油减压蒸馏方式，图2-4为湿式减压蒸馏工艺流程图。

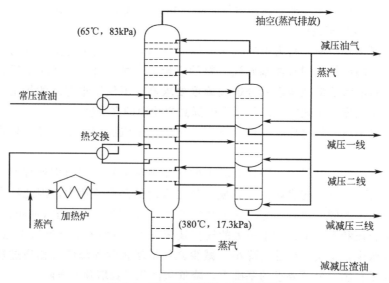

图 2-4　湿式减压蒸馏工艺流程图

湿式减压蒸馏过程中吹入水蒸气起到了汽化剂的作用。由于水分子量小、冷凝温度高、来源广、经济安全，又与油品有很好的分离性，因此水蒸气是很好的汽化剂。在深度减压和吹水蒸气的条件下可大大降低蒸馏温度，使被分离的渣油尽可能地缓解分解。

减压塔中使用水蒸气虽然起到提高拔出率的作用，但也带来了一些不利的影响。首先，湿式减压蒸馏过程消耗蒸汽量大。当减压塔顶残压约8kPa时，每吨进料所需水蒸气的用量约为5kg，而在塔顶残压为13.3kPa时则需水蒸气约20kg。其次，采用水蒸气汽提后，塔内气相负荷增大。塔内水蒸气虽只占塔进料的1%～3%（质量分数），但对气相负荷（体积流量）却影响很大，因为水蒸气的相对分子质量比减压瓦斯油的平均相对分子质量小得多。例如以拔出率为35%（质量分数）、减压瓦斯油的相对分子质量为350计算，则当水蒸气量为进料量的1%（质量分数）时，在气相负荷中，水蒸气的份额约占1/3。从而增大了塔顶冷凝器负荷，而且装置含硫污水的量也增大。

如果能够提高减压塔顶的真空度，并且降低塔内的压力降，则有可能在不使用汽提蒸汽的条件下也可获得提高减压拔出率的同样效果。

（2）干式润滑油型减压蒸馏　不依赖注入水蒸气以降低油气分压的减压蒸馏方式称为干式减压蒸馏。图2-5为干式减压蒸馏工艺流程图。

与湿式减压蒸馏相比，干式减压蒸馏有如下四个方面的优点。

① 塔内及加热炉管内不吹水蒸气，使减压塔的负荷大幅度减少。减压塔底吹入水蒸气，虽然能起到降低油气分压的作用，但由于水的分子量比减压馏分油小得多，水汽在减压塔的气相体积负荷中占很大比例，造成减压塔内线速高、精馏段压降大、抽真空设备负荷大等问题。

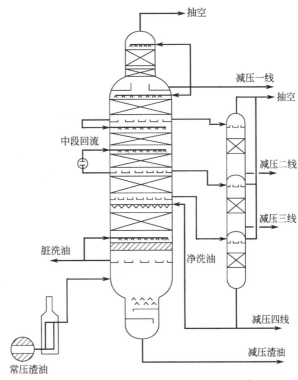

图 2-5　干式减压蒸馏工艺流程图

② 降低了塔板压力降及汽化段压力，从而降低所需减压炉出口温度，提高减压拔出率。干式减压塔用填料或填料与塔板混合代替压降较大的塔板，使塔顶残压和汽化段压力都比湿式减压法低。加热炉则采用低速转油线和炉管逐级扩径，以减小转油线温降和压降，使炉出口温度和进塔温度相差不太大，以便在不致引起油品裂解的前提下，取得较高的拔出率。

③ 在保持液相均匀分布和正常喷淋的情况下，使用填料代替塔板，既有压降小的优点，又可保持相当的精馏作用，故不但能用于洗涤段、取热段，也可用于分馏段。新型高效填料的压降，平均为 0.13kPa/m 填料，并有较好的分馏效果。对于填料型塔，推荐使用英特洛克斯与格里希格栅混合床。清洗油则采用轻洗和重洗分开设立的措施，这样有利于提高产品质量，降低其残炭值和比色号。

④ 提高拔出率，降低能耗。由于干式减压分馏塔汽化段压力低，在相同的汽化段温度下，干式比湿式拔出率提高 1%～2%。湿式减压蒸馏需要炉管注汽、塔底和侧线吹汽提蒸汽、抽空消耗高压水蒸气；而干式减压则只需要抽空用蒸汽，节省了蒸汽，同时降低了加热炉热负荷以及降低抽真空系统的冷却负荷等，使常减压蒸馏装置能耗降低。表 2-1 列举了两种减压蒸馏的对比数据。

表 2-1　干式减压蒸馏与湿式减压蒸馏操作数据对比

| 项　目 | 干式减压蒸馏 | | 湿式减压蒸馏 |
| --- | --- | --- | --- |
| | 全填料型 | （填料、塔板）混合型 | |
| 塔顶残压/kPa | 0.8～2.7 | 0.8～1.5 | ≥6 |
| 全塔压降/kPa | 1.2～1.3 | 1.9～2.6 | 10.7～13.3 |
| 汽化段压力/kPa | 2.1～3.5 | 3.3～3.4 | 4.7～6.0 |
| 加热炉出口温度/℃ | 385～390 | 386～390 | 400～405 |

4. 减压蒸馏的操作条件

（1）操作压力 高真空是减压蒸馏操作的关键，减压塔的真空度越高，塔内不同馏分间的相对挥发度越大，越有利于油品的汽化及分馏，提高馏分油的收率。另一方面，真空度高，还可以适当降低减压炉温度，减少油品裂解，改善馏分油质量。

① 减压抽真空系统。抽真空系统的作用是将塔内产生的不凝气（主要是裂解气和漏入的空气）和吹入的水蒸气连续地抽走以保证减压塔的真空度的要求。图 2-6 是常减压蒸馏装置常用的采用蒸汽喷射器的抽真空系统的流程。

减压塔顶出来的不凝气、水蒸气和由它们带出的少量油气首先进入一个管壳式冷凝器。水蒸气和油气被冷凝后排入水封罐，不凝气则由一级喷射器抽出从而在冷凝器中形成真空。由一级喷射器抽来的不凝气再排入一个中间冷凝器，将一级喷射器排出的水蒸气冷凝。不凝气再由二级喷射器抽走而排入大气。为了消除因排放二级喷射器的蒸汽所产生的噪声以及避免排出的蒸汽的凝结水洒落在装置平台上，常常再设一个后冷凝器将水蒸气冷凝而排入水封罐，而不凝气则排入大气。图 2-6 中的冷凝器是采用间接冷凝的管壳式冷凝器，故通常称为间接冷凝式二级抽真空系统。

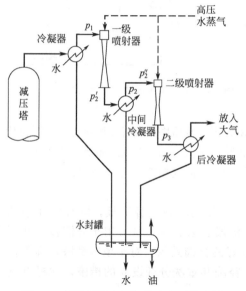

图 2-6　间接冷凝式二级抽真空系统流程

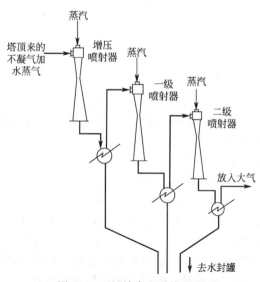

图 2-7　三级抽真空系统流程

② 抽真空极限。间接冷凝式二级抽真空系统中在一级喷射泵前的冷凝器为水冷器，因而在水冷器的操作温度下，水的饱和蒸气压是这种类型抽空装置所能达到的极限残压，再加上管线及冷凝系统压降，减压塔顶残压还要更高些。当水温为 20℃时，冷凝器所能达到的最低残压为 2.3kPa。冷凝器中的水温决定于冷却水的温度。在炼厂中，循环水的温度一般高于新鲜水的温度，因此，抽真空系统多采用新鲜水作冷却水。

③ 三级抽真空系统。在一般情况下，20℃的水温不容易达到，因此，间接冷凝式二级抽真空系统很难使减压塔顶的残压达到 4.0kPa 以下。如果要求更高的真空度，就必须打破水的饱和蒸气压限制。为此，可以在减压塔顶馏出物进入第一个冷凝器以前再安装一个蒸汽喷射器使馏出气体升压。这个喷射器称为增压喷射器或增压喷射泵。设增压喷射器的抽真空系统为三级抽真空系统，图 2-7 为三级抽真空系统的流程。

由于增压喷射器的上游没有冷凝器，直接与塔顶馏出线相连，因此减压蒸馏塔顶真空度能摆脱水温的限制。但由于直接与减压塔顶馏出线相连，增压喷射器所吸入的气体，除从减压塔来的不凝气以外，还有减压塔的汽提水蒸气，因此负荷很大。这不仅使增压泵要有很大的尺寸，而且使得增压泵的工作蒸汽耗量很大，使装置的能耗和操作费用大大增加。只有在采用干式减压后减压塔顶负荷大幅度下降的情况下，才适宜用三级抽空来产生高真空度。

（2）操作温度　为了提高减压馏分的质量和收率，要求减压炉具有"低炉温、高汽化率"的特点。当油品加热温度过高时就会发生裂解和缩合反应，而这些反应产物中会含有不凝气体、不饱和烃和胶质、沥青质等。这些物质混入馏分油中就会使馏分油的氧化安定性变差，色度变深，残炭值升高，而且反应生成的裂解气进入减压塔，会增加塔顶抽真空系统的负荷，影响真空度，因此操作过程中一定要严格控制炉温低于 400℃。

**二、减压渣油溶剂脱沥青**

减压渣油中含有相当一部分高黏度的大分子烃类，这部分烃类是宝贵的高黏度润滑油组分，但由于含有大量沥青和胶质这些润滑油基础油生产的不理想组分，因此必须在润滑油基础油原料制备过程中除去。

利用选择性溶剂脱除胶质和沥青质，实现胶质、沥青质与高沸点残渣润滑油分离，是目前最有效的生产工艺。

1. 溶剂脱沥青的工艺原理

溶剂脱沥青是广义的溶剂抽提过程。在石油醚和低分子液态烷烃中，渣油内烃类和非烃类成分溶解度有明显差别，这种溶解性能差别被称为溶剂的选择性。在一定温度范围内，溶剂对烷烃、环烷烃和少环芳烃溶解度大，对多环芳烃溶解度小，对胶质溶解能力更小，对沥青质基本不溶，因此可利用溶解度差异将胶质、沥青质与润滑油理想组分分开。在不溶于溶剂的胶质、沥青质组分中，减压渣油中的沥青质聚集成沉淀分离出来。

2. 丙烷脱沥青的工艺流程

溶剂脱沥青装置广泛采用的溶剂是一些低分子烃类，如丙烷、丁烷、戊烷及其混合物等。本书中特别介绍以丙烷作为脱沥青溶剂的丙烷脱沥青流程。

溶剂脱沥青工艺流程包括抽提和溶剂回收两部分。图 2-8 是丙烷脱沥青工艺原理流程图，其主要特点是以生产高黏度润滑油基础油为目的，抽提塔在低于临界点的条件下操作，溶剂回收在接近临界点条件下进行。

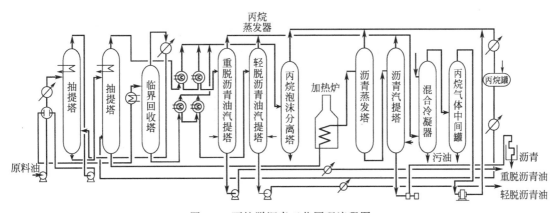

图 2-8　丙烷脱沥青工艺原理流程图

（1）溶剂抽提　抽提的任务是把丙烷溶剂和原料油充分接触而将原料油中的润滑油理想组分溶解出来，使之与胶质、沥青质分离。

抽提部分的主要设备是抽提塔,工业上多采用转盘塔。抽提塔内分为两段,下段为抽提段,上段为沉降段。原料油(减压渣油)经换热降温至合适的温度后进入抽提塔的中上部,循环溶剂由抽提塔的下部进入。由于两相的密度差较大(油的密度为 0.9~1.0kg/L,丙烷的密度为 0.35~0.4kg/L),二者在塔内呈相向流动和逆流接触,并在转盘搅拌下进行抽提。减压渣油中的胶质、沥青质与部分溶剂形成的重液相向塔底沉降并从塔底抽出,送去溶剂回收部分。脱沥青油与溶剂形成的轻液相经升液管进入沉降段。沉降段中有加热管提高轻液相的温度,使溶剂的溶解能力降低,其目的是保证轻液相中的脱沥青油的质量。

在此流程中设有两个抽提塔,由第一个抽提塔底来的提余液在第二个塔内进行抽提。由第二抽提塔塔底出来的是提余液溶剂与沥青组成的沥青液,塔顶出来的提取液称为重脱沥青油(也含溶剂),重脱沥青油中主要是相对分子质量较大的多环烃类。从第一抽提塔塔顶出来的提取液则称为轻脱沥青油,溶剂的大部分存在于此提取液中。这种采用两个抽提塔,得到两个含油物流的流程称为两段法。如果只用一个抽提塔,只生产一种脱沥青油和脱油沥青,则称为一段法。两段法的优点是能比较容易地同时保证抽提塔顶和塔底产品的质量,而且还能多得到一个有用的产品,而一段法难以同时生产低残炭值的脱沥青油和高标号沥青。

(2)溶剂回收　溶剂的绝大部分(约占总溶剂量的 90%)存在于脱沥青油相中。轻脱沥青液经换热、加热后进入临界回收塔。加热温度要严格控制在稍低于溶剂的临界温度 1~2℃。在临界回收塔中油相沉于塔底,溶剂从塔顶(液相)出来,再用泵送回抽提塔。

从临界回收塔分出的轻脱沥青油和从抽提塔分离出来的重脱沥青油中仍含有丙烷,需用蒸发的方法回收,一般是先用水蒸气加热蒸发后再经汽提以除去油中残余的溶剂。由汽提塔塔顶出来的溶剂蒸气与水蒸气经冷却分离出水后,溶剂蒸气经压缩机加压,冷凝后重新使用。沥青相蒸发时必须加热至 200~250℃以防止产生泡沫,所以一般用加热炉加热。加热后的沥青相同样是经过蒸发和汽提两步来回收其中的溶剂。

3. 丙烷脱沥青的操作条件

影响丙烷脱沥青过程的主要操作条件有温度、溶剂组成、溶剂比、压力和原料油的性质。

(1)温度　温度对溶剂脱沥青过程的影响很大,调整抽提过程各部位的温度常常是调整操作的主要手段。改变温度会改变溶剂的溶解能力,从而影响抽提过程。温度升高时,溶剂密度减小、溶解能力下降,脱沥青油收率下降而质量则提高,脱油沥青收率增大而软化点提高。操作温度越靠近临界温度,则温度影响越显著。操作温度对产品收率和性质的影响见表 2-2。

表 2-2　操作温度对产品收率和性质的影响

| 产品方案 | 抽提塔操作温度/℃ | | 轻脱沥青油收率及性质 | | |
|---|---|---|---|---|---|
| | 塔顶温度 | 塔底温度 | 收率(质量分数)/% | 100℃黏度/(mm²/s) | 残炭/% |
| 航空润滑油料 | 75 | 50 | 23 | 21.3 | 0.7 |
| 普通润滑油料 | 63 | 48 | 27 | 24.6 | 0.9 |

在实际生产中,当生产方案改变而原料不变时,可通过调整操作温度来达到产品要求。表 2-2 给出了当产品方案改变时,通过操作温度的变化可以达到不同生产方案要求的目的产品。当选用不同溶剂时,应当选择不同抽提操作温度。几种常用溶剂适宜的温度范围为:丙烷 50~90℃,丁烷 100~140℃,戊烷 150~190℃。在最高允许温度以下,采用较高的温

度可以降低渣油的黏度，从而改善抽提过程中的传质状况。

在抽提塔内，塔顶温度较高而塔底温度较低，形成了一个温度梯度。适宜的温度梯度对保证脱沥青油的质量和收率非常重要。温度梯度过小或过大都会产生不利影响。除了温度梯度的大小以外，塔内温度还应有合适的温度分布，在进料口以下温度梯度应较小，而在塔的上部温度梯度应较大。

（2）压力　压力对丙烷脱沥青过程也有一定影响，在抽提过程中，必须保持一定的操作压力以保证物系处于液相状态。通常抽提塔内的压力为 2.5～4.5MPa。

（3）溶剂比　溶剂比是指溶剂与原料油的比值（一般为体积比）。溶剂比过小，脱沥青油收率低，沥青软化点降低；溶剂比过大，沥青质、胶质等非理想组分可能进入脱沥青油，使脱沥青油的质量变差。一般溶剂比（丙烷/减压渣油体积比）控制为（5～10）：1。

4. 丙烷脱沥青的主要设备

抽提设备是丙烷脱沥青的核心设备，转盘塔结构简单、效率高、处理量大，广泛用于润滑油糠醛精制和丙烷脱沥青过程。

图 2-9 为转盘抽提塔示意图。塔中部为抽提段，由转盘、固定环、稳流格栅板和驱动装置组成。上部为脱沥青油沉降段，设有加热盘管。下部为沥青沉降段，转盘的驱动装置可采用在转动轴手部的水轮借助溶剂丙烷来驱动，或将转动轴伸出塔底用变速马达来驱动，由于塔底出轴处的密封泄漏和变速马达防爆问题不好解决，国内仍采用水力驱动方式。丙烷抽提过程中，丙烷溶剂作为连续相由抽提段下部入塔，原料渣油作为分散相由抽提段上部入塔，进行逆相抽提，塔内各层之间的液体由于转盘旋转产生离心力，使重的液体沿转盘面向塔壁流动，轻的液体向塔中心流动，形成横向层流，这种横向流动形成一种剪切应力，使液滴分散成细小粒径，增加了两相的接触表面，从而加快了传质过程，提高了抽提效率。

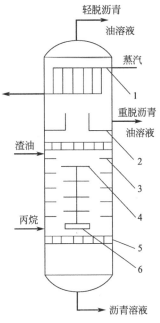

图 2-9　转盘抽提塔示意图
1—翅片管加热器；2—集油箱；
3—固定环；4—转盘；5—稳流
格栅板；6—驱动水轮

# 第二节　物理法生产矿物润滑油基础油

矿物润滑油基础油的物理法生产工艺由溶剂精制、溶剂脱蜡和白土补充精制组成。

**一、溶剂精制**

来自常减压蒸馏装置减压侧线的馏分润滑油原料和来自丙烷脱沥青装置的残渣润滑油原料中，含有大量的润滑油非理想组分——多环短侧链的芳香烃，含硫、含氮、含氧化合物及少量的胶质等。这些组分的存在使润滑油颜色深、酸值高、残炭值大，黏温特性和抗氧化安定性差，腐蚀金属设备。因此，润滑油原料必须经过精制，除去所含的非理想组分，才能达到润滑油基础油标准，满足成品润滑油对基础油的要求。

1. 溶剂精制的原理

润滑油溶剂精制过程是一个物理抽提分离过程，利用某些有机溶剂对润滑油料中的理想组分和非理想组分具有不同的溶解度的性质，将理想组分和非理想组分分开。通过选择对非理想组分溶解度大而对理想组分溶解度小的溶剂，将非理想组分大量溶于溶剂中而除去，从而降低了润滑油料的残炭值，提高油品的抗氧化安定性和黏温性能，使润滑油的颜色得到改善。

润滑油溶剂精制过程中的溶剂可循环使用，一般情况下溶剂的消耗量约为处理原料油量的千分之几。润滑油溶剂精制不能使原料油中的非理想组分进行化学转化，它只能处理那些原料中有足够多的理想组分的油料。

2. 溶剂的选择

(1) 理想溶剂的要求

① 有机溶剂能大量溶解润滑油原料中的非理想组分，而对理想组分则溶解得很少。

② 在精制过程中，有机溶剂应不与润滑油原料发生任何化学作用，以免影响润滑油的质量和造成溶剂的损失。

③ 有机溶剂在受热情况下应稳定，不易分解变质。

④ 有机溶剂的黏度要小，但和精制油品之间应具有尽可能大的密度差，这样在精制时才容易分成两相。

⑤ 有机溶剂应无毒性且不腐蚀设备。

⑥ 有机溶剂应具有合适的沸点，即不能过低或过高。若沸点过低，则精制须在高压下操作，使生产过程复杂，操作费用增大；若沸点过高，从精制油和抽出油中回收溶剂困难，也会增加操作费用。

(2) 常用溶剂的性质　在实际生产中，选用溶剂时应突出选择性好、溶解能力大、易回收等主要性能而兼顾其他方面的要求。工业上，溶剂精制过程主要采用糠醛、N-甲基吡咯烷酮（简称 NMP）以及酚作为溶剂。在工业上，这些过程分别被俗称为糠醛精制、酚精制等。表 2-3 列出了常用精制溶剂的物理性质。表 2-4 列出了常用精制溶剂的使用性能。

表 2-3　常用精制溶剂的物理性质

| 性　　质 | | 糠醛 | N-甲基吡咯烷酮 | 苯酚 |
|---|---|---|---|---|
| 相对分子质量 | | 96.09 | 99.13 | 94.11 |
| 密度(25℃)/(g/cm³) | | 1.159 | 1.029 | 1.04(66℃) |
| 熔点/℃ | | −38.7 | −24.4 | 40.97 |
| 沸点/℃ | | 161.7 | 201.7 | 181.2 |
| 黏度(50℃)/(mm²/s) | | 0.907(38℃) | 24 | 10.97 |
| 和水的互溶度 (40℃,质量分数)/% | 水在溶剂中 | 6.4 | 完全互溶 | 33.2 |
| | 溶剂在水中 | 6.8 | 完全互溶 | 9.6 |

表 2-4　常用精制溶剂的使用性能

| 使用性能 | 糠醛 | N-甲基吡咯烷酮 | 酚 | 使用性能 | 糠醛 | N-甲基吡咯烷酮 | 酚 |
|---|---|---|---|---|---|---|---|
| 选择性 | 极好 | 很好 | 好 | 剂油比大小 | 中等 | 很低 | 低 |
| 溶解能力 | 好 | 极好 | 很好 | 抽提温度 | 中等 | 低 | 中等 |
| 稳定性 | 好 | 极好 | 很好 | 精制油收率 | 极好 | 很好 | 好 |
| 腐蚀性 | 有 | 小 | 腐蚀 | 产品颜色 | 很好 | 极好 | 好 |
| 毒性 | 中 | 小 | 大 | 操作费用 | 中 | 低 | 中 |
| 相对成本 | 1.0 | 1.5 | 0.36 | 维修费用 | 低 | 低 | 中 |
| 乳化性 | 低 | 高 | 中 | | | | |

从表 2-4 中数据可以看到，三种溶剂在使用性能上各有优缺点，选用时需结合具体情况综合考虑。

糠醛的价格较低，来源充分（我国是糠醛出口国），适用的原料范围较宽（对石蜡基和环烷基原料油都适用），毒性低，与油不易乳化而易于分离，是目前国内应用最为广泛的精制溶剂。糠醛的选择性比酚和 N-甲基吡咯烷酮稍好，而溶解能力则较差。因此，在相同的原料和相同的产品要求时，需用较大的溶剂比。糠醛对热和氧不稳定，使用中温度不应超过 230℃，而且应与空气隔绝。糠醛中含水会降低其溶解能力，在正常操作时其含水量不得超过 0.5%～1%（质量分数）。

N-甲基吡咯烷酮在溶解能力、热稳定性及化学稳定性方面都比其他两种溶剂强，选择性则居中。它的毒性最小，使用的原料范围也较宽。因此，近年来已逐渐被广泛采用。对我国来说，它的主要缺点是价格高且必须进口。

酚的主要缺点是毒性大，适用原料范围窄，近年来有逐渐被取代的趋势。

在我国，采用糠醛作溶剂的装置处理能力约占总处理能力的 80%，其余的则采用酚，只有个别的装置采用 NMP。本书主要介绍糠醛精制的相关内容。

3. 溶剂精制的工艺流程

图 2-10 为糠醛精制的工艺原则流程。整个流程主要分为三部分：抽提、提余液和提取液中溶剂的回收、糠醛-水溶液的处理。

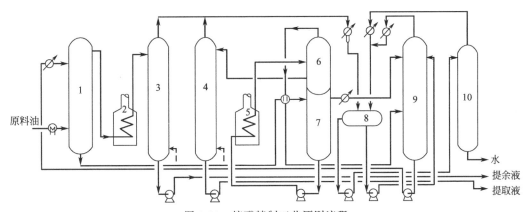

图 2-10 糠醛精制工艺原则流程

1—抽提塔；2,5—加热炉；3—提余液汽提塔；4—提取液汽提塔；6—高压蒸发塔；
7—低压蒸发塔；8—糠醛-水分层罐；9—糠醛脱水塔；10—糠醛蒸发器

（1）抽提部分 原料油经换热后从抽提塔的下部进入，循环溶剂糠醛从塔的上部进入，两者在塔内进行逆流连续抽提。抽提塔一般在约 0.5MPa 压力下操作，使提余液和提取液自动流入溶剂回收系统。有些装置在抽提塔的下部设有抽出油循环，有的还在塔的中部使用中间冷却。

（2）提余液和提取液中溶剂的回收 一般情况下，提余液中的溶剂量较少，而提取液中的溶剂量约占总溶剂回收量的 90%。在溶剂的蒸发回收过程中多采用多效蒸发方法以减少能耗。从抽提塔上部流出的提余液经换热及加热炉加热至约 220℃后进入提余液汽提塔进行闪蒸和汽提，脱去溶剂后的提余油从塔底抽出送出装置。塔顶的糠醛蒸气与水蒸气经冷凝冷却后进入糠醛-水分层罐。提取液从抽提塔底流出，与由高压蒸发塔来的糠醛蒸气换热后进入低压蒸发塔进行第一次蒸发，然后经加热炉加热后进入高压蒸发塔进行第二次蒸发。低压蒸发塔的操作压力稍高于常压，高压蒸发塔的操作压力约为 0.25MPa（绝对压力）。提取液中的溶剂有 35%～45%在低压蒸发塔脱除，其余的溶剂则在高压蒸发塔脱除。从高压蒸发塔塔底出来的提取液中还含有少量溶剂，因此还需要通过汽提除去。脱除溶剂后的提取油从汽提塔塔底抽出送出装置。提余液汽提塔和提取液汽提塔都是在减压下操作，压力约为 13kPa。

（3）糠醛-水溶液的处理　糠醛与水部分互溶生成共沸物，不能用简单的沉降分离或精馏方法来处理。工业上一般用双塔流程来回收糠醛水溶液中的糠醛。

由汽提塔来的水蒸气和糠醛蒸气经冷凝冷却后进入分层罐。上层含水多，称水液，送入糠醛蒸发器，糠醛以共沸物组成从塔顶分出，冷凝后回到分层罐又分成两层，水从塔底排出。分层罐的下层主要是糠醛，送入糠醛脱水塔，水以共沸物组成从塔顶蒸出，冷凝后进入分层罐。塔底得到含水小于 0.5%的干糠醛，可以循环回抽提塔使用。

4. 溶剂精制过程的影响因素

影响溶剂精制过程的因素主要有：抽提温度、抽提方式、溶剂比、提取物循环、界面位置、原料中沥青含量以及抽提塔内的液体流速等。

（1）抽提温度　抽提系统保持两相的关键是抽提温度，即必须使抽提过程在临界溶解温度与润滑油及溶剂的凝固点之间进行。在此温度范围内，溶剂的溶解能力随温度的升高而增强，而选择性则随温度的升高而降低，因此，温度变化必然会影响精制油的质量与收率。

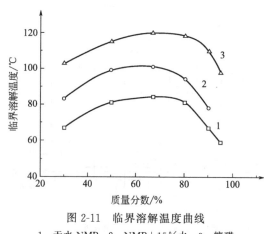

图 2-11　临界溶解温度曲线
1—无水 NMP；2—NMP+15%水；3—糠醛

溶剂精制的抽提操作温度有一个允许的范围，其上限是体系的临界溶解温度，即体系成为单个液相的最低温度，其下限则是润滑油和溶剂的凝固点温度。在实际操作中，抽提温度一般都应比临界溶解温度低 20～30℃，以保证体系能保持两个液相。

① 临界溶解温度。临界溶解温度的高低决定于溶剂的种类、原料油的组成以及溶剂比。图 2-11 是糠醛和 N-甲基吡咯烷酮的临界溶解温度曲线，由图可见，在其他条件相同时，糠醛的临界溶解温度比 NMP 高，表明糠醛的溶解能力相对较低。

原料油中含稠环芳烃越多，临界溶解温度就越低。随着烃类侧链长度的增加，临界溶解温度升高；随着芳香环和环烷环环数的增加，临界溶解温度急剧下降。表 2-5 列出了某些脱蜡油对糠醛的临界溶解温度。

表 2-5　某些脱蜡油对糠醛的临界溶解温度 （溶剂比为 1：1）

| 油品名称 | 临界溶解温度/℃ | 油品名称 | 临界溶解温度/℃ |
|---|---|---|---|
| 25 号变压器油 | 117.5 | 10 号汽油机油 | 136.5 |
| 20 号机械油 | 125 | 15 号汽油机油 | 143 |
| 真空泵油 | 136 | 22 号汽轮机油 | 120 |

② 抽提温度对精制油质量和收率的影响。下面以溶剂比为 3：1 时，糠醛处理某润滑油馏分为例来分析温度对精制油质量与收率的影响，如图 2-12 所示。

由图 2-12 可以看出，精制油收率随抽提温度的升高而直线下降，黏度指数在开始升温阶段随温度升高而升高，但当达到某一最高值以后，继续提高温度，精制油黏度指数反而下降。该最高点说明溶剂在此温度下具有最适宜的溶解能力，可以保证最大限度地溶解非理想组分，同时又具有恰当的选择性，使理想组分不致因溶解能力提高而过多地进入提取相。低于这一温度则由于溶剂溶解能力低，使相当数量的非理想组分不能进入提取相。而高于这一温度，则会由于溶剂溶解能力过高，选择性过低，使理想组分被抽走。

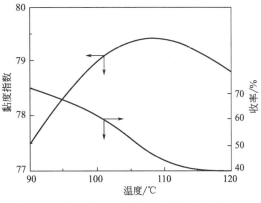

图 2-12　抽提温度对精制油质量和收率的影响

　　③ 抽提塔操作温度。在逆流抽提过程中，原料油自塔下部进入，其中所含非理想组分随着向上运动，不断被自上而下来的溶剂抽提而逐渐减少，因此它在溶剂中的临界溶解温度就会逐步提高，故而应该使抽提温度也逐步提高，所以抽提塔顶部应维持较高的温度，但这样难免有一定数量的理想组分和中间组分被溶解。为了减少理想组分的损失，提高精制油的收率，塔底则维持较低的温度。溶剂自塔上部进入后，随着它向下流动，温度逐渐降低，选择性提高，使开始被溶解的理想组分又将不断释放出来，这样自塔底排出的提取液中，就不含有理想组分，从而保证了精制油的收率。

　　抽提塔顶部与底部的温度差，称为温度梯度。糠醛精制时的温度梯度为 20～25℃。对于用酚作为溶剂的精制过程，由于酚对烃类的溶解能力较强，同时其熔点又较高，因此，用降低塔底温度的方法来减少提取液中理想组分的含量，受到很大限制，工业上通常多用在抽提塔下部注入酚水的办法来提高酚的选择性。在处理残渣油时，由于残油在酚中的溶解度比馏分油低，所以注入的酚水量应比处理馏分油时少。

　　烃类在溶剂中的溶解度随分子量的增高而降低，所以处理不同的原料时，采用的精制温度也不一样，馏分重的、黏度大的、含蜡量多的原料油采用的温度应高些。各种油品糠醛精制较适宜的抽提温度如表 2-6 所示。

表 2-6　各种油品糠醛精制的适宜温度

| 产品名称 | 25 号变压器油 | 20 号机械油 | 10 号汽油机油 | 15 号汽油机油 | 22 号汽轮机油 | 真空泵油 |
|---|---|---|---|---|---|---|
| 塔顶温度/℃ | 55～65 | 65～75 | 75～85 | 110～120 | 70～80 | 90～100 |

　　原料的馏分范围很宽时，不易选择适宜的精制温度，因此精制原料的沸点范围以窄为宜。

　　（2）抽提方式　抽提方式有三种：一次抽提、多次抽提与逆流抽提。

　　一次抽提是全部溶剂一次和原料油相混，分离后得到提取油与提余油。一次抽提示意如图 2-13 所示。

　　一次抽提所得的精制油质量不高，同时，在非理想组分溶解的过程中，一部分理想组分也溶解在溶剂里，因而精制油的收率也不高。

　　多次抽提的示意流程如图 2-14 所示。

　　溶剂被分成的份数越多，抽提的效果就越好。多次抽提

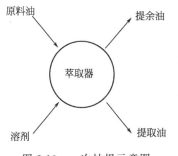

图 2-13　一次抽提示意图

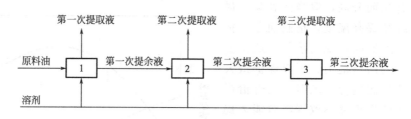

图 2-14　多次抽提示意图
1—第一抽提器；2—第二抽提器；3—第三抽提器

比一次抽提分离要完全些，达到同样分离程度时，溶剂耗量要小，但操作复杂，设备增多，在两相分离时，造成精制油的损失过多，因而收率降低。

逆流抽提是在塔中进行的，溶剂和原料油在塔中逆向流动，在接触时，非理想组分就

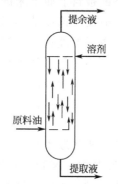

图 2-15　逆流抽提示意图

溶于溶剂。逆流抽提是连续过程，溶剂从上部进入，原料油从下部进入，由于油的相对密度比溶剂小，油从下向上升，溶剂从上向下沉降，两者在逆向流动中接触。为了增大接触面积，改善抽提效果，常采用填料塔或转盘塔。逆流抽提的示意过程如图 2-15 所示。

不同抽提方式与溶剂消耗的关系如图 2-16 所示。

结果表明，逆流抽提溶剂的消耗量最小，一次抽提的溶剂耗量最大。

不同抽提方式对精制油收率和质量的影响如图 2-17 所示。

图 2-17 的结果表明，在精制油质量相同时，逆流抽提可以得到最高收率的精制油产品。

（3）溶剂比　溶剂比是溶剂量与原料油量之比，可以用体积分数或质量分数来表示，通常多采用体积比。

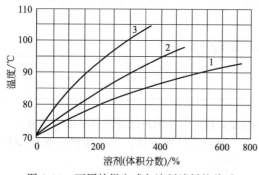

图 2-16　不同抽提方式与溶剂消耗的关系
1——次抽提；2—多次抽提；3—逆流抽提

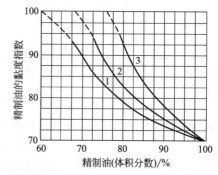

图 2-17　不同抽提方式对精制油收率和质量的影响
1——次抽提；2—多次抽提；3—逆流抽提

浓度差是抽提过程的推动力。为了增大浓度差，除了采用逆流抽提外，还可以用增大溶剂比来达到。在恒定温度下，当非理想组分在溶剂中的浓度达到平衡时，向体系中再加入溶剂，则使其中的非理想组分的浓度降低，平衡被破坏，非理想组分又继续向溶剂中转移，从而增大了非理想组分的抽出量。因此，当溶剂比增大时，精制油的质量提高，但其收率则降低。当溶剂比增大时，油中的理想组分在溶剂中的溶解量也增大了，

这使精制油的收率进一步降低。表 2-7 列出了某糠醛精制过程中溶剂比对精制油质量和收率的影响。

表 2-7　糠醛溶剂比对精制油质量和收率的影响

| 溶剂比（体积比） | 精制油收率/% | 黏度指数 | 残炭/% |
| --- | --- | --- | --- |
| 0 | 100 | 65 | 2.9 |
| 3 | 75.2 | 84.7 | 1.1 |
| 6 | 62.6 | 88.6 | 0.9 |
| 12 | 47.1 | 93.2 | 0.7 |

从表 2-7 可见，增大溶剂比对精制油质量产生影响时并没有出现像改变温度时那样的现象，即黏度指数变化曲线上有一最高点。其原因是在增大溶剂比时只是改变了提取液中油的总量而不是浓度，即增大溶剂比并没有改变溶剂的溶解能力。

适宜的溶剂比应根据溶剂性质、原料油性质、精制油的质量要求通过实验来综合考虑。一般来说，精制重质润滑油原料时采用较大的溶剂比，而在精制较轻质的原料油时则采用较小的溶剂比。例如在糠醛精制时，对重质油料采用溶剂比为 3.5～6，对轻质油料则采用2.5～3.5。

提高溶剂比或提高抽提温度都能提高精制深度。对于某个油品要求达到一定的精制深度时，在一定范围内，可用较低的抽提温度和较大的溶剂比，也可以用较高的抽提温度和较小的溶剂比。由于低温下溶剂的选择性较好，采用前一种方法可以得到较高的精制油收率，故多数情况下选用前一个方案。但是也应当注意到，提高溶剂比会增大溶剂回收系统的负荷，增加操作费用，同时也会降低装置的处理能力。因此，如何选择最适宜的抽提温度和溶剂比，应当根据技术经济分析的结果综合地考虑。

**二、溶剂脱蜡**

不含蜡的石油非常少。我国的石油多为含蜡石油，有的润滑油馏分含蜡量超过 40%，在低温下油中的蜡就会析出，形成结晶。这些结晶会形成结晶网，阻碍油的流动，甚至"凝固"，所以含蜡的润滑油料必须脱蜡才能生产出低温流动性好的润滑油。

1. 溶剂脱蜡的原理

为使润滑油在低温条件下保持良好的流动性，必须将其中易于凝固的蜡除去。这一工艺叫脱蜡，脱蜡不仅可以降低润滑油的凝固点，同时也可以得到蜡。常用的脱蜡方法有冷榨脱蜡、溶剂脱蜡和尿素脱蜡，其中最重要的是溶剂脱蜡。它是利用低温下溶剂对油的溶解能力很大而对蜡的溶解能力很小而且本身低温黏度又很小的溶剂去稀释润滑油料，使蜡能结成较大晶粒并使油的黏度因稀释而大幅度降低，使油、蜡得到分离。

2. 溶剂的选择

（1）溶剂的作用

① 稀释作用。降低润滑油料的黏度。

② 选择性溶解。在脱蜡温度下油几乎全部溶解于溶剂，而蜡在溶剂中则很少溶解。

（2）对溶剂的要求

① 黏度足够低。

② 低温下对蜡的溶解度小，使脱蜡温差小；低温下对油的溶解度大，使所需的溶剂比小。

③ 能使蜡结晶有良好的性状，以便得到较高的过滤速度。

④ 沸点不应太高，也不能过低。

⑤ 化学安定性和热稳定性好，不容易分解。

⑥ 能适应多种来源和各种馏分范围的原料。

⑦ 冰点低，在脱蜡温度下溶剂不会析出结晶。

⑧ 毒性小。

⑨ 不腐蚀设备。

⑩ 价格便宜。

在上述要求中，最主要的是选择性和溶解性。但往往很难找到一种二者兼备的良好溶剂，为了取长补短，一般采用2～3种溶剂的混合物。在工业上采用的混合溶剂有丙酮-苯-甲苯、丙酮-甲苯、甲基乙基酮-甲苯、甲基异丁基酮-甲苯、二氯乙烷-二氯甲烷。

混合溶剂中，丙酮、甲基乙基酮、甲基异丁基酮、二氯乙烷是极性溶剂，在低温下对蜡的溶解度小，是蜡的沉淀剂。而苯、甲苯和二氯甲烷是非极性溶剂，在低温下对油有较大的溶解度，是油的稀释剂。

在酮类-苯类混合溶剂中，苯类的主要作用是溶解润滑油。但是苯类对蜡的溶解度较大，故加入对蜡溶解度很小的酮类以减小对蜡的溶解度。

苯在高温或低温下对油都有较高的溶解能力，能保证脱蜡油的收率，但苯的结晶点较高，在低温脱蜡时常会有苯的结晶析出，使脱蜡油的收率降低，因此，通常在酮-苯混合溶剂中要加入某种比例的冰点很低的甲苯。在低温下，甲苯对油的溶解能力比苯强，对蜡的溶解能力比苯差，所以，它的选择性比苯强。在混合溶剂中增加甲苯的含量对提高脱蜡油收率和降低脱蜡温差都有好处。甲苯的沸点比苯的沸点高，混合溶剂中加入甲苯后会增大溶剂回收的困难。因此，在脱蜡温度不太低时，混合溶剂中常常保留一定量的苯，但是也有一些工业装置的实践经验表明，当采用甲基乙基酮时，混合溶剂中只需加入甲苯即可。

丙酮-苯-甲苯混合溶剂是一种良好的选择性溶剂，其对油的溶解能力强，对蜡的溶解能力低，同时黏度小，冰点低，腐蚀性不大，沸点不高，毒性也不大，因此是润滑油溶剂脱蜡较理想的溶剂。但其闪点低，应特别注意安全。几种脱蜡溶剂的性质见表2-8。

表2-8 脱蜡溶剂的性质

| 项 目 | | 苯 | 甲 苯 | 丙 酮 | 甲基乙基酮 |
|---|---|---|---|---|---|
| 相对分子质量 | | 78.05 | 92.06 | 58.05 | 72.06 |
| 20℃密度/(g/cm³) | | 0.879 | 0.867 | 0.7915 | 0.8054 |
| 常压沸点/℃ | | 80.1 | 110.6 | 56.1 | 79.6 |
| 熔点/℃ | | 5.53 | −94.99 | −95.5 | −86.4 |
| 临界温度/℃ | | 288.5 | 320.6 | 235 | 262.5 |
| 临界压力/MPa | | 4.92 | 4.11 | 4.72 | 4.40 |
| 20℃黏度/(mm²/s) | | 0.735 | 0.68 | 0.41 | 0.53 |
| 闪点/℃ | | −12 | 8.5 | −16 | −7 |
| 蒸发潜热/(kJ/kg) | | 395.7 | 362.4 | 521.2 | 443.6 |
| 比热容(20℃)/[kJ/(kg·℃)] | | 1.700 | 1.666 | 2.150 | 2.297 |
| 溶解度(10℃，质量分数)/% | 溶剂在水中 | 0.175 | 0.037 | 无限大 | 22.6 |
| | 水在溶剂中 | 0.041 | 0.034 | 无限大 | 9.9 |
| 爆炸极限(体积分数)/% | | 1.4～8.0 | 6.3～6.75 | 2.15～12.4 | 1.97～10.1 |

**3. 溶剂脱蜡的工艺流程**

现以当代国内外最广泛应用的酮苯脱蜡装置为主，介绍溶剂脱蜡的工艺流程及设备。酮苯脱蜡过程的工艺示意流程如图2-18所示。

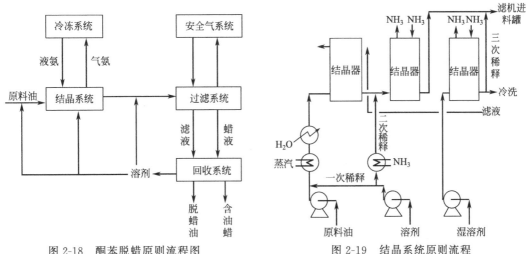

图 2-18　酮苯脱蜡原则流程图　　　　　　图 2-19　结晶系统原则流程

　　酮苯脱蜡工艺过程包括结晶系统、冷冻系统、过滤系统、安全气系统和回收系统五部分。结晶系统是溶剂脱蜡（和蜡脱油）的核心部分，也是影响脱蜡过程效果的最关键部分。在这个系统中，油料和溶剂混合后被逐步冷却到所需温度，使蜡组分自油料溶液中析出成为具有一定晶形、粒径的蜡晶，以便于下步通过过滤使蜡、油分离。冷冻系统的作用是制冷，去除结晶时放出的热量。过滤系统的作用是将已冷却好的溶液通过过滤使蜡与油进行分离。溶剂回收系统的作用是将油与蜡中的溶剂分离出来，包括从蜡、油、含水溶液中回收溶剂。安全气系统的作用是为了防爆，对过滤系统以及溶剂罐用安全气封闭。

　　原料油先经蒸汽加热（热处理），目的是使原来的结晶全部熔化，再在控制的有利条件下重新结晶。对残渣油原料，通常是在热处理前加入一次溶剂稀释，对馏分油原料则可以直接在第一台结晶器的中部注入溶剂稀释，称为"冷点稀释"。通常在前面的结晶器中用滤液作冷源以回收滤液的冷量，后面的结晶器则用氨冷。原料油在进入氨冷结晶器之前先与二次稀释溶剂混合。由氨冷结晶器出来的油-蜡-溶剂混合物与三次稀释溶剂混合后去滤机进料罐。三次稀释溶剂是经过冷却的由蜡系统回收的湿溶剂。由于湿溶剂含水，在冷冻时会在传热表面结冰，因此在冷却时也利用结晶器。若使用普通的管壳式换热器，则需要用几台切换使用。氨冷结晶器的温度通过控制液氨罐的压力来调节。

　　（1）结晶系统　图 2-19 是结晶系统的原则流程。

　　（2）过滤系统　过滤系统的主要功能是通过过滤使蜡与油进行分离。过滤系统的主要设备是过滤机。

　　从结晶系统来的低温的油-蜡-溶剂混合物进入高架的滤机进料罐后，自流流入并联的各台过滤机的底部，滤机装有自动控制仪表控制进料速度。

　　图 2-20 是鼓式真空过滤机的示意图。过滤机的主要部分是装在壳内的转鼓，转鼓蒙以滤布，部分浸没于冷冻好的原料油-溶剂混合物中（浸没深度约为滤鼓直径的 1/3）。滤鼓分成许多格子，每格都有管道通到中心轴部，轴与分配头紧贴，但分配头不转动。当某一格子转到浸入混合物时，该格与分配头吸出滤液部分接通，于是以残压 20～40mmHg❶ 的真空度将滤液吸出。蜡饼留在滤布上，经受冷洗，当转到刮刀部分时接通

――――――――――――――――

　❶　1mmHg＝133.322Pa；后同。

惰性气反吹，滤饼即落入输蜡器，用螺旋搅刀送到滤机的一端落入下面的蜡罐。我国目前通用的每台滤机的过滤面积为 $50m^2$。滤机的抽滤和反吹都用惰性气体循环。滤机壳内维持 $1\sim3kPa$（表压）以防空气漏入。惰性气体中含氧量达到 $5\%$ 时应立即排空换气，以保证安全。反吹压力一般为 $0.03\sim0.45MPa$（表压）。

过滤后的蜡饼经冷洗后落入蜡罐，然后送去溶剂回收系统。冷洗液中含油量很少，经中间罐后可作稀释溶剂，这样可以减小溶剂回收系统的负荷。滤液被送回结晶系统进行换冷后进入溶剂回收系统。

过滤机在操作一段时间后，滤布就会

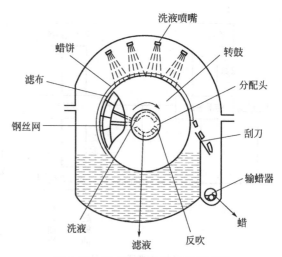

图 2-20　鼓式真空过滤机的示意图

被细小的蜡结晶或冰堵塞，需要停止进料，待滤机中的原料和溶剂混合物滤空后，用 $40\sim60℃$ 的热溶剂冲洗滤布，此操作称为温洗。温洗可以改善过滤速度，又可减少蜡中带油，但温洗次数多及每次温洗时间长则占用过多的有效生产时间。

（3）溶剂回收系统　由过滤系统出来的滤液（油和溶剂）和蜡液（蜡和溶剂）进入溶剂回收系统回收其中的溶剂。图 2-21 是溶剂回收系统的工艺流程图。

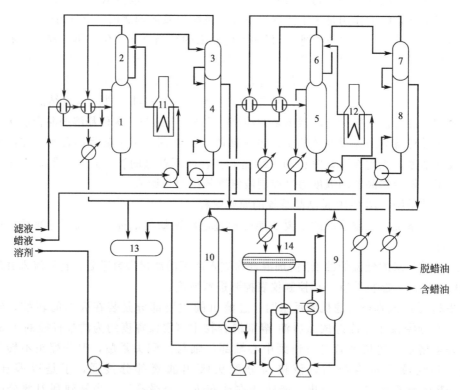

图 2-21　溶剂回收系统工艺流程图

1,3—滤液低压蒸发塔；2—滤液高压蒸发塔；4—脱蜡油汽提塔；5,7—蜡液低压蒸发塔；6—蜡液高压蒸发塔；
8—含油蜡汽提塔；9—溶剂干燥塔；10—酮脱水塔；11,12—加热炉；13—溶剂罐；14—溶剂分水罐

在此流程中，滤液和蜡液是分别进行溶剂回收的。回收的方法都是采用蒸发-汽提方法。在溶剂蒸发部分都是依次进行低压蒸发、高压蒸发，然后又进行低压蒸发。高压蒸发塔的操作压力和温度分别为 $0.3\sim0.35$MPa 及 $180\sim210$℃，低压蒸发塔在稍高于常压下操作，蒸发温度为 $90\sim100$℃。为了减小能耗，蒸发过程都采用多效蒸发方式。由汽提塔底得到的脱蜡油和蜡中含溶剂量一般可低于 $0.1\%$。

由滤液蒸发塔出来的溶剂蒸气经冷凝后进入溶剂罐，可作为循环溶剂使用。由蜡液蒸发塔出来的气体含有水分，经冷凝后进入溶剂分水罐。两个汽提塔顶出来的气体经冷凝后都进入溶剂分水罐。在分水罐内，上层为含水 $3\%\sim4\%$ 的湿溶剂，下层为含溶剂（主要是酮）约 $10\%$ 的水。由于甲基乙基酮与水会形成共沸物，因此溶剂与水的分离可以采用双塔分馏方法，最后得到基本上不含溶剂的水和含水低于 $0.5\%$ 的溶剂。

4. 溶剂脱蜡的影响因素

酮苯脱蜡过程的影响因素很多。在生产中应使工艺条件满足下列两个要求：一方面必须使含蜡原料油中应除去的蜡完全析出，使脱蜡油达到要求的凝固点；另一方面必须使蜡形成良好的结晶状态，易于过滤分离，以提高脱蜡油收率，并提高处理量。

（1）原料性质

① 原料轻重对脱蜡的影响。脱蜡原料油中所含的固体烃大致分成石蜡和地蜡两种，石蜡主要存在于沸点较低的馏分中，而地蜡主要存在于重馏分及残渣油料中。同一种原油，不同的馏分，蜡含量不同；不同原油，同一馏分范围，其中蜡含量也不同。石蜡分子量较小，它的结晶是大的薄片状，易于过滤分离；地蜡的分子量较大，但结晶为细小的针状，易于堵塞滤布，不易于过滤。

脱蜡原料油中，随着馏分沸点的增高，固体烃的分子量逐渐加大，晶体颗粒变得越来越小，生成蜡饼的间隙较小，渗透性差，难于过滤分离。因此，馏分重的油比馏分轻的油难于过滤，残渣油比馏分油更难过滤。

② 原料油馏分宽窄对脱蜡的影响。原料油馏分越窄，蜡的性质越相近，蜡结晶越好，否则大小分子不同的蜡混在一起，可能生成共熔物，生成细小的晶体，影响蜡晶体的成长，而使蜡结晶难于过滤。宽馏分油在操作上比较简单，不用经常切换原料，但宽馏分对结晶不利，不易找到合适的操作条件。例如溶剂比对原料中的轻组分要求要小，若溶剂比大，轻组分中的蜡易于溶在溶液中，使脱蜡温差大；若溶剂比小，对原料中重组分的油不能完全溶解，使蜡中带油，脱蜡油收率降低。因此，溶剂脱蜡不希望处理宽馏分油。

③ 原料油中胶质与沥青质含量对脱蜡的影响。原料油中胶质、沥青质较多时，影响蜡结晶，使固体烃析出时不易连接成大颗粒晶体，而是生成微粒晶体，易堵塞滤布，降低过滤速度，同时易粘连，蜡含油量大。原料油中含有少量胶质，又可以促使蜡结晶连接成大颗粒，提高过滤速度。

④ 原料油组成对脱蜡的影响。当原料油中同时含有石蜡与地蜡时，其结晶状态相互有影响。试验证明，当有 $1\%$ 的地蜡存在时，并不能改变石蜡的结晶，蜡仍为片状；当含有 $5\%$ 的地蜡时，片状结晶的形成已非常不好；当含有 $10\%\sim20\%$ 地蜡时，已完全成为针状结晶，使过滤速度大大降低。

原料油产地不同，其组成常常不同，蜡的结晶大小和形状也就不同。如果两个馏分油的馏程、黏度和含蜡量基本相同，则所用的脱蜡工艺条件也基本一致。但含石蜡多时，生成共熔物较少，过滤速度快；而含环烷烃多时，容易与其中的正构烷烃形成共熔物，过滤速度较慢。

（2）溶剂组成　混合溶剂中丙酮（或甲基乙基酮）、苯、甲苯比例应根据原料油黏度大小、含蜡量多少及脱蜡深度而定。这里讨论的主要是酮含量的变化对结晶的影响。

溶剂中的丙酮或甲基乙基酮是蜡的沉淀剂，对油有一定的溶解能力。具有一定组成的溶剂，随着温度降低，溶剂对油的溶解度下降。冷到某一温度时，溶剂与油不互溶，析出的油附在滤饼上，使油收率降低。油和溶剂完全互溶的最低温度称为互溶温度。对于不同组成的溶剂，互溶温度越低，说明溶剂的溶解能力越大。

对于某一种原料油，在固定脱蜡温度和溶剂比的条件下，改变溶剂中的酮含量时，随着酮含量的增加，脱蜡油收率下降不多，但过滤速度提高，脱蜡温差减小，继续增大酮含量，一旦达到溶剂与油不完全互溶时，收率大大降低。

对于过滤速度和脱蜡温差来说，酮含量越高越好，但如果不完全互溶，收率损失太大。而采用接近互溶点的最大酮含量的组成，能得到比较高的收率和比较合适的过滤速度以及脱蜡温差。

（3）溶剂比　溶剂比是脱蜡溶剂量与脱蜡原料油量的比值。

$$溶剂比 = \frac{脱蜡溶剂量}{脱蜡原料油量} = \frac{稀释溶剂量+冷洗溶剂量}{脱蜡原料油量} = 稀释比 + 冷洗比 \qquad (2\text{-}1)$$

从式(2-1)可知，溶剂比包括稀释比与冷洗比。溶剂的稀释比，要求在过滤温度下充分溶解油，降低油的黏度，使之利于蜡的结晶，易于输送和过滤，在生产装置中，常以体积流率比来表示。

处理不同原料、不同馏分所需要的溶剂稀释比不同。一般来说，馏分轻，含蜡少，脱蜡深度浅（过滤温度高）所需溶剂稀释比小，反之亦然。

处理同一原料，稀释比过小会使蜡油黏度过大，套管压降升高，不利于输送和过滤，油收率也低。提高溶剂稀释比可以提高油收率，降低蜡中含油量，同时也使蜡油黏度变小，对输送和过滤有利。但是当稀释比增大到某一数值后，继续增大稀释比对油收率的提高、蜡含油量的降低影响不甚显著，反而会因大量溶剂存在而使蜡的溶解量增加，使脱蜡温差变大。同时，大量的溶剂循环也会使冷冻负荷、溶剂回收负荷加大，增加能耗。因此，首先要考查溶剂稀释比是否合适，在保证产品收率的前提下，应尽量选用较低的稀释比。

（4）稀释溶剂加入温度　根据经验，各次稀释溶剂加入温度应与加入点处原料油温度相同或低1～2℃。若溶剂温度比原料油温度高，会将已形成的结晶熔化，加大套管结晶器的负荷；若溶剂温度比原料低得太多，会产生"急冷"现象，生成细小的蜡结晶。

一次稀释溶剂加入温度在稀释点后移法中称为冷点温度。根据操作经验，冷点原料油温度约低于含蜡原料油凝固点15～20℃。冷点溶剂温度与冷点原料油温度相同或略低。

蜡脱油稀释溶剂加入温度可以比加入点处含油蜡液的温度高，高15～20℃而不会对脱油效果有不良的影响。

**三、白土补充精制**

润滑油料经过溶剂精制、溶剂脱蜡或化学药剂精制后，质量已基本达到要求，但其组成中仍残留有少量的溶剂及一些有害物质。这些物质的存在，会影响油品的颜色、安定性、抗乳化性等性能。为此，还必须再经过一次补充精制，除去有害物质，以改善上述性能，从而得到合格的润滑油基础油。

补充精制是润滑油基础油和组分生产的最后一道工序。补充精制工艺常用的有白土补充精制和加氢精制。我国在20世纪60年代以前全部采用白土补充精制工艺。自1970年建成第一套加氢精制装置后，各润滑油生产厂陆续用加氢精制替代或部分替代白土补充精制。

同白土补充精制工艺相比，加氢精制具有工艺简单、操作方便、油品收率高、没有废白土污染等优点，而在产品质量及精制效果方面，两者各有千秋，特别是某些特种油品的生产仍必须用白土精制才能满足要求。目前我国各润滑油生产中，两种工艺仍处于共存状态。

在国外，白土补充精制几乎全部被加氢精制所取代，如美国 1990 年白土补充精制的能力仅占基础油生产能力的 1/3。

### 1. 白土补充精制的原理

经过溶剂精制和脱蜡后的油品仍含有少量未分离掉的溶剂、水分及其他杂质，为去掉这些杂质，常需进一步精制处理。常用的方法是白土精制，其原理是利用活性白土的吸附能力使各类杂质吸附在活性白土上，然后滤去白土即可除去所有的杂质。

白土是一种结晶或无定形的多孔性物质，有很大的表面，1g 白土的表面积达 $150\sim450m^2$，因而具有很大的吸附能力。利用白土的这种吸附能力可以将经精制和脱蜡的润滑油料中残留的少量胶质、沥青质、硫化物、氮化物、有机酸（环烷酸）及微量溶剂、水分等有害成分吸附而除去，达到改善油品颜色和稳定性的目的。白土精制是使各种基础油的机械杂质、水分、酸值、抗乳化性能、安定性等理化指标符合规格要求的重要手段。

白土对不同物质的吸附能力各不相同，白土精制属于物理吸附过程。润滑油中的有害物质大部分为极性物质，白土对它们有较强的吸附能力，而对润滑油的理想组分的吸附能力却极其微弱，借白土的这种选择吸附性能就可使润滑油料得到精制。白土对油品中各组分的选择吸附能力顺序为：胶质、沥青质＞芳烃＞环烷烃＞烷烃。芳烃和环烷烃的环数越多，越容易被吸附。润滑油料用白土吸附处理后，再经固液分离，便可得到合格的基础油，吸附饱和的白土（废白土）送去再生或处理。

由于被吸附物向吸附剂孔内渗透有一个过程，这个过程进行的速度与吸附剂颗粒的大小、被吸附物分子运动的速率有直接关系。白土精制时，必须采用较高温度，目的在于降低润滑油的黏度，使其进入白土吸附剂内孔的渗透作用加强，使白土表面利用得更完全，同时还需保持一定的接触时间，以使吸附过程充分完成。影响白土精制效果的主要因素是白土用量、精制温度和接触时间等工艺条件，原料油质量和白土性质对精制油的质量也有很大影响。

白土本身又是一种酸性催化剂，在高温下它能促进润滑油的分解，它可除去润滑油原有组分中的一些有害物，但同时也使润滑油原有的理想组分发生化学变化，生成了一些不安定的分解产物，这是应尽量避免的。

### 2. 白土精制的工艺流程

润滑油白土补充精制原理流程如图 2-22 所示，该法为接触精制法，另外还有固定床渗透法与移动床渗透法。

原料油进入原料油缓冲罐 1 中，在此用蒸汽加热到 75～80℃，用泵抽送至混合罐 3 中。从白土罐 2 中按比例加入白土至混合罐 3 中，油与白土悬浮液抽送到混合罐 4 中再进行混合，然后用泵抽送至加热炉 5 中，被加热到规定的温度（一般为 220～270℃）后进入蒸发塔 6 中，在塔底吹入过热水蒸气，塔顶馏出物经冷凝冷却后作为燃料油。蒸发塔底油与白土的悬浮液靠压差流经冷却器冷却到 140～160℃，进入史氏过滤机 7 进行过滤，滤油流入史氏过滤机滤油罐 9，然后用泵抽出经冷却器冷却到 80～110℃，进入板框过滤机 8 进行过滤，滤油流入板框过滤机滤油罐 10，白土渣排入废白土斗中。板框过滤机滤油抽送到脱气罐 11 进行真空脱气，以便除去残存在油中的水分及一部分较轻的油气，成品油自脱气罐底抽送出装置。

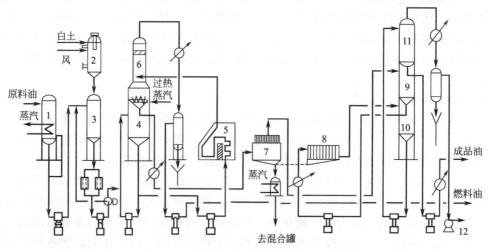

图 2-22　润滑油白土补充精制原理流程

1—原料油缓冲罐；2—白土罐；3,4—混合罐；5—加热炉；6—蒸发塔；7—史氏过滤机；8—板框过滤机；
9—史氏过滤机滤油罐；10—板框过滤机滤油罐；11—成品油脱气罐；12—真空泵

### 3. 白土补充精制的影响因素

白土补充精制的主要影响因素为原料性质、白土用量、精制温度和接触时间等。

(1) 原料性质　如果原料在前几个加工过程中处理不当造成精制深度不够或含溶剂太多等，就会增加白土精制的困难。一般来说，原料越重、黏度越大及产品质量要求越高，操作条件就越苛刻，而当白土活性高以及颗粒度和含水量适当时，在同样操作条件下，产品质量会更好。

(2) 白土用量　原料和白土性质确定后，一般白土用量越大，产品质量就越好，但油品质量的提高和白土用量并非成正比，即当白土用量提高到一定程度后，产品质量的提高则不显著。在保证精制深度的前提下，白土用量要尽量少。因为白土用量过多，一方面浪费白土，另一方面，不加抗氧化添加剂的一般产品会因精制过度而将天然的抗氧化剂——少量胶质和沥青质完全除掉，使油品安定性降低，而且，白土用量过多会降低润滑油的收率。另外，白土用量过多对操作也有影响，会降低过滤速度，增加循环泵的磨损。白土还会在加热炉管内沉降，堵塞管线，严重的还会使油局部过热裂化结焦。实际操作中可根据实验及实际经验确定合适的白土用量，一般处理 10～40 号机械油，白土用量为 3%～5%；处理 10 号汽油机油，白土用量为 2%～3%；处理 20 号透平油，白土用量为 5%～10%；处理 19 号压缩机油，白土用量为 5%～10%；处理 20 号航空润滑油，白土用量为 10%～15%。

(3) 精制温度　为了使非理想组分很快地全部吸附在白土活性表面上，要求这些分子能快速运动，以增加与白土活性表面的接触机会，这就要提高精制温度。白土的孔吸附润滑油中不良组分的速度决定于所精制润滑油的黏度，润滑油的黏度越大则吸附速度越小。润滑油与白土混合后加热温度越高，润滑油黏度就越低，白土吸附不良组分的速度就越快。在实际操作过程中应以保持润滑油的黏度尽量低为原则，混合物加热到稍高于润滑油的闪点时，白土的吸附能力达到最高，但也接近了分解温度，这就限制了温度的进一步提高。精制温度一般宜选在 180～320℃，处理重的油品时精制温度应偏于上限，超过 320℃时，由于白土的催化作用，油品易分解变质。

（4）接触时间　一般是指在高温下白土与油品接触的时间，即在蒸发塔内的停留时间。为了使油品与白土充分接触，必须保证有一定的吸附和扩散时间，所以，在蒸发塔内的停留时间一般为20～40min。

# 第三节　加氢法生产矿物润滑油基础油

## 一、加氢法生产基础油技术

近年来，随着润滑油的使用条件逐渐变得苛刻，润滑油工业面临着经济效益和环保法规的严重挑战，迫切需要生产出具有良好氧化安定性、高黏度指数和低挥发性的优质基础油。

传统的润滑油生产工艺很难满足日益严格的环保要求，因而国外许多炼厂开始采用加氢技术生产优质润滑油基础油。采用加氢技术是指以加氢处理或加氢裂化、加氢脱蜡（催化脱蜡、异构脱蜡或蜡的异构化）、加氢精制等工艺分别取代传统的溶剂精制、溶剂脱蜡和白土补充精制工艺。采用加氢技术生产润滑油基础油增强了对原料的适应性，扩大了润滑油原料的范围，提高了润滑油基础油的质量。

### 1. 国外润滑油加氢技术的发展概况

20世纪50年代以前，润滑油基础油的生产主要以物理法为主。自1969年出现润滑油加氢裂化技术后，润滑油加氢技术经历了加氢精制、加氢裂化及催化脱蜡阶段，目前最为活跃的是异构脱蜡工艺。在现代润滑油生产工艺中，临氢转化法工艺的比重将不断增大，在世界范围内迅速发展。由于世界重质石油开采比率与日俱增，而重质石油H/C比较小，轻质馏分少，渣油多，含有较多的S、N、O等非烃化合物，多属环烷-芳香基原油或中间基原油，其润滑油黏温性能和氧化安定性很差，因此加氢法生产润滑油基础油将日益显示其重要作用，得到长足的发展。物理法生产工艺和加氢法生产工艺将相互结合，优势互补，长期共存。

### 2. 国外润滑油加氢技术的发展趋势

由于全球润滑油基础油正处于常规（Ⅰ类）基础油向非常规基础油的转变时期，所以国外润滑油基础油生产技术正在由以溶剂精制为主的传统技术向以加氢为主的现代技术转变。

目前，国外生产Ⅱ/Ⅲ类基础油的技术方案归纳起来有两种：一种是以减压瓦斯油/溶剂脱沥青油或软蜡、费托合成蜡为原料，采用加氢裂化-异构脱蜡/加氢后精制的全加氢技术；另一种是以溶剂精制油为原料，采用加氢转化/加氢后精制-溶剂脱蜡（或异构脱蜡）的部分加氢技术。目前技术成熟并已在工业上应用的生产Ⅱ/Ⅲ类基础油的技术有以下4种：

① 雪佛龙公司的加氢裂化-异构脱蜡/加氢后精制技术；

② 埃克森美孚公司的加氢裂化-异构脱蜡/加氢后精制技术；

③ 埃克森美孚公司的溶剂精制油加氢转化/加氢后精制-溶剂脱蜡技术；

④ 壳牌公司以费托合成蜡为原料的加氢裂化-加氢异构化-溶剂脱蜡技术。

国内外生产Ⅱ/Ⅲ类基础油的工业装置可以分为以下4种方案。

方案1：生产燃料油品的常规加氢裂化装置增设异构脱蜡/加氢后精制设施，生产Ⅱ类基础油。

方案2：生产燃料油品的苛刻度（高转化率）加氢裂化装置增设异构脱蜡/加氢后精制

设施，生产Ⅲ类基础油。

方案 3：溶剂精制油加氢转化-异构（溶剂）脱蜡，生产Ⅱ类基础油。

方案 4：用石蜡生产超高黏度指数的Ⅲ类基础油。

**二、润滑油加氢精制**

1. 加氢精制的作用

加氢精制是在缓和条件下进行的加氢过程，温度低、压力低、空速大、操作条件缓和，加氢深度浅、耗氢量少、基本上不改变烃类的结构，只能除去微量杂质、溶剂和改善颜色。与白土精制比较，加氢精制具有过程简单、油收率高、产品颜色浅和无污染等一系列优点。

如图 2-23 所示为加氢精制在润滑油基础油生产过程中的位置。由此可以看出，润滑油加氢精制可以放在润滑油加工流程中的任意部位。把加氢精制放到溶剂脱蜡之前，不但油和蜡都得到精制，而且还解决了后加氢油凝点升高的问题；生产石蜡时可不建石蜡精制装置，简化了流程；先加氢后脱蜡，还可使脱蜡温差降低，节省能耗。把加氢精制放在溶剂精制前，可以降低溶剂精制深度，改善产品质量和提高收率。

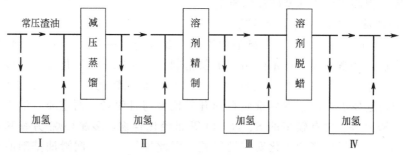

图 2-23　加氢精制在润滑油基础油生产过程中的位置

2. 加氢精制的化学反应

加氢精制过程中的化学反应主要有加氢脱硫反应、加氢脱氮反应和加氢脱氧反应，此外还有不饱和烃的加氢饱和反应和加氢脱金属反应。

（1）加氢脱硫反应　硫的存在影响油品的性质，给润滑油的使用带来了许多危害。在加氢精制条件下，润滑油馏分中的含硫化合物进行氢解，转化成相应的烃和 $H_2S$，从而使硫杂原子被脱掉。例如：

$$+H_2 \longrightarrow R'H + H_2S$$

$$+H_2 \longrightarrow +H_2S$$

（2）加氢脱氮反应　氮化物在氢气存在的条件下，在催化剂的作用下，发生脱氮反应，生成氨和烃。例如：

$$+H_2 \longrightarrow +NH_3$$

$$+H_2 \longrightarrow +NH_3$$

（3）加氢脱氧反应　含氧化合物在加氢精制的条件下，发生化学反应，生成水和烃。例如：

$$\text{环} - COOH + 3H_2 \longrightarrow \text{环} - CH_3 + 2H_2O$$

$$R - \text{(四氢萘酮)} + H_2 \longrightarrow R - \text{(萘)} + H_2O$$

在润滑油加氢精制的进料中，各种非烃类化合物同时存在。加氢精制反应过程中，脱硫反应最易进行，无需对芳环先饱和而直接脱硫，故反应速率大、耗氢少；脱氧反应次之，含氧化合物的脱氧反应规律与含氮化合物的脱氮反应相类似，都是先加氢饱和，后 C—杂原子键断裂；而脱氮反应最难。反应系统中，硫化氢的存在对脱氮反应一般有一定促进作用。在低温下，硫化氢和氮化物的竞争吸附抑制了脱氮反应；在高温条件下，硫化氢的存在增加催化剂对 C—N 键断裂的催化活性，从而加快了总的脱氮反应，促进作用更为明显。

3. 加氢精制催化剂

润滑油加氢精制同其他催化过程一样，催化剂在整个过程中起着十分重要的作用。装置的投资、操作费用、产品质量及收率等都和催化剂的性能密切相关。

到目前为止，国内外润滑油加氢精制催化剂的开发应用均是在燃料油加氢精制催化剂的基础上进行的，而且所使用的绝大部分催化剂都是由燃料油加氢精制催化剂直接或经过改性后转用过来的，专门的润滑油加氢精制催化剂的发展则较晚一些。

（1）活性组分　加氢精制催化剂的活性组分是加氢精制活性的主要来源。属于非贵金属的主要有ⅥB族和Ⅷ族中的几种金属（氧化物和硫化物），其中活性最好的有 W、Mo 和 Co、Ni；属于贵金属的有 Pt 和 Pd 等。

催化剂的加氢活性和元素的化学特征有密切关系。加氢反应的必要条件是反应物以适当的速率在催化剂表面上吸附，吸附分子和催化剂表面之间形成弱键后再反应脱附。这就要求催化剂应具有良好的吸附特性，而催化剂的吸附特性与其几何特性和电子特性有关。多种学说理论认为：凡是适合作加氢催化剂的金属，都应具有立方晶格或六角晶格，例如 W、Mo、Fe 和 Cr 是形成体心立方晶格的元素，Pt、Pd、Co 和 Ni 是具有面心立方晶格的元素，$MoS_2$ 和 $WS_2$ 具有层状的六角对称晶格。

催化剂的电子特性决定了反应物与催化剂表面原子之间键的强度。半导体理论认为，反应物分子在催化剂表面的化学吸附主要是靠 d 电子层的电子参与形成催化剂和反应物分子间的共价键，过渡元素具有未填满的 d 电子层，这是催化活性的来源。

以上分析表明，只有那些几何特性和电子特性都符合一定条件的元素才能用作加氢催化剂的活性组分。W、Mo、Co、Ni、Fe、Pt、Cr 和 V 都是具有未填满 d 电子层的过渡元素，同时都具有体心或面心立方晶格或六角晶格，通常用作加氢催化剂的活性组分。

研究表明，提高活性组分的含量，对提高活性有利，但综合生产成本及活性增加幅度分析，活性组分的含量应有一个最佳范围，目前加氢精制催化剂活性组分含量一般在 15%～35%。

在工业催化剂中，不同的活性组分常常配合使用。例如，钼酸钴催化剂中含钼和钴，钼酸镍催化剂中含钼和镍等。在同一催化剂内，不同活性组分之间有一个最佳配比范围。

（2）助剂　为了改善加氢精制催化剂某方面的性能，如活性、选择性和稳定性等，在制备过程中常常需要添加一些助剂。大多数助剂是金属化合物，也有非金属元素。

　　按作用机理不同，助剂可分为结构性助剂和调变性助剂。结构性助剂的作用是增大表面，防止烧结，如 $K_2O$、$BaO$、$La_2O_3$ 能减缓烧结作用，提高催化剂的结构稳定性。调变性助剂的作用是改变催化剂的电子结构、表面性质或者晶型结构，例如有些助剂能使主要活性金属元素未填满的 d 电子层中电子数量增加或减少，或者改变活性组分结晶中的原子距离，从而改变催化剂的活性；有的能损害副反应的活性中心，从而提高催化剂的选择性。助剂本身活性并不高，但与主要活性组分搭配后却能发挥良好作用。主金属与助剂两者应有合理的比例。

　　(3) 载体　加氢精制催化剂的载体有两大类：一类为中性载体，如活性氧化铝、活性炭、硅藻土等；另一类为酸性载体，如硅酸铝、硅酸镁、活性白土和分子筛等。一般来说，载体本身并没有活性，但可提供较大的比表面，使活性组分很好地分散在其表面上从而节省活性组分的用量。另一方面，载体可作为催化剂的骨架，提高催化剂的稳定性和机械强度，并保证催化剂具有一定的形状和大小，使之符合工业反应器中流体力学条件的需要，减少流体流动阻力。载体还可与活性组分相配合，使催化剂的性能更好。

　　(4) 加氢精制催化剂的预硫化　当催化剂加入反应器后，活性组分以氧化物形态存在。根据生产经验和理论研究，加氢催化剂的活性组分只有呈硫化物的形态，才有较高的活性，因此加氢催化剂使用之前必须进行预硫化。预硫化是将催化剂活性组分在一定温度下与 $H_2S$ 作用，由氧化物转变为硫化物。在硫化过程中，反应极其复杂，以 Co-Mo 和 Ni-Mo 催化剂为例，硫化反应式为：

$$MoO_3 + 2H_2S + H_2 \longrightarrow MoS_2 + 3H_2O$$
$$CoO + H_2S \longrightarrow CoS + H_2O$$
$$3NiO + 2H_2S + H_2 \longrightarrow Ni_3S_2 + 3H_2O$$

　　这些反应都是放热反应，而且进行的速率快。催化剂的硫化效果取决于硫化条件，即温度、时间、$H_2S$ 分压、硫化剂的浓度及种类等，其中温度对硫化过程影响较大。

　　根据实际经验，预硫化的最佳温度范围是 280～300℃，在这个范围内催化剂的预硫化效果最好。预硫化温度不应超过 320℃，因为高于 320℃，金属氧化物有被热氢还原的可能。一旦出现金属态，这些金属氧化物转化为硫化物的速率非常慢。而且 $MoO_3$ 还原成金属成分后，还能引起钼的烧结而聚集，使催化剂的活性表面缩小。

　　催化剂预硫化所用的硫化剂有 $H_2S$ 或能在硫化条件下分解成 $H_2S$ 的不稳定的硫化物，如 $CS_2$ 和二甲基硫醚等。据国外炼厂调查，约有 70% 的炼厂采用 $CS_2$ 或其他硫化物进行硫化，采用 $H_2S$ 作硫化剂较少，$CS_2$ 是应用最多的硫化剂。$CS_2$ 自燃点低 (约 124℃)，有毒，运输困难，使用时必须采用预防措施。

　　用 $CS_2$ 作硫化剂时，$CS_2$ 首先在反应器内与氢气混合反应生成 $H_2S$ 和甲烷。反应式为：

$$CS_2 + 4H_2 \longrightarrow 2H_2S + CH_4$$

　　硫化的方法分高温硫化、低温硫化、器内硫化、器外硫化、干法硫化和湿法硫化等。用湿法硫化时，首先把 $CS_2$ 溶于石油馏分，形成硫化油，然后通入反应器内与催化剂接触进行反应。适合作硫化油的石油馏分有轻油和航空煤油等。$CS_2$ 在硫化油中的浓度一般为 1%～2%。

　　(5) 加氢精制催化剂的失活与再生　在加氢工业装置中，不管处理哪种原料，由于原料要部分地发生裂解和缩合反应，催化剂表面便逐渐被积炭覆盖，使它的活性降低。积炭引起的失活速率与催化剂性质、所处理原料的馏分组成及操作条件有关。原料的相对分子质量越大，氢分压越低和反应温度越高，失活速率越快。在由积炭引起催化剂失活的同时，还可能发生另一种不可逆中毒。例如，金属沉积会使催化剂活性减弱或者使其孔隙被堵塞。存在于油品中的铅、砷、硅属于这些毒物的前一种，而加氢脱硫原料中的镍和钒则是造成床层堵塞的原因之一。此外，在反应器顶部有各种来源的机械沉积物，这些沉积物导致反应物在床层内分布不良，引起床层压降过大。

催化剂失活的各种原因带来的后果是不同的。由于结焦而失活的催化剂可以用烧焦办法再生，被金属中毒的催化剂不能再生，而催化剂顶部有沉积物时，需将催化剂卸出并将一部分或全部催化剂过筛而使催化剂的活性恢复。

催化剂的再生就是把沉积在催化剂表面上的积炭用空气烧掉，再生后催化剂的活性可以恢复到原来水平。再生阶段可直接在反应器内进行，也可以采用器外（即反应器外）再生的方法。这两种再生方法都得到了工业应用。无论哪种方法，都采用在惰性气体中加入适量空气逐步烧焦的办法。用水蒸气或氮气作惰性气体，同时充当热载体作用。这两种物质作稀释气体的再生过程各有优缺点。

在水蒸气存在下再生的过程比较简单，而且容易进行。但是在一定温度条件下，若用水蒸气处理时间过长，会使载体氧化铝的结晶状态发生变化，造成表面损失、催化剂活性下降以及力学性能受损。在操作正常的条件下，催化剂可以经受 7～10 次这种类型的再生。用氮气作稀释气体的再生过程，在经济上比水蒸气法可能要贵一些，但对催化剂的保护作用效果较好，而且污染问题也较少，所以目前许多工厂趋向于采用氮气法再生。有一些催化剂研究单位专门规定只能用氮气再生而不能用水蒸气再生。再生时燃烧速率与混合气中氧的体积分数成正比，因此进入反应器中氧的体积分数必须严格控制，并以此来控制再生温度。根据生产经验，在反应器入口气体中氧的体积分数控制在 1%，可以产生 110℃ 的温升。例如，如果反应器入口温度为 316℃，氧的体积分数为 0.5%，则床层内燃烧段的最高温度可达 371℃。如果氧的体积分数提高到 1%，则燃烧段的最高温度为 427℃。因此，再生时必须严格控制催化剂床层的温度，因为烧焦时会放出大量焦炭的燃烧热和硫化物的氧化反应热。催化剂再生时各氧化反应的热效应数据见表 2-9。

表 2-9　再生反应热效应

| 反应方程式 | 反应热 $\Delta H$/(kJ/mol) | 反应方程式 | 反应热 $\Delta H$/(kJ/mol) |
|---|---|---|---|
| $MoS_2+3.5O_2 \longrightarrow MoO_3+2SO_2$ | −1108.8 | $C+O_2 \longrightarrow CO_2$ | −394.8 |
| $Co_9S_8+12.5O_2 \longrightarrow 9CoO+8SO_2$ | −3780 | $H_2+0.5O_2 \longrightarrow H_2O$ | −247.8 |

对大多数催化剂来讲，燃烧段的最高温度应控制在 550℃ 以下。因为温度如果高于550℃，氧化钼会蒸发，$\gamma\text{-}Al_2O_3$ 也会烧结和结晶。实践证明，催化剂在高于 470℃ 下暴露在水蒸气中，会发生一定的活性损失。因此再生过程中应严格控制氧含量，以保证一定的燃烧速率和不发生局部过热。图 2-24 为催化剂再生流程。

如果催化剂失活是由于金属沉积，则不能用烧焦的办法把金属除掉并使催化剂完全恢复活性，操作周期将随金属沉积物的移动而缩短，在失活催化剂的前沿还没有达到催化剂床层底部之前，就需要更换催化剂。

如果装置因炭沉积和硫化铁锈在床层顶部的沉积而引起床层压降的增大导致停工，则必须根据反应器的设计，全部或部分取出催化剂并将其过筛，但是最好在催化剂卸出之前先将催化剂进行烧焦再生，因为活性硫化物和沉积在反应器顶部的硫化物与空气接触后会自燃。

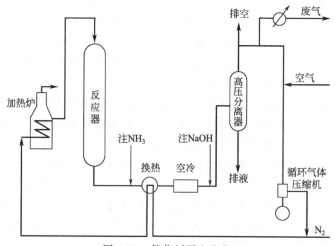

图 2-24　催化剂再生流程

由于床层顶部的沉积物引起压降而需要对催化剂进行再生时，这些沉积物的燃烧可能会难以控制，原因是流体循环不好。这种情况下会出现局部过热，并使这一部分的防污筐篮及其他部件受到损坏，所以要特别注意。

4. 加氢精制的工艺流程

典型的加氢精制的原则流程图见图 2-25。

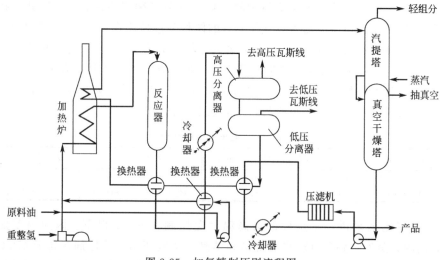

图 2-25　加氢精制原则流程图

原料油与经过压缩机压缩后的氢气混合，然后进入加热炉辐射室加热到反应所需温度再进入反应器顶部。反应后的产物从反应器底部出来，经两次换热和一次冷却后进入高压分离器，反应产物中的氢气和反应产生的气体大部分分离出去。高压分离器底部的产物再进入低压分离器，低压分离器底部的油经过两次换热和进入加热炉对流室换热后进入汽提塔和真空干燥塔，将其所含的少量低沸点组分和微量水分除去。干燥后的反应产物，从真空干燥塔底出来并进入压滤机除去催化剂粉末，滤液再经换热和冷却后送出装置，这样便得到精制产物。

加氢精制与白土精制比较，脱硫能力稍强，产物的酸值降低幅度大，透光率也较高；但脱氮能力比白土精制差，并且产品经热老化和紫外光老化后，透光率下降的幅度也比白土精制大。

5. 加氢精制的操作条件

加氢精制的效果与原料性质、催化剂性能及操作参数有关。一般根据原料的特点，选用合适的催化剂，通过优化反应温度、反应压力、反应空速、氢油比等操作参数，达到提高产品质量的目的。

(1) 反应温度 加氢精制如果操作温度过低，加氢反应速率太慢，但温度过高则可能引起烃裂化反应并在催化剂上结焦。

反应温度对硫、氮等杂质的脱除率有明显影响。脱除率一般随温度升高而增加，脱硫存在一个最佳温度，这个温度随原料的加重而增高。在反应温度范围内，温度越高，氮脱除率越高。在加氢精制的温度范围内提高反应温度，有利于氧化物、氮化物、稠环芳烃、胶质和沥青质等影响基础油颜色及安定性物质的脱除，使润滑基础油的颜色和安定性等性能变好。

润滑油经加氢精制后会发生不同程度的凝点上升现象，这是由于润滑油中含有的烯烃加氢后生成饱和烃，带烷基侧链的多环芳烃加氢后成为带烷基侧链的环烷烃和环烷烃加氢开环造成的。为避免凝点上升，除选用合适的催化剂外，往往可通过提高反应空速、降低反应温度来解决。

润滑油加氢精制的反应温度控制在 210~300℃。

(2) 反应压力 加氢精制的反应压力指操作系统的氢分压，氢分压越大，氢气浓度越大，有利于提高加氢反应速率，提高精制效果，延长催化剂寿命。研究表明，提高反应压力对脱硫、脱氮及脱除重芳烃都有利。但压力越高，对设备要求越高，因此压力的提高受到设备的限制。通常操作压力为 2~6MPa。

(3) 反应空速 反应空速是衡量反应物在催化剂床层上停留时间长短的参数，也是反映装置处理能力的重要参数。空速可以用体积空速和质量空速来表征。

体积空速即单位时间内通过单位体积催化剂的反应物体积。

$$体积空速 = \frac{原料油体积流量(m^3/h)}{催化剂体积(m^3)}$$

质量空速是指单位时间内通过单位质量催化剂的反应物质量。

$$质量空速 = \frac{原料油质量流量(kg/h)}{催化剂质量(kg)}$$

空速大，反应物在催化剂床层上的停留时间短，反应装置的处理能力大。空速的选择与原料油和催化剂的性质有关。重质原料油反应慢，空速小；催化剂活性好则空速可大些。硫化物反应速率快，空速变化对脱硫影响较小；氮化物反应速率较慢，空速过大会造成脱氮率降低。加氢精制的反应空速一般在 $1.0~3.0h^{-1}$。

(4) 氢油比 氢油比指在加氢精制过程中，工作氢气与原料油的比值，可用体积氢油比和摩尔氢油比来表征。

体积氢油比指标准状况下工作氢气的体积与原料油的体积之比，习惯上原料油按 60℃计算体积。

$$体积氢油比 = \frac{标准状况下工作氢气的体积流量(m^3/h)}{原料油的体积流量(m^3/h)}$$

工作氢气由新氢和循环氢组成。

摩尔氢油比是指工作氢气的物质的量 (mol) 与原料油的物质的量 (mol) 之比。

$$摩尔氢油比 = \frac{工作氢气的体积流量(m^3/h) \times 工作氢气的浓度(\%)}{原料油的质量流量(kg/h)} \times \frac{M_油}{22.4}$$

式中，$M_油$ 为原料油的平均摩尔质量。

提高氢油比有利于加氢精制反应的进行，有利于原料油的气化和降低催化剂的液膜厚度，提高转化率。氢油比的提高还可防止油料在催化剂表面结焦。由于加氢精制的反应条件缓和，耗氢量较少，所以选用的氢油比较低，一般在 $50\sim150m^3/m^3$（标准状况）。

### 三、润滑油加氢处理

**1. 概述**

加氢处理是在较高的温度下，采用催化剂稳定基础油的活泼组分，将基础油加氢，改善其颜色，延长其使用寿命。该工艺可以除掉一些含硫、含氮化合物，但不能大量除去基础油中的芳烃组分。加氢处理只是较小地改进了基础油生产的工艺技术。加氢裂化是更苛刻的加氢工艺，它是在比简单加氢处理更高的温度和压力条件下将基础油加氢，原料基础油分子被重新组合并裂解为更小的分子，芳烃开环，异构烷烃重新分布，绝大部分硫、氮和芳烃被除掉，同时副产清洁燃料。

（1）溶剂精制油加氢处理　溶剂精制油加氢处理技术的主要目的是脱氮、脱硫、脱金属和提高黏度指数，因为采用传统的基础油生产工艺（溶剂精制＋溶剂脱蜡）难以得到Ⅱ/Ⅲ类基础油，即使有些润滑油厂能够得到Ⅱ类基础油，溶剂精制的苛刻度要足以使精制油的黏度指数至少在 80 以上，最好在 95 以上；要得到Ⅲ类基础油，溶剂精制的苛刻度要足以使精制油的黏度指数至少在 120 以上，这样做收率太低，经济上很不合算。如果先经过缓和的溶剂（N-甲基吡咯烷酮或糠醛）精制，再经过加氢处理，就可以得到收率较高、黏度指数较高的基础油料。采用溶剂精制加氢处理生产异构脱蜡原料油，可以只经过缓和溶剂精制。其优点是不仅可减少溶剂用量，降低精制温度，简化溶剂与抽提物的分离，还可以提高精制油的收率。缓和溶剂精制的操作条件，可以缓和到使精制油的黏度指数比要得到的基础油的黏度指数低 $5\sim20$ 个单位。即如果要得到黏度指数为 80 的Ⅱ类基础油，精制油的黏度指数可以只有 $60\sim75$；如果要得到黏度指数为 95 的Ⅱ类基础油，精制油的黏度指数可以只有 $70\sim90$；如果要得到黏度指数为 120 的Ⅲ类基础油，精制油的黏度指数可以只有 $100\sim115$。此外，加氢处理的转化率要很好控制，不能大于 20%，小于 10% 比较好，最好是小于 5%；同时，使加氢处理油的硫含量降至 $50\mu g/g$ 以下，小于 $20\mu g/g$ 更好。

常规加氢裂化为了提高黏度指数，每降低 1% 转化率，产品的黏度指数提高不到 1 个单位。但采用雪佛龙公司的低苛刻度加氢处理工艺，选用 $MoNiP-Al_2O_3$ 催化剂，一般使转化率小于 5% 时，得到的加氢处理油黏度指数至少提高 5 个单位，一般在 $5\sim25$ 个单位之间，用这种油异构脱蜡可以得到理想的Ⅱ/Ⅲ类基础油。

（2）润滑油型加氢裂化　BP 公司从 20 世纪 80 年代开始用加氢裂化基础油调配优质多级发动机油。该公司在法国拉维拉（Lavera）炼厂生产的加氢裂化基础油有两种，即 LHC（100℃运动黏度为 $4mm^2/s$）和 UHC（100℃运动黏度为 $6mm^2/s$）。

LHC 基础油是用 BP 加氢裂化工艺得到的加氢裂化尾油生产的。工艺采用装有可再生催化剂的固定床反应器，它在一段一次通过、全沸程蜡油转化率 90% 下操作。反应在高温和高氢压下完成，以保证大多数芳烃和杂环组分被饱和，得到的环烷烃断裂开环，使硫、氮和芳烃含量降到最低水平。发生的转化反应可合成极高黏度指数的基础油产品。这类基础油和 PAO 合成基础油的性能比较接近。

1995 年韩国油公公司使用美孚的 MLDW 技术加工燃料型加氢裂化塔底油；1996 年雪

佛龙公司开发的新一代异构脱蜡催化剂 ICR-408 在里士满润滑油厂实现了工业化；1997 年美孚把一种新型的分子筛裂化异构化催化剂 MSDW-1 用于新加坡裕廊炼油厂的润滑油生产装置上；20 世纪 90 年代末，美孚专门为加工高含蜡原料生产低倾点、高黏度指数的基础油开发了 MWI-1 和 MWI-2 系列催化剂；自 1997 年以来，雪佛龙异构脱蜡技术分别在南美洲、欧洲和马来西亚等地投入使用。

润滑油加氢处理与溶剂精制相比有以下优点。

① 溶剂精制工艺是靠溶剂将润滑油原料中黏温性能差的多环短侧链烃类抽提掉，从而改善润滑油的黏温性能，溶剂精制油的黏温性能好坏与原料组成有关。加氢处理工艺是通过加氢反应，使部分黏温性能差的多环短侧链烃类转化为少环长侧链烃类，生成油质量受原料的限制较小，而且可以从劣质原料生产优质润滑油。因此，加氢处理工艺有较大的灵活性，在优质原料缺乏情况下尤其有意义。

② 收率和质量较高产品的黏温性能、氧化安定性能和抗氧剂的感受性均较溶剂精制油好。

③ 在生产润滑油的同时，又可生产优质燃料，打破了润滑油与燃料油的界限。

④ 装置投资虽然较高，但生产费用较低。

2. 润滑油加氢处理的化学反应及反应规律

（1）稠环芳烃加氢反应　反应如下：

$$R^1\text{—}\bigcirc\bigcirc\bigcirc\text{—}R^2 + 7H_2 \longrightarrow R^1\text{—}\bigcirc\bigcirc\bigcirc\text{—}R^2$$

VI ≈ −60　　　　　　　　　　　　VI ≈ 20
凝点 > +50℃　　　　　　　　　　凝点 ≥ +20℃

稠环芳烃的加氢饱和是分步进行的，即只有一个芳烃环完全加氢饱和之后，才对其余芳烃环进行加氢。而且每步间芳烃环的加氢-脱氢反应都是处于平衡状态。加氢反应平衡常数随温度升高而降低，因而芳烃深度加氢饱和反应必须在较低温度下进行。不同环数的稠环芳烃的加氢反应平衡常数随芳烃环数的增加而降低，说明多环稠环芳烃完全加氢比少环的稠环芳烃加氢更困难。从反应速率看，稠环芳烃的第一个芳烃环加氢速率较快，第二、三个芳烃环继续加氢时速率依次急剧降低。

（2）稠环环烷烃部分加氢开环反应　反应如下：

$$R^1\text{—}\bigcirc\bigcirc\bigcirc\text{—}R^2 \longrightarrow \begin{matrix}R^3 & R^4\\ \bigcirc \\ R^5 & R^6\end{matrix} \ 或 \ \begin{matrix}R^7 & R^8\\ \square \\ R^9 & R^{10}\end{matrix}$$

VI ≈ 20　　　　　　　　　VI ≈ 110～140
凝点 ≥ +20℃　　　　　　 凝点 ≤ 0℃

正构烷烃首先在催化剂的加氢-脱氢中心上脱氢生成相应的烯烃，然后这部分烯烃迅速转移到酸性中心得到一个质子，而生成仲正碳离子，仲正碳离子异构成叔正碳离子，当叔正碳离子将 $H^+$ 还给催化剂的酸性中心后即变成异构烯烃，再在加氢中心上加氢即得与原料分子碳数相同的异构烷烃。

此外，脱除杂原子（氮、氧、硫）以提高基础油的色度和色度安定性以及烯烃饱和等非理想组分的转化反应也是在润滑油加氢处理过程中所期望的。而需避免的反应，则有正构烷烃和异构烷烃的加氢裂化、带长侧链的单环环烷烃的加氢脱烷基等反应，因为这些反应将导致加氢油黏度下降、润滑油收率降低和氢耗量的增加。

3. 加氢处理催化剂

对润滑油加氢裂化反应的分析结果表明：用于生产高黏度指数润滑油的加氢裂化催化剂，不仅应具有非烃破坏加氢和芳烃加氢饱和的功能，而且还应具有多环环烷烃选择性加氢开环、直链烷烃和环烷烃的异构化等功能。因而加氢裂化催化剂应是一种由加氢组分和具有裂化性能的酸性载体组成的双功能催化剂，而且这两种功能应尽量达到平衡，才能达到收率高、质量好和运转周期长的目的。

（1）加氢组分　加氢组分在加氢处理催化剂中的作用主要是使原料中的芳烃，尤其是多环芳烃进行加氢饱和；使烯烃，主要是裂化反应生成的烯烃迅速加氢饱和，防止不饱和分子吸附在催化剂表面缩合生焦而降低催化活性。此外，加氢组分还具有对非烃破坏加氢的作用。

常用的加氢组分按其加氢饱和活性强弱排列如下：

$$Pt、Pd>W-Ni>Mo-Ni>Mo-Co>W-Co$$

虽然铂和钯具有最高的加氢活性，但由于对硫的敏感性很强，因而目前工业加氢处理催化剂的加氢组分不采用铂和钯，而多采用抗毒性好的金属组分，主要由 W-Ni 或 Mo-Ni 等金属组成（使用前需在装置上进行硫化）。

（2）酸性载体　酸性载体是加氢处理催化剂中的裂化组分，其作用在于促进 C—C 键的断裂和异构化，使多环环烷烃选择性加氢开环以及直链烷烃和环烷烃异构化，以提高润滑油的黏度指数。

工业加氢处理催化剂采用的载体主要有两类：高裂化活性的 $SiO_2-Al_2O_3$ 载体和低裂化活性的加氟的 $Al_2O_3$ 载体。与燃料油加氢裂化催化剂所用的 $SiO_2-Al_2O_3$ 载体不同，润滑油加氢处理催化剂中 $Al_2O_3$ 含量低于 30％（质量分数）。

酸性载体的作用主要有以下几个方面：

① 增加有效表面和提供合适的孔结构；

② 提供酸性中心；

③ 提高催化剂的机械强度；

④ 提高催化剂的热稳定性；

⑤ 增加催化剂的抗毒性能；

⑥ 节省金属组分用量，降低成本。

（3）催化剂的活化　加氢催化剂上的 Ni、Mo、W 等金属，在制备时是以氧化态形式存在的，活性低且不稳定。因此在使用之前必须经过预硫化处理，使之转变为硫化态后才能有稳定的活性。所用硫化剂为 $CS_2$，它在氢气存在下先发生氢解反应生成 $H_2S$，后者与金属氧化物作用进行还原硫化。

在操作过程中，反应器内还必须维持一定的 $H_2S$ 分压，以避免硫化态组分因失硫而导致活性下降，在加工含硫量低的原料时，若自身脱硫生成的 $H_2S$ 过少，还需要适当地向系统补硫。

（4）催化剂的再生　加氢处理催化剂在使用过程中由于结焦和中毒，使催化剂的活性及选择性下降，不能达到预期的加氢目的，必须停工再生或更换新催化剂。国内加氢装置一般采用催化剂器内再生方式，有蒸汽-空气烧焦法和氮气-空气烧焦法两种。对于 $\gamma-Al_2O_3$ 为载体的 Mo、W 系加氢催化剂，其烧焦介质可以为蒸汽或氮气，但对于以沸石为载体的催化剂，如再生时水蒸气分压过高，可能破坏沸石的晶体结构，从而失去部分活性，因此必须用氮气-空气烧焦法再生。

再生过程包括以下两个阶段。

① 再生前的预处理。在反应器烧焦之前，需先进行催化剂脱油与加热炉清焦。催化剂脱油主要采取轻油置换和热氢吹脱的方法。对于采用加热炉加热原料油的装置，在再生前，加热炉管必须清焦，以免影响再生操作和增加空气耗量。炉管清焦一般用蒸汽-空气烧焦

法，烧焦时应将加热炉出、入口从反应部分切出，蒸汽压力为 0.2～0.5MPa，炉管温度为 550～620℃。可以通过固定蒸汽流量变动空气注入量，或固定空气注入量变动蒸汽流量的办法来调节炉管温度。

② 烧焦再生。通过逐步提高烧焦温度和降低氧浓度，并控制烧焦过程分三个阶段完成。

4. 加氢处理的工艺流程

用加氢处理工艺生产润滑油基础油时，一段加氢处理工艺流程是基础，通过选择性加氢裂化来提高基础油的黏度指数。由于原料性质及对基础油收率和质量（如黏度及黏度指数）要求的不同，采用不同的工艺流程，特别是为了改善加氢处理油的光安定性，需要增设后处理段。工业上常用的工艺流程除一段加氢处理流程外，还有两段加氢流程和加氢处理与溶剂精制结合的流程。

（1）一段加氢处理工艺流程 一段加氢处理工艺流程见图 2-26。

原料油和氢在加热炉前混合，经加热到反应要求的反应温度后，再由上到下通过固定床催化反应器，然后经高压分离器及低压分离器（图中未列出）、常压及减压分馏塔得到各种黏度级别的含蜡加氢生成油，再经脱蜡即得润滑油基础油。由于加氢裂化是一个强放热过程，因此必须在床层间通入冷氢进行冷却以控制反应温度。从高压分离器出来的气体，即循环氢，其中一部分作冷氢，其余则与原料混合再循环回去，有时还需要经过洗涤或吸收处理除去硫化氢、氨和烃类，以免对催化剂带来不利影响。由于反应过程中进行深度脱硫、脱氮及较多的加氢裂化，所以化学耗氢量较大［为原料的 2%～3%（质量分数）］，因而在采用此工艺时，一般都建有制氢装置。

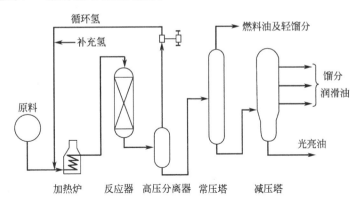

图 2-26 一段加氢处理生产润滑油基础油原则流程

（2）两段加氢处理工艺流程 两段加氢处理工艺流程见图 2-27。

两段加氢处理工艺流程中，第一段进行加氢裂化反应，用以确定基础油的黏度指数水平及收率；第二段进行加氢反应，用以调节基础油的总芳烃含量及各类芳烃的分布，从而提高基础油的安定性（特别是光安定性），但并不引起明显的黏度指数变化。通常在两段加氢之间进行溶剂脱蜡。

5. 加氢处理的操作条件

影响加氢过程的主要工艺条件有反应温度、压力、空速及氢油比。

（1）反应温度 温度对反应过程的影响主要体现在温度对反应平衡常数和反应速率常数的影响上。

对于加氢处理反应而言，由于主要反应为放热反应，因此提高温度，反应平衡常数减小，这对受平衡制约的反应过程尤为不利，如脱氮反应和芳烃加氢饱和反应。加氢处理的其他反应平衡常数都比较大，因此反应主要受反应速率制约，提高温度有利于加快反应速率。

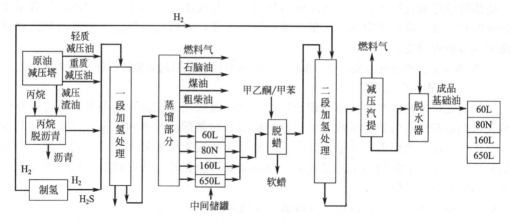

图 2-27 两段加氢处理工艺流程

温度对加氢裂化过程的影响，主要体现为对裂化转化率的影响。在其他反应参数不变的情况下，提高温度可加快反应速率，也就意味着转化率的提高，这样随着转化率的增加导致低分子产品的增加而引起反应产品分布发生很大变化，这也导致产品质量的变化。

在实际应用中，应根据原料组成和性质及产品要求来选择适宜的反应温度。

(2) 反应压力　加氢裂化过程是在较高压力下，烃类分子与氢气在催化剂表面进行裂解和加氢反应生成较小分子的转化过程，同时也发生加氢脱硫、脱氮和不饱和烃的加氢反应。其化学反应包括饱和、裂化和异构化。烃类在加氢条件下的反应方向和深度取决于烃的组成、催化剂的性能以及操作条件等因素。在加氢裂化过程中，烃类反应遵循以下规律：提高反应温度会加剧 C—C 键断裂，即烷烃的加氢裂化、环烷烃断环和烷基芳烃的断链。如果反应温度较高而氢分压不高，也会使 C—H 键断裂，生成烯烃、氢和芳烃。提高反应压力，有利于 C=C 键的饱和；降低压力，有利于烷烃进行脱氢反应生成烯烃、烯烃环化生成芳烃。在压力较低而温度又较高时，还会发生缩合反应，直至生成焦炭。

在加氢过程中，反应压力起着十分关键的作用。加氢过程反应压力的影响是通过氢分压来体现的，系统中氢分压决定于反应总压、氢油比、循环氢纯度、原料油的气化率以及转化深度等。为了方便和简化，一般都以反应器入口的循环氢纯度乘以总压来表示氢分压。随着氢分压的提高，脱硫率、脱氮率、芳烃加氢饱和转化率也随之增加。对于 VGO (Vacuum Gas Oil，减压馏分油) 原料而言，在其他参数相对不变的条件下，氢分压对裂化转化深度产生正的影响；重质馏分油的加氢裂化，当转化率相同时，其产品的分布基本与压力无关。反应氢分压是影响产品质量的重要参数，特别是产品中的芳烃含量与反应氢分压有很大的关系。反应氢分压对催化剂的失活速率也有很大影响，过低的压力将导致催化剂快速失活而不能长期运转。

总的来说，提高氢分压有利于加氢过程反应的进行，加快反应速率。但压力提高增加装置的设备投资费用和运行费用，同时对催化剂的机械强度要求也提高。目前工业上装置的操作压力一般在 7.0~20.0MPa。

(3) 空速　空速是指单位时间内通过单位催化剂的原料油的量，有两种表达形式，一种为体积空速 (LHSV)，另一种为质量空速 (MHSV)。工业上多用体积空速。空速的大小反映了反应器的处理能力和反应时间。空速越大，装置的处理能力越大，但原料与催化剂的接触时间则越短，相应的反应时间也就越短。因此，空速的大小最终影响原料的转化率和反应的深度。

(4) 氢油比　氢油比是单位时间内进入反应器的氢气流量与原料油量的比值，工业装置上通用的是体积氢油比，它是以每小时单位体积的进料所需要通过的循环氢气的标准体积量来表示的。氢油比的变化实质上是影响反应过程的氢分压。增加氢油比，有利于加氢反应进行，提高催化剂寿命；但过高的氢油比将增加装置的操作费用及设备投资。

润滑油加氢处理一般采用高压高温操作：总压力一般大于15MPa，常高达20MPa以上；温度为350～430℃；空速为0.3～1.0h$^{-1}$；氢油比为1000～1800，一般氢耗为190～340m³/t。

润滑油加氢处理所选择的操作条件取决于对加工深度的要求。一般来说，调节反应深度主要通过温度和空速两个参数，而压力和氢油比在工艺设计中确定以后在生产中就不大改变了。在操作参数中，反应温度是很重要的，只有每个催化剂床层和整个反应器的温差不大于20℃时才能保证润滑油产品的质量和收率。为此，反应器内需分层装入催化剂，床层数与床层高度需按原料油性质及目的产品进行设计：对含硫、氮化合物较高的原料，反应放热很大，因此反应器上部催化剂床层高度应准确计算；当硫、氮逐渐脱除后，反应热就较小了，此时催化剂床层高度可逐步加长。如果反应热很大，根据需要也可以用两个反应器。此外，反应器内每个催化剂床层要用冷氢严格控制，末期最高反应温度也应控制低于420℃，否则将发生过度裂化反应，使产品质量变坏并使催化剂寿命大为缩短。

根据润滑油加氢处理的反应机理，反应在较高压力下进行才有利于芳烃加氢的平衡，如压力不合适，会使润滑油产品中芳烃含量较高，颜色也变差，同时催化剂失活加快。空速不宜过高，如空速太高，则反应温度就必须升高，而使基础油收率降低，同时氢分压也要提高到不经济的程度。总之，操作条件以及加工深度的选择在很大程度上将取决于原料性质和产品质量。

**四、加氢脱蜡**

1. 概述

（1）定义　加氢脱蜡一般分为催化脱蜡、异构脱蜡和蜡异构化工艺。催化脱蜡是利用分子筛独特的孔道结构和适当的酸性中心，使原料油中凝点较高的长链正构烷烃和带有短侧链的异构烷烃在分子筛孔道内发生选择性的加氢裂化，生成低分子烃，从润滑油中分离出来，从而降低油品的凝固点。异构脱蜡则是将这些高倾点的长链正构烷烃异构化为低倾点、高黏度指数的异构烷烃。异构脱蜡催化剂以异构化活性为主，裂化活性低，副产品是高价值的喷气燃料和低凝柴油。同催化脱蜡相比，异构脱蜡副产品少，润滑油收率高，润滑油的黏度指数很高。各炼厂多在积极考虑采用异构脱蜡技术。蜡异构化工艺的主要目的是制取超高黏度指数润滑油基础油，在蜡部分转化的条件下获得最佳的润滑油收率，达到对倾点和其他低温规格的要求。

（2）特点　催化脱蜡与溶剂脱蜡相比，有下列特点。

① 装置建设投资、操作及维修费都较低。如炼油厂已有氢气来源，装置建设投资可节约50%，如需增建制氢装置，则该项投资仍可节约20%；操作费用约低75%，如包括制氢装置操作费，则仍低40%。

② 原料选择灵活性较大。既可加工含蜡量较低的油料，也可加工含蜡量较高的油料；既可加工柴油馏分，也可加工由轻、中、重质减压馏分油和脱沥青残渣油得到的各种溶剂精制工艺抽余油及加氢处理油来生产全部黏度等级的润滑油基础油。可以从石蜡基油料生产倾点极低的润滑油基础油，而溶剂脱蜡因受制冷能力和输送限制，不能从石蜡基油料生产这种倾点极低的基础油。

③ 工艺较简单，操作条件较缓和，便于操作。

④润滑油收率较高，比溶剂脱蜡高10%～15%（体积分数）。

2. 加氢脱蜡的反应原理

催化脱蜡的反应实质上是利用择形的双功能催化剂，使高倾点的正构烷烃进行异构、脱氢和裂化反应，转化成低倾点的烃类，以达到降低润滑油基础油的凝点的目的。图2-28（a）为催化脱蜡的典型化学反应。从反应历程可以看到，催化脱蜡反应分别在金属活性中心（M）上发生加氢、脱氢反应，在酸性中心（A）上发生异构化反应，所以催化脱蜡的反应效果与催化剂的组成有很大关系。

　　临氢脱蜡主要是对长链正构烷烃进行异构、脱氢和裂化反应，其中催化剂的择形催化是润滑油催化脱蜡工艺使润滑油的凝点（倾点）降低的基础。择形催化是一种将化学反应与沸石吸附及扩散特性结合的科学，通过它可以改变已知反应的反应途径及产物选择性。择形高硅沸石的择形催化脱蜡作用，目前主要是通过择形加氢裂化来实现的。在催化脱蜡中，这种择形催化主要表现在分子筛效应、传质选择性及过渡状态选择性等方面。以ZSM-5为例的催化剂择形催化反应原理示意于图 2-28(b)。

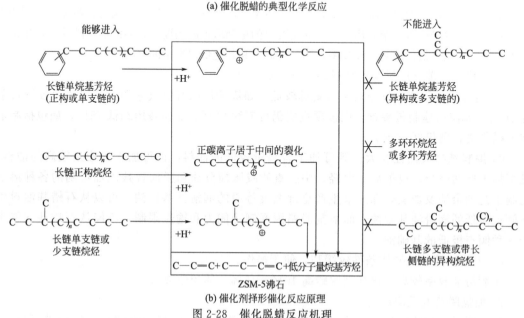

(a) 催化脱蜡的典型化学反应

(b) 催化剂择形催化反应原理

图 2-28　催化脱蜡反应机理

### 3. 加氢脱蜡的工艺流程

（1）埃克森美孚公司的加氢脱蜡技术　　催化加氢脱蜡技术是通过催化路线改进润滑油装

置生产水平的好方法。为了解决提高润滑油基础油质量和降低生产成本之间的矛盾，埃克森美孚公司已开发了几种催化加氢脱蜡技术用以替代传统的溶剂工艺。这些技术包括 Mobil 润滑油催化脱蜡技术（MLDW）、Mobil 异构脱蜡技术（MSDW）和 Mobil 蜡异构化技术（MWI）。

对于润滑油加氢工艺和脱蜡工艺来说，催化剂的循环周期不再是个需要关注的问题，MLDW 催化剂加氢活化后可以保持活性 1 年以上，氧气再生后可以保持 4 年以上。蜡异构化 MWI 催化剂由于含有强金属功能，也不需要频繁再生。这样就使得催化加氢工艺路线比溶剂精制工艺更有竞争性。

① Mobil 润滑油催化脱蜡技术（MLDW）。为减轻对溶剂脱蜡的依赖，美孚公司在 20 世纪 70 年代中期开发了 MLDW 工艺。图 2-29 为美孚公司的 MLDW 工艺流程图。

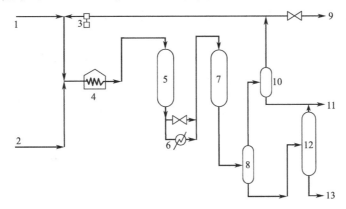

图 2-29　MLDW 工艺流程图

1—补充的富氢气体；2—中性油或光亮油料；3—循环压缩机；4—进料加热炉；5—脱蜡反应器；
6—进料/物料热交换器；7—加氢精制反应器；8—高温闪蒸器；9—排放气；10—低温闪蒸器；
11—燃料气、石脑油或燃料气回收；12—产品汽提塔；13—脱蜡润滑油

它将 ZSM-5 选为 MLDW 工艺的催化剂技术平台，是因为其对孔道系统、物理性质变化具有多方面的适应性，能够对从锭子油到光亮油的整个黏度等级的基础油实现有效脱蜡。MLDW 工艺 1981 年在美孚公司澳大利亚 Adelaida 炼厂实现工业化，该工艺能够加工的原料范围较宽，通过裂化正构烷烃和略带支链的烷烃，还能生产高辛烷值汽油和液化石油气。与溶剂脱蜡相比，尽管催化脱蜡的收率有所下降，但低倾点下黏度更合适，对较轻的原料尤其如此。目前世界上大约有 14 套 MLDW 装置投产，由于新的异构脱蜡工艺的出现，现在国外已不再新建采用 MLDW 技术的装置。

② Mobil 异构脱蜡技术（MSDW）。MSDW 利用加氢工艺手段获得原料多样性的效果，掀起了新一轮以异构化后接加氢裂化而非单独加氢裂化催化脱蜡的工艺开发热潮。

经过加氢的进料不仅硫、氮含量低，而且焦炭先驱物比经溶剂精制的进料低得多。对这种更为清洁的进料，可在加氢精制催化剂或加氢裂化催化剂之后，采用更为高效的择形分子筛改善对石蜡转化的选择性，从而使基础油的收率和 VI 都高于 MLDW。

目前，世界上大约有 6 套 MSDW 装置（包括已投产和在施工中的装置），总生产能力为 244 万吨/年。

③ Mobil 蜡异构化技术（MWI）。MWI 催化剂及其工艺的开发，主要适用于把高含蜡物料如蜡膏转化为极高黏度指数（VI＞140）的润滑油基础油。最初 MWI 工艺只能实现蜡的部分转化，采用美孚开发的分子筛催化剂，饱和残留的芳烃，使烷烃异构化，使部分环烷烃开环。溶剂脱蜡紧接其后，脱除存留的正构烷烃，降低倾点。

改进的 MWI 工艺，以高选择性催化异构脱蜡取代了溶剂脱蜡。由高含蜡原料生产低倾点、很高 VI 的基础油时，高选择性催化异构化脱蜡至少与溶剂脱蜡能力相当。由 MWI 催化剂生产的高质量基础油，缩小了普通矿物基础油和合成油之间的差距。MWI 催化剂能够加工从轻质中性油到光亮油的各种原料。除了具有原料灵活性以外，MWI 工艺还能将低含油蜡膏和脱蜡油以很高的选择性和收率转化为高黏度指数的优质润滑油。

MWI 催化剂是一个含有两种不同催化剂的体系，这两种催化剂都是通过工业验证的。在最初的 MWI 设计中，把高选择性的催化剂用于独立的反应器中可以取代溶剂脱蜡。

MWI-2 催化剂能够十分有效地处理纯蜡。例如，它能将 100% 的蜡异构化，以高收率生产出极低倾点的油品。中试装置的数据显示，这种催化剂即使在低压下也有极好的稳定性。

MWI 是专门为生产超高黏度指数基础油而开发的加氢脱蜡工艺，其本质是加氢异构化过程。其原料是含油蜡（蜡膏），必须首先进行缓和加氢裂化或苛刻加氢处理，然后才能进行异构化。但 MWI 对进料黏度有灵活性，可以在没有缓和加氢裂化的条件下，加工含油量低的加氢裂化蜡膏，生产超高黏度指数润滑油基础油，因此 MWI 能很容易地与常规溶剂精制（溶剂抽提＋溶剂脱蜡）和/或润滑油加氢裂化装置组合应用。目前，MWI 技术尚处于中试阶段，还没有进行工业验证试验和工业应用。

（2）BP 公司的催化脱蜡工艺技术（BPCDW）　20 世纪 70 年代后期，BP 公司开发的 BPCDW 在美国埃克森公司的贝敦炼油厂建立了第一套催化脱蜡装置，以降低轻质润滑油的倾点。1984 年第二套 BPCDW 装置在美国得克萨斯州的阿瑟港炼厂投产。

BPCDW 工艺采用 PT/HM 催化剂，只选择加氢裂化直链烃及分支较少的链烃，只适用于处理含正构蜡较多的轻、中质油料，而不适用于含正构蜡较少而微晶蜡（由异构石蜡烃、环烷烃和少量稠环芳烃组成）较多的重质油料，因微晶蜡不能到达催化剂的活性中心。该工艺流程除设一个固定床反应器及循环氢脱硫系统外，与 MLDW 工艺流程基本相同。

BPCDW 工艺典型的操作条件是：反应温度为 288～399℃，反应压力为 3.5～21MPa，空速为 0.5～1.5h$^{-1}$，氢油比为 358～890m$^3$/m$^3$，氢耗为 17.8～160m$^3$/m$^3$。具体条件视原料性质和对产品倾点的要求（脱蜡深度）而定，反应温度随催化剂的老化而提高，反应温度每提高 7℃，烷烃裂化率增加 1%。其典型的工艺流程见图 2-30。

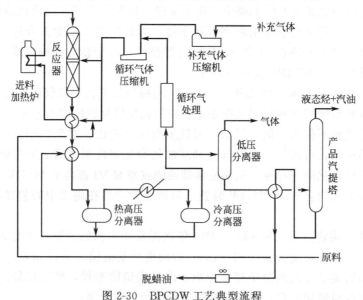

图 2-30　BPCDW 工艺典型流程

BPCDW 技术适宜于生产低倾点（-40℃及低至-57℃）的低黏度变压器油和冷冻机油。它不仅能从低含蜡量的环烷基油料中生产低倾点油，而且还能加工经部分溶剂脱蜡后的石蜡基原料油。用此 BPCDW 工艺技术加工部分溶剂脱蜡后的油料，可使倾点进一步降低，这样可以减轻溶剂脱蜡装置的操作负荷（降低冷冻量或提高过滤速度）。这对润滑油生产能力受到溶剂脱蜡装置限制的炼厂是一条值得重视的途径。

BPCDW 工艺裂解的副产品是液态烃和汽油，裂解产物主要是丙烷、丁烷和戊烷（其质量比为 2：4：3）。

BPCDW 工艺具有以下特点：采用对原料适应性较强的双功能铂氢型丝光沸石催化剂；副产品为汽油和液化气；在催化剂寿命范围内，产品质量较稳定；开工周期较长。

BPCDW 工艺主要加工环烷基油料，脱蜡油倾点可降至-43℃，分别用于制取冷冻机油、变压器油、液压油。加工石蜡基油料时，倾点下降幅度较小，因而需先经部分溶剂脱蜡，再用 BPCDW 工艺催化脱蜡。

BPCDW 工艺与润滑油溶剂脱蜡或加氢处理工艺结合，可以从石蜡基油料中生产出高质量的变压器油、液压油和自动传动液。其加工路线有 3 种：催化脱蜡在溶剂脱蜡之前、催化脱蜡在溶剂脱蜡之后、催化脱蜡在加氢处理之后。

（3）雪佛龙公司的异构脱蜡技术　雪佛龙公司的异构脱蜡技术采用加氢裂化（ICR）、加氢异构脱蜡（IDW）和加氢后精制（HDF）三种工艺，以减压瓦斯油或溶剂脱沥青油为原料，生产轻、中、重中性油和光亮油。雪佛龙异构脱蜡技术的工艺流程如图 2-31 所示。

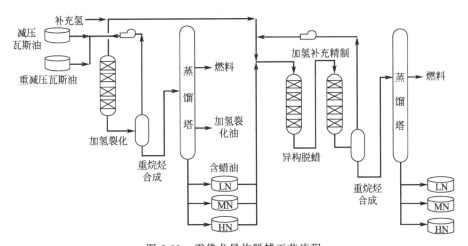

图 2-31　雪佛龙异构脱蜡工艺流程
LN—轻质中性油；MN—中质中性油；HN—重质中性油

该工艺是通过有选择地改变原料油中的分子大小、形状和杂原子含量来改进其润滑性质、硫、氮等杂质实际上被完全脱除，原料被转化为富含异构烷烃的饱和烃，芳烃、硫、氮等活性物质以及影响低温性能的物质实际上被完全转化或脱除。

异构脱蜡段典型的工艺操作条件是：反应温度为 315～400℃，反应压力为 6.8～17.2MPa，空速为 0.3～0.5h$^{-1}$，氢耗为 17.8～89.1m$^3$/m$^3$。加氢裂化和异构脱蜡/加氢后精制装置可以组合在一起操作，也可以分开单独操作。加氢裂化蜡油储存在中间罐中，异构脱蜡和加氢后精制装置切换操作，每次只生产一种中性油。

4. 加氢脱蜡催化剂

实现加氢脱蜡工艺的关键是要有一个理想的催化剂。这种催化剂应具有良好的选择性，即能选择性地从润滑油馏分混合烃中，将高熔点石蜡（正构石蜡烃及少侧链异构烷烃）裂解生成低分子烷烃从原料中除去或异构成低凝点异构石蜡烃而使凝点降低，同时尽量保留润滑油的理想组分不被破坏，以保证高的润滑油收率。为了达到此目的，加氢脱蜡所采用的催化剂都是双功能催化剂。加氢脱蜡催化剂中的加氢组分，除用贵金属铂、钯等以外，也有用镍、钼、锌等非贵金属的。加氢脱蜡催化剂中的酸性组分则大体分为两类，一类为含卤素的氧化铝，另一类为氢型沸石，用前者作载体的属于临氢异构化型催化剂，而用后者作载体的属于（分子）择形加氢裂化型催化剂（一种特殊形式的选择性加氢裂化催化剂）。以下介绍在工业化加氢脱蜡过程中用到的典型的催化剂。

（1）ZSM-5 沸石催化剂　在催化剂方面，ZSM-5 允许高倾点直链烷烃、带甲基支链的烷烃和长链单烷基苯进入孔道，而将低倾点、高分支烷烃、多环环烷烃和芳烃拒之孔外。通过氢转移反应，低分子量的烯烃、烷烃和单烷基苯的烷基侧链转化成正碳离子，通过骨架异构化使正碳离子发生异构，紧接着 C—C 键断链。骨架异构化的发生认为是通过环丙烷质子化机理。裂化产物扩散到分子筛之外，进入黏结剂形成的大孔，最后形成液体和气体。另一方面，裂化产物能够继续反应，生成更小分子量的产物或在高温下生成芳烃和焦炭。由于特殊的孔结构，焦炭无法在 ZSM-5 内部形成，使 ZSM-5 比其他用在相同场合的大孔分子筛具有更长的使用寿命。裂化产物主要是低分子量的烷烃、烯烃以及烷基苯。50% 的裂化产物是 $C_5$ 化合物，另一半是汽油馏分范围的产物。没有加氢转化的部分，辛烷值较高，后续的润滑油加氢可以改善产品颜色，脱除痕量烯烃。

（2）美孚 MLDW 系列催化脱蜡催化剂　美孚开发了 4 种 MLDW 催化剂：MLDW-1、MLDW-2、MLDW-3 和 MLDW-4。每种催化剂都比前一种催化剂性能优越，产品质量往往更好。

① MLDW-1 和 MLDW-2 催化剂。MLDW-1 催化剂于 1981 年推出，性能较好，应用在 Paulsboro 的装置上，周期寿命为 4～6 周。通过高温氢活化，催化剂活性在使用周期内得以恢复。如果周期寿命下降到 2 周以下，需要长时间氧气再生，使催化剂彻底烧净。与 MLDW-1 相比，MLDW-2 的扩散性和抵抗原料中毒性的能力更强。它是 1992 年在 Paulsboro 的 MLDW 装置上推出的。催化剂的周期寿命是 MLDW-1 的 3 倍。MLDW-2 在高温下很容易氢活化。由于氧气或空气再生的频率降低，使用 MLDW-2 能够缩短停工时间，降低能耗。

② MLDW-3 催化剂。在对 MLDW-2 催化剂活性和配方基础改进之后，1992 年 MLDW-3 实现了工业化。该催化剂于 1993 年在美孚澳大利亚 Adelaida 炼厂的装置上得到应用，1995 年又在 Paulsboro 的 MLDW 装置上应用。这两个装置的工业应用表明，两次氢活化之间的周期寿命延长了 2 倍。这种催化剂最大优势之一就是改善产品的氧化安定性。利用这种催化剂生产的透平油，氧化安定性试验显示至少与溶剂脱蜡油相当，在 Paulsboro 装置上连续运转 1000 天，不需要氧气再生。

③ MLDW-4 催化剂。1996 年，在美孚澳大利亚 Adelaida 炼厂和美孚法国 Gravenchon 润滑油厂，MLDW-4 实现了工业化。还有其他几套获得许可证的装置在使用该催化剂。MLDW-4 在两次氢活化之间的周期寿命进一步延长，起始循环温度较低，终止循环温度较高，脱蜡反应器至少可以运转 1 年以上才需要进行氢活化。

（3）美孚 MSDW 系列异构脱蜡催化剂　异构脱蜡催化剂不同于 MLDW，要求具有双功能，即强金属功能和与金属功能相平衡的酸功能。

美孚研究开发了以下系列选择性异构化润滑油脱蜡双功能催化剂。

① MSDW-1 催化剂。该催化剂特别适于处理石蜡基加氢处理和加氢裂化的原料。MSDW 含有一种中孔分子筛,具有平衡分子筛裂化活性的强金属功能。与溶剂脱蜡相比,MSDW 对含蜡原料最为有利,MSDW 通过加氢异构化将大部分石蜡转化为润滑油组分。MSDW-1 是专为轻质和重质加氢中性油进料而开发的。它于 1997 年 5 月装入新加坡裕廊炼油厂的装置上。工业性能优于中试装置,黏度指数达到预期目标,润滑油收率高出预期值2%,预期催化剂寿命至少为 3 年。

② MSDW-2 催化剂。美孚对 MSDW-1 的酸功能及其金属功能的结合和优化进行了改进,已经通过广泛的中试试验验证了催化剂制备的再现性和在黏度指数及收率方面的优势。加工同样的重质中性蜡膏,以 MSDW-2 为催化剂,倾点相同时,342℃ 以上油品的收率和黏度指数明显高于 MSDW-1。在加工轻质中性油方面,MSDW-2 具有更显著的优势。MSDW-2 催化剂活性与 MSDW-1 相当,操作条件相同。采用 MSDW-2 石蜡烃裂化较少,而且产生大量高 VI、低倾点、略带支链的烷烃。MSDW-2 催化剂于 1998 年第一季度工业化,2001 年已成功用于新加坡裕廊炼油厂的装置上。

(4) BP 公司催化脱蜡 PT/HM 催化剂　该催化剂是对原料适用性较强的双功能铂氢型丝光沸石催化剂,只选择性加氢裂化直链烃及分支较少的链烃。

(5) 雪佛龙异构脱蜡催化剂　异构脱蜡催化剂是一种裂化活性缓和、异构化活性很高的双功能催化剂。工业上有效的异构脱蜡催化剂,要有合适的异构化/裂化活性比,必须优化金属/酸的平衡和其他因素。可是,异构脱蜡催化剂的金属组分都是贵金属,对原料油中的氮、硫、金属等杂质都非常敏感,所以异构脱蜡的原料必须进行深度脱氮、脱硫、脱金属。比较理想的异构脱蜡催化剂只加快烷烃异构化速率,能大幅度降低倾点和提高黏度指数,只改变烷烃的化学结构,不破坏分子的大小。可是,实际上异构脱蜡催化剂的酸性组分总是有一些裂化活性,目前还没有完全异构化的催化剂。

雪佛龙公司开发的异构脱蜡催化剂有三种:贵金属-(SAPO-11)、贵金属-(SSZ-32)、贵金属-(SAPO-11) 和贵金属-(ZSM-22 或 ZSM-5) 组合催化剂。

① 贵金属-(SAPO-11) 催化剂。据报道,用 Pt-(SAPO-11) 催化剂进行异构脱蜡,由于裂化反应比较缓和,反应产物的分子比 ZSM-5 催化剂的分子要大一些,同时由于异构化反应的选择性很强,使正构烷烃变为异构烷烃,因而可得到低倾点、低黏度和高收率的基础油。一般采用 Pt-(SAPO-11) 催化剂进行异构脱蜡,降低倾点达到的中间值是 17～34℃,即降低倾点的幅度在 38～68℃。由于催化剂的选择性好,气体生成量少,异构化不消耗氢气,同时裂化生成液体产品消耗的氢气比裂化生成气体消耗的氢气要少,所以异构脱蜡的氢气消耗量少于催化脱蜡。

② 贵金属-(SSZ-32) 催化剂。雪佛龙公司用于异构脱蜡催化剂的 SSZ-32 是一种中孔硅酸铝沸石分子筛,其有效孔口直径也为 0.53～0.65nm,所以同样具有独特的分子筛功能。其平均晶粒大小必须小于 0.5μm,小于 0.1μm 更好,最好小于 0.05μm,灼烧以后的 SSZ-32 限制指数至少大于 12,所用的贵金属也是铂。用 0.325% Pt-(65% SSZ-32 + 35% Al$_2$O$_3$) 催化剂在缓和的条件下,对中、重精制油进行异构脱蜡,可以得到高收率、高黏度指数和低倾点的 Ⅱ/Ⅲ类基础油。

③ 贵金属-(SAPO-11) 和贵金属-(ZSM-22 或 ZSM-5) 组合催化剂。这种组合催化剂通常在用贵金属-(SAPO-11) 催化剂脱蜡效果不理想时才用,以便降低倾点达到理想的效果。一般在异构脱蜡反应器的上层装 Pt-(SAPO-11),下层装 Pt-(ZSM-22 或 ZSM-5)。异构脱蜡以后剩下的正构烷烃再进行选择性裂化,使倾点进一步降低。因此,下层所用的中

孔沸石 ZSM 催化剂的裂化选择性高，其限制指数在 4～12 之间。

# 第四节　矿物润滑油生产过程的 HSE 管理

## 一、HSE 管理的基本概念

### 1. HSE 的概念

HSE 是 Health（健康）、Safety（安全）与 Environment（环境）三个英文字母的缩写组合，HSE 指对生产过程中安全、健康与环境三个方面进行的一体化管理。

### 2. 危险源

可能导致损害或疾病、财产损失、工作环境或这些情况组合的根源或状态。

### 3. 安全

免除了不可接受的损害风险的状态。

### 4. 职业健康安全

影响工作场所内员工、临时工作人员、合同方人员、访问者和其他人员健康和安全的条件和因素。

### 5. 污染预防

为了降低有害的环境影响而采用过程、惯例、技术、材料、产品、服务或能源，以避免、减少或控制任何类型的污染物或废物的产生、排放或废弃。

## 二、健康防护

在润滑油生产过程中对人身健康造成极大危害的有中毒、烧伤及机械伤害、噪声和粉尘等，在生产运行过程中的健康防护主要是防止中毒、烧伤及机械伤害、噪声和粉尘事故的发生。

### 1. 中毒

（1）中毒的分类　润滑油生产及使用过程中由毒物所引起的中毒，可分为急性中毒和慢性中毒两大类。其中，急性中毒指大量毒物进入人体并迅速引起全身症状甚至引起中毒者的死亡。慢性中毒指在生产过程中分批少量的毒物侵入人体，由于长期逐渐积累而引起的人体中毒。

影响人体中毒深浅状况的因素很多，包括毒物的物理化学性质、毒物侵入人体的数量、毒物在人体内的作用时间和作用部位、中毒者的生理状况、年龄、性别和体质等，此外与温度、环境的密闭程度等其他因素也有关。

（2）中毒的防止

① 密闭设备检修后必须对设备管道进行气密性检查，正确选择密封形式和填料质量。

② 排气通风，降低厂房内有毒气体的含量。

③ 齐全的劳保用具，有毒物品称量时应戴口罩或防毒面具。进入有毒气体贮槽容器或聚合釜作业时，应事前排空置换合格，派专人监视，并设有安全梯和安全带等安防用具。

### 2. 烧伤及机械伤害

（1）烧伤　根据原因不同，烧伤可以分为化学烧伤和热烧伤。化学烧伤指由酸碱等物体滴落到皮肤上引起的烧伤。热烧伤指由于人体碰到蒸汽或热水以及高温设备的未保温部分而引起的烧伤。

为了防止烧伤，一切高温设备和管道应进行保温。对其裸露部分，工作中尽量远离，并有适当的保安措施。对接触腐蚀性物质的操作人员要戴好防护眼镜、手套、帽子、胶皮衣靴。

对产生的热烧伤，可先涂上清凉油脂，然后到医务部门诊治。如遇化学烧伤可用大量清水冲洗后到医务部门诊治。

在防止烧伤的过程中还要注意，当人体碰到极易汽化的物质如液态氯乙烯时可能会引起人体的冻伤，预防冻伤的措施是对生产装置中极易汽化物质的管道或设备要设保温，人体远离这些易汽化介质的管道或设备。

（2）机械伤害　企业中绝大部分事故都属于机械性伤害事故。由于工作方法不当，不正确使用工具，缺少安全装置和适当的劳动保护，以及不遵守安全技术规程等最容易造成人体受到机械伤害。

为了防止机械伤害，在日常工作中应采取如下措施：

① 经常检查各种传动机械，检查液面计以及装置楼梯处等是否有安全防护装置和防护栏杆；

② 操作人员必须穿符合安全规定的工作服，禁止穿宽大的衣服，女同志留辫子极易造成事故，应将辫子盘起戴好工作帽；

③ 经常注意各机械设备的运转情况及各转动部位的摩擦情况，以免机械损坏时零件飞出伤人，运转中的设备严禁修理；

④ 各带压容器设备，一律要将压力排空后再进行检修工作。

3. 噪声的危害和防止

（1）耳聋　噪声可造成耳聋，分为轻度、中度、重度的噪声性耳聋。

（2）引起多种疾病　噪声刺激大脑皮层，引起精神紧张，心血管收缩，睡眠不好，神经衰弱或神经官能症，血压高，心动过速，影响胃分泌，使人感到疲劳。

（3）影响正常生活　如声响大于 50dB 亦可影响人的睡眠。

（4）容易引起工作差错，降低劳动生产效率　在声响大于 120dB 时还可对建筑物有破坏。

综上所述，一般均把噪声控制在 90dB 以下，我国正在制定噪声的允许标准，操作工人在噪声大于 90dB 的工作场所需要佩戴符合规定的防护性耳塞。

4. 粉尘的危害及防止

生产性粉尘，是污染厂房和大气的重要因素之一，它不但影响人们的健康，而且还因生产中的原料、半成品、成品粉尘的大量飞扬造成经济上的损失；粉尘进入转动设备会使得运转设备因磨损其损坏；粉尘会使得精密仪器、精密仪表以及精密设备等的精密性能变差。因此防止粉尘不仅具有卫生方面的意义，而且在经济上也有重大意义。

生产性粉尘，根据其不同的物理化学特性和作用部位的不同，可在体内引起不同的病理过程。

除粉尘引起皮肤干燥等轻微的作用外，其他尚不明显，但应引起有关人员的高度重视，并注意如下几个问题：在易于产生粉尘岗位时要戴防护用品如口罩；工作过后应坚持洗浴；在易于造成粉尘飞扬部位，应装有除尘抽风系统，如料口、筛子、放料口和包装机等。

**三、安全卫生防护措施**

1. 防火和防爆

防火防爆是互相关联的，防爆的大部分措施也适用于防火。

（1）爆炸的分类　根据爆炸的原因不同，爆炸分为物理性爆炸和化学性爆炸两种。

物理性爆炸指由于反应激烈或由于受压容器、设备、管道的机械强度降低，使压力超过了设备所能承受的限度，而使容器、管道或设备发生的爆炸。

化学性爆炸指由一种或数种物质在瞬间内经过化学变化转为另外一种或几种物质，并在极短的时间内产生大量的热和气体产物，伴随着产生破坏力极大的冲击波的爆炸过程。

(2) 爆炸产生的原因　爆炸产生的原因很多，主要包括：达到物质的爆炸极限、操作原因、设备缺陷或设备泄漏等几个方面。

① 达到物质的爆炸极限。当爆炸性混合物中易爆物质和空气或氧混合达到一定的爆炸范围且激发能源又存在时可能发生爆炸。爆炸范围是指与空气组成的混合物，易燃易爆物质的浓度范围。其最高浓度称为爆炸上限，最低浓度称为爆炸下限。在此范围内遇有明火或火花，或温度升高达到着火点即行爆炸，在此浓度以外，气体不会爆炸。

爆炸浓度的上、下限与气体混合物的温度和压力有关，压力升高使爆炸浓度上、下限扩大。另外物理性爆炸和化学性爆炸常常相伴发生，同时着火可能是化学爆炸的直接原因，而爆炸也可能引起着火。

② 操作原因。引起爆炸的操作原因通常为操作控制不严格，由于反应温度过高或反应压力过高等造成反应激烈引起设备超压。

③ 设备缺陷。引起爆炸的设备缺陷主要包括设备制造上带来的隐患（如裂纹，砂眼等），安全装置（压力表和安全阀等）安装不全，或安全装置的操作失灵，使用日久受化学腐蚀等使设备承受压力降低等原因，当设备上的缺陷未被生产者发现或发现后未及时矫正时可能会引起爆炸事故的发生。

④ 设备泄漏。设备管道的泄漏使易爆气体逸出和外部的空气混合形成爆炸性气体混合物，爆炸性混合物遇明火或火花时会产生爆炸。

(3) 火灾原因及防止　由于明火和火花极易成为爆炸的导火线，故火灾的防止就有了特殊的意义，其原因和防止措施如下。

① 现场动火。现场的焊接和动火极易引起火灾和爆炸，所以要有严格的动火制度。凡有可能引起火灾时应尽力避免现场动火，如必须在现场动火时，应远离设备 30m 以外并经各有关安全技术部门批准，而且动火地点必须分析可燃气含量合格后，经点火试燃后方能进行。动火时要有专人监督，注意风向以保证安全。

② 电器设备不良产生火源。应定期检查电器设备，凡接触到易燃易爆物，其电器设备应采用防爆型。

③ 摩擦与撞击。设备摩擦与撞击极易产生火花，所以进入生产车间不允许穿钉子鞋，不允许用铁锤敲打设备及管道，应使用铜制品敲打设备和管道。

④ 静电。当液体、固体和气体在管道内很快流动或从管道中排出时，都能产生静电荷。静电荷的多少与管内介质流动的速度有关，流速越快，产生静电荷越多，所以一般要求液体在管道内的流速不超过 4～5m/s，气体流速不超过 8～15m/s。同时设备及管道应有接地设施，使产生的静电荷很快导入地下。转动设备应尽量减少皮带传动，必须采用皮带传动时应适当使用皮带油，以减少摩擦时静电产生的可能性。

⑤ 引发剂及易燃品。引发剂，特别是过氧化物高效引发剂，因半衰期较短，在常温下易分解，甚至引起火灾，必须加强保管，要在冷库中保存引发剂。

所有的有机溶剂均属于易燃品，必须严格保管，限制它们的使用范围。

(4) 爆炸事故的防止

① 防止火源的产生。

② 密闭设备。加强管理，杜绝设备的跑、冒、滴、漏，注意各设备管道不得超过其允许压力，压缩机入口压力不允许为负压，以防空气从压缩机入口漏入而在压缩机内形成爆炸性混合物。

负压操作的生产装置必须保证系统无泄漏，防止爆炸事故发生。

③ 分析、置换和通风。对易燃、易爆和有毒气体的控制都有赖于气体分析，它是化工生产中保证安全的重要手段。生产系统检修时，必须对设备管道中可能残存的可燃性气体，用氮气或蒸汽排除置换干净后分析合格，方可进行。

④ 设备应有安全装置。凡操作压力超过 1atm 以上的设备均应设置压力计，以监控设备的实际操作压力；一旦设备超过预定压力时，安全阀应自行打开，将压力排放，保证设备安全。安全阀应定期校正，并应保持安全阀无堵塞现象以保证灵活好用；防爆膜安装在没有安全阀又必须防爆炸的地方，当带压的设备超过一定压力值时，报警信号发出警告，以便操作人员及时采取措施。

2. 安全技术规定

① 严格遵守安全规程和操作法的操作程序，认真、准确地进行操作。

② 严禁任何设备在违反操作法规定的范围进行超压操作。

③ 设备运行中，必须严格按操作法规定的时间进行记录和动态巡视检查。

④ 当发现生产装置中的特殊现象或异常现象时应及时通知车间、工段技术人员和班长，经车间、技术员和班长研究处理意见后进行事故处理。

⑤ 严禁设备带压拆装、调整零部件，转动设备在运转情况下严禁进行检修和加填料操作。

⑥ 人员进入设备前必须进行含氧分析，含氧 19% 以上为合格；转动设备必须断电并设警示牌及专人监护。

⑦ 严禁在厂房内用铁器敲打和穿钉子鞋及携带引火物品进入岗位；2m 以上高空作业必须系好安全带。

⑧ 紧急情况需要紧急处理时，必须先行处理，在处理过程中通知分厂及各有关单位，处理后详细记录处理情况、原因和经过。在岗人员应服从指挥，在危险地带处理必须有人监护。

⑨ 准确进行计量、入料等各项操作，非操作法规定的任何操作，必须经车间技术人员、分厂、技术科审批后方可执行。

⑩ 凡使用的危险品，在贮存地及贮槽之间严禁停留，配制完立即将贮存运输的危险物等放在指定地点。严禁将过氧化物类引发剂与碱类或其他氧化剂类药品放在一起。

⑪ 操作人员上岗必须按规定穿戴好劳动防护用品。

3. 设备维护保养制度

① 操作人员对本岗位设备要做到"四懂"、"三会"，即懂结构、懂原理、懂性能和懂用途；会使用、会维护保养和会排除故障。

② 严格执行设备操作规程，确保设备不超温、设备不超压、运转设备不超速、所有设备不超负荷运行。

③ 按时定点巡回检查各设备的运转情况，及时做好设备调整、紧固和润滑等工作，保证设备安全正常运行。

④ 做好设备的经常性清洁维护工作。

⑤ 发现设备运转的不正常现象应立即查找原因，及时反映，并采取果断措施进行

处理。

⑥ 认真写好设备运行记录。

4. 操作工岗位责任制

① 熟悉本岗位工艺流程、设备结构原理、物料性质、生产原理及安全消防基本知识。

② 严格遵守岗位操作规程及各项规章制度。

③ 认真负责地做好以下工作。

a. 严格执行各工艺指标的控制，保证生产正常进行；

b. 及时发现、处理、排除生产故障；

c. 完成上级布置的任务；

d. 按要求用仿宋体准确及时填写好生产原始记录。

④ 及时与上、下游工序、岗位及工段联系，共同协作搞好润滑油生产。

⑤ 严格遵守劳动纪律，上班时间不准睡觉、不准干私活；操作室不准上锁闩门；操作工不得随意离岗、串岗，有特殊情况临时离岗应得到本岗位人员或班组长同意。

⑥ 操作工上班时间内受班（组）长、工段长及调度领导，并服从厂（公司）调度指挥。

**四、环境保护**

环境保护是石油化工生产企业的责任。在润滑油生产过程中为了做到环境保护需要注意以下几点：有毒有害场所监测达标率100%；施工（生产）、生活场所达到环保要求；重大环境污染、文物破坏事故、事件为零；废弃物分类集中收集处理；噪声排放达标；试压用水、生活污水达标排放；污染物排放达标率100%。

任何一个工艺装置在开停工过程和正常生产过程中要严密关注废气、废液和废渣的"三废"来源，有效进行"三废"处理，达到废气、废液和废渣的排放标准，环境友好地进行润滑油生产工作。

**五、矿物润滑油生产装置的健康防护**

1. 危险介质分析

矿物润滑油生产过程中的危险介质主要包括减压蒸馏过程的减压渣油、溶剂脱沥青过程中采用的溶剂丙烷、溶剂脱蜡过程中使用的苯、甲苯和丙酮以及加氢精制过程中使用的氢气。

（1）减压渣油　减压渣油为沸点＞500℃的烃类组分，为原油中最重的组分，其中含有大量的重质组分和胶质、沥青质组分，流动性能很差，在100℃时黏度≥110mm²/s，容易凝结而堵塞管道。减压渣油的自燃点为230～240℃，闪点为350℃，为丙B类可燃液体。

（2）丙烷　丙烷为无色无臭气体，燃点为450℃，爆炸极限范围为2.1%～9.5%（体积分数），相对不溶于水，在低温下容易与水生成固态水合物，从而引起管道的堵塞。

丙烷有单纯性窒息及麻醉作用。人短暂接触浓度为1%的丙烷气体时没有症状；人接触浓度低于10%的丙烷气体时会感觉到轻度头晕；当接触高浓度丙烷气体时，人可能出现麻醉状态甚至意识丧失；极高浓度的丙烷气体可致人立即窒息。

丙烷属于微毒类化学品，为纯真麻醉剂，对眼和皮肤无刺激，直接接触可致人冻伤。

（3）苯　在常温下苯为无色、有甜味的透明液体，具有强烈的芳香气味。苯可燃，有毒，是一种致癌物质。

由于苯的挥发性大，暴露于空气中苯很容易扩散。人和动物由于吸入或皮肤接触，当大量苯进入人的体内时，会引起人体的急性和慢性苯中毒。有研究报告表明，引起苯中毒的部分原因是由于苯在人体内生成了苯酚，长期吸入苯会侵害人的神经系统，急性中毒会产生神经痉挛甚至昏迷、死亡，在白血病患者中，有很大一部分有苯及其有机制品接触历史。苯主要通过呼吸道吸入（47%～80%）、胃肠及皮肤吸收的方式进入人体。一部分苯可通过尿液排出，未排出的苯则首先在肝中被氧气氧化生成环氧苯。环氧苯与它的重排产物氧杂环庚三烯存在平衡，是苯代谢过程中产生的有毒中间体。乙醇和甲苯可以降低苯的毒性。

苯的代谢物进入细胞后，与细胞核中的脱氧核糖核酸（DNA）结合，会使染色体发生变化，如有的断裂，有的结合，这就是癌变（形象地说，是发生变异，因为染色体是遗传物质，它控制着细胞的结构和生命活动等），长期如此，就会引发癌症。

（4）甲苯　甲苯为无色透明液体，甲苯蒸气有类似胶水的气味。甲苯蒸气的密度为 $2.2g/cm^3$，闪点为 4℃，沸点为 110.6℃，甲苯的爆炸极限为 1.2%～7.0%。甲苯属剧毒类化学物质，甲苯对人的皮肤黏膜有刺激作用，对中枢神经系统的麻醉作用。

人体暴露于高浓度的甲苯蒸气中会因为吸入甲苯而产生醉感、协调能力减弱、精神混乱、头痛、肌肉无力、恶心、头昏和疲倦等症状。

当眼睛接触甲苯时，人会感觉到有轻度刺激的感觉甲苯，溅入眼内人眼会产生疼痛和暂时性刺激的感觉。

当皮肤接触甲苯时，人体的皮肤会受到刺激而变得干燥。不慎口服甲苯时，能导致恶心、呕吐、腹泻的感觉，甚至失去知觉。长期暴露于甲苯蒸气的环境中，用鼻吸入苯蒸气会使大脑和肾受到永久伤害。如母亲在怀孕期间受到严重暴露，可能毒性会影响婴儿而产生缺陷。

甲苯属于高度火灾危险性物质，能与空气形成爆炸性混合物，如果甲苯积聚在低处和通风不良的地方会有爆炸的危险。甲苯着火时应使用干粉、泡沫和二氧化碳等灭火剂灭火。

苯能与氧化剂起激烈反应，侵蚀某些塑料和橡胶，甲苯对金属无腐蚀作用。

（5）丙酮　丙酮为透明、无色、易挥发、具有辛辣气味的液体。丙酮的沸点为 56℃；丙酮蒸气的密度为 $2.0g/cm^3$；闪点为 -18℃；自燃点为 538℃。爆炸极限为 2.5%～13%。丙酮蒸气有甜味，似薄荷香味。作为一种溶剂，丙酮用于许多工业。用来制造涂料、清漆、除漆剂、橡胶、塑料、炸药、染料、人造丝和摄影用化学物质。

丙酮属于属于微毒性物质，对神经系统有麻醉作用，并对黏膜有刺激作用。

当吸入丙酮浓度低于 $500cm^3/m^3$ 时，对人体无影响，当吸入丙酮浓度介于 $500～1000cm^3/m^3$ 之间时会刺激鼻、喉，当人体吸入丙酮的浓度达到 $1000cm^3/m^3$ 时，患者会感到头痛并有头晕症状出现。吸入丙酮浓度介于 $2000～10000cm^3/m^3$ 之间时患者可产生头晕、醉感、倦睡、恶心和呕吐的现象，高浓度丙酮可能导致人失去知觉、昏迷、甚至死亡。

当眼睛接触浓度为 $500cm^3/m^3$ 的丙酮时，眼睛会产生刺激。当皮肤接触丙酮液体时会有轻度刺激，丙酮通过完好的皮肤被人体吸收造成的危险很小。

口服丙酮对人的喉和胃有刺激作用，服进大量丙酮会产生和吸入相同的症状。

长期接触丙酮会导致皮肤干燥、红肿和皲裂，每天 3h 吸入浓度为 $1000cm^3/m^3$ 的丙酮蒸气，7～15 年后中毒者会出现眩晕和乏力症状。高浓度蒸气会影响肾和肝的功能。

丙酮为高度易燃性物质，有严重火灾危险，属于甲类火灾危险物质。在室温下丙酮蒸气与空气会形成爆炸性混合物。丙酮着火时可用干粉、抗溶泡沫灭火剂、卤素灭火剂或二氧化碳灭火剂来灭火。

2. 健康防护措施

（1）丙烷中毒的应急处理　如果因为吸入性丙烷中毒，则应迅速将中毒者移离中毒现场到空气新鲜的场所。保持中毒人员的呼吸道通畅。如中毒者出现呼吸困难的状况，应对中毒者进行输氧处理。如中毒人员呼吸停止，应立即对中毒者进行人工呼吸并及时就医。

（2）丙烷泄漏的应急处理　迅速撤离泄漏污染区人员至上风处，并进行隔离，严格限制出入。切断火源。建议应急处理人员戴自给正压式呼吸器，穿防静电工作服。尽可能切断泄漏源。用工业覆盖层或吸附/吸收剂盖住泄漏点附近的下水道等地方，防止气体进入。合理通风，加速扩散。喷雾状水稀释、溶解。构筑围堤或挖坑收容产生的大量废水。如有可能，将漏出气用排风机送至空旷地方或装设适当喷头烧掉。漏气容器要妥善处理，修复、检验后再用。

如果因为丙烷泄漏而发现着火，则应首先切断气源，喷水冷却容器，尽可能将容器从火场移至空旷处。采用雾状水、泡沫、二氧化碳和干粉等进行丙烷着火的灭火剂。

（3）预防苯中毒

① 短期接触苯中毒症状。苯对中枢神经系统产生麻痹作用，引起急性中毒。重者会出现头痛、恶心、呕吐、神志模糊、知觉丧失、昏迷、抽搐等，严重者会因为中枢系统麻痹而死亡。少量苯也能使人产生睡意、头昏、心率加快、头痛、颤抖、意识混乱、神志不清等现象。摄入含苯过多的食物会导致呕吐、胃痛、头昏、失眠、抽搐、心率加快等症状，甚至死亡。吸入 $20000cm^3/m^3$ 的苯蒸气 5～10min 会有致命危险。

② 长期接触苯中毒症状。长期接触苯会对血液造成极大伤害，引起慢性中毒。引起神经衰弱综合征。苯可以损害骨髓，使红血球、白细胞、血小板数量减少，并使染色体畸变，从而导致白血病，甚至出现再生障碍性贫血。苯可以导致大量出血，从而抑制免疫系统的功用，使疾病有机可乘。有研究报告指出，苯在体内的潜伏期可长达12～15年。

苯对皮肤、黏膜有刺激作用。国际癌症研究中心（IARC）已经确认苯为致癌物。

③ 急性苯中毒临床表现。轻度中毒者可有头痛、头晕、流泪、咽干、咳嗽、恶心呕吐、腹痛、腹泻、步态不稳；皮肤、指甲及黏膜紫绀、急性结膜炎、耳鸣、畏光、心悸以及面色苍白等症状。

中度和重度中毒者，除上述症状加重、嗜睡、反应迟钝、神志恍惚等外，还可能迅速昏迷、脉搏细速、血压下降、全身皮肤、黏膜紫绀、呼吸增快、抽搐、肌肉震颤，有的患者还可出现躁动、欣快、谵妄及周围神经损害，甚至呼吸困难、休克。

（4）甲苯使用时的健康防护

① 预防中毒。如蒸气浓度不明或超过暴露限值，为预防甲苯吸入性中毒，应戴有褐色标志滤毒盒的防毒口罩。防毒口罩的材料应为聚亚安酯、氯丁橡胶和聚四氟乙烯等。甲苯蒸气的工作场所应备有安全淋浴和眼睛冲洗器具，接触人员应佩戴化学安全眼镜。

② 甲苯中毒的急救方法。当发生甲苯吸入性中毒时，在试图救护中毒者前，施救人员应先要保证自己安全，施用"结伴监护"制度。将中毒者脱离甲苯产生源或搬移患者至新鲜空气处。

当发生皮肤接触甲苯而中毒时，应立即脱掉中毒者的被污染衣服并存放于有盖的容器内，用水和无摩擦性肥皂缓和而充分地洗涤。

当发生眼睛接触甲苯时，应先缓和地摸去或擦去甲苯残留物，使眼睑张开，再用温的缓慢流水冲洗患眼 20min。

当不慎口服甲苯时，应当用水充分漱口，给患者饮水约 250mL，不可催吐。一切患者都应请医生治疗。

③ 甲苯使用的安全和处理。只有受过训练的人员才能从事清理工作，确保提供良好的通风设备。使用良好的防护服装和呼吸器。防止进入下水道火密封空间。应停止或减少泄漏，用泥土、黄沙或类似稳定的不燃物覆盖溅出物。遵守环境保护法则。

甲苯的储存应遵守储存盒运输易燃液体规则。储存于阴凉、干燥、有良好通风的地方，避免日光曝晒，远离禁忌物与火源。

（5）丙酮使用时的健康防护　如丙酮蒸气浓度不明或超过暴露极限时，应佩戴合适的呼吸器，以防丙酮吸入性中毒。

为预防皮肤接触丙酮，如果需要，应使用手套、工作服和工作鞋，合适的材料是丁基橡胶。在直接工作的场所应备有可用的安全淋浴和眼睛冲洗器具。

接触丙酮液体或蒸气时，应戴化学防溅眼镜，必要时可佩戴面罩。

在丙酮介质存在的工作场所，提供良好的通风设备、防护服装和呼吸器。移去热源和火源。应停止或减少泄漏。用黄沙或其他吸收物吸收液体。废料可在被批准的溶剂焚炉中烧掉或在被指定的地方作深埋处理，遵守环境保护法规。

### 六、矿物润滑油生产装置的安全卫生防护

#### 1. 矿物润滑油生产装置的常见事故

（1）重油冻凝管线　我国某润滑油生产过程中的减压蒸馏装置在开工过程中发现减压塔液位慢慢升高，减压渣油无法出装置，误判断以为是减压渣油泵有问题，延误了时间，致使减压渣油冻凝在管线内，造成减压装置瘫痪，减压渣油管线报废。调查原因发现是该减压渣油为重质沥青，换热流程长，出最后一台换热器温度为60~70℃，温度低，黏度大，出装置困难，造成冻凝事故。应及时改副线，提高沥青出装置温度。

（2）减压塔负压爆炸事故　20世纪70年代，国内曾发生一起减压塔爆炸亡人事故。减压塔内减压渣油温度高达370℃，油气自燃温度低于250℃，由于减压塔为高负压操作，静密封泄漏点多，一旦操作不当，导致空气进入塔内，达到可燃气爆炸极限，极易发生爆炸。造成空气吸入主要原因有大气腿腐蚀泄漏、水封罐脱水口虹吸现象使水封失效、塔顶注剂线腐蚀泄漏、停抽真空蒸汽过快从顶放空倒吸，人孔、法兰等静密封点泄漏。

（3）加热炉着火爆炸事故　国内润滑油生产装置中的减压加热炉曾发生多起点火爆炸事故，事故原因是炉膛内可燃气体混合物达到爆炸极限，点火发生爆炸，爆炸时现场有闲杂人员，造成伤亡事故扩大。具体原因主要有两种情况：第一种情况是加热炉的炉膛蒸汽置换不彻底，用蒸汽吹扫置换的时间不够长，或是因为用蒸汽置换时烟道挡板处于关闭位置，使可燃气没有及时得到置换，或在置换过程中没有进行可燃气爆炸气体的组成分析，使炉膛内存有的可燃气体混合物达到爆炸极限，点火就发生爆炸，这种情况以加热炉熄灭后点火的可能性较大；第二种情况是点火前由于可燃气控制阀关不严，或未全关，可燃气泄漏大，而可燃气爆炸气体分析时间过长，使可燃气泄漏入加热炉达到爆炸极限，气体分析结果合格，但已失效，点火就发生爆炸。

防止加热炉点火爆炸的措施是可燃气不能过早引入装置内，可燃气进入加热炉前应加盲板防泄漏，蒸汽吹扫置换时间应足够，必须作可燃气爆炸气体分析，合格后立即点火，炉火熄灭后应关闭可燃气，重新吹扫置换分析，符合要求再点火，另外还应设置长明灯、火焰监测仪、防爆门等防爆设施。

#### 2. 矿物润滑油生产装置的安全卫生防护措施

（1）苯的贮存与防火防爆　苯应贮存于低温通风处，远离火种、热源。与氧化剂、食用化学品等分开存放。在苯的储存区域禁止使用易产生火花的工具。

苯为易燃性液体，一旦发生苯着火燃烧，可采用泡沫、干粉、二氧化碳和砂土等灭火剂，不能用水灭火。

（2）苯中毒的应急处理　吸入中毒者，应迅速将患者移至空气新鲜处，脱去被污染衣服，松开所有的衣服及颈、胸部纽扣、腰带，使其静卧，口鼻如有污垢物，要立即清除，以保证肺通气正常，呼吸通畅。并且要注意身体的保暖。

口服中毒者应用活性炭悬液或碳酸氢钠溶液洗胃催吐，然后服导泻和利尿药物，以加快体内毒物的排泄，减少毒物吸收。

皮肤中毒者，应换去被污染的衣服和鞋袜，用肥皂水和清水反复清洗皮肤和头发。

有昏迷、抽搐患者，应及早清除口腔异物，保持呼吸道的通畅，由专人护送医院救治。

（3）丙酮中毒的应急处理　如果发生了丙酮吸入性中毒，应首先将中毒人员脱离丙酮产生源或将患者移到新鲜空气处，如呼吸停止应进行人工呼吸。

眼睛接触丙酮时，应将眼睑张开，用微温的缓慢的流水冲洗患眼约 10min。

皮肤接触丙酮时，用微温的缓慢的流水冲洗患处至少 10min。

不小心误服丙酮时，应该用水充分漱口，不可催吐，给患者饮水约 250mL。

一切患者都应请医生治疗。

（4）丙酮的储存与运输　在储存和运输过程中，将丙酮储藏于密封的容器内，置于阴凉干燥优良好通风的地方，远离热源、火源和有禁忌的物质。所有容器都应放在地面上。

**七、矿物润滑油生产过程中的环境保护**

1. 废气

矿物润滑油生产过程中产生的废气主要包括减压蒸馏装置的减压塔顶不凝气和加氢精制过程中产生的含硫气体。

减压蒸馏塔顶的不凝气体主要成分为气体烃（80%以上），还含有硫化物气体，会造成可燃气的损失并对大气造成污染，目前不凝气体可进入气体脱硫装置回收硫后作为加热炉的燃料使用。

由于加氢精制过程中产生的含硫气体中含有氢气，因此这部分含硫气体绝大部分作为循环氢使用，少量排放的含硫气体进入硫黄回收装置回收硫后作为燃料气使用。

2. 废液

矿物润滑油生产过程中的废液主要包括溶剂精制和溶剂脱蜡过程中产生的废溶剂。

溶剂精制常用的溶剂为糠醛、N-甲基吡咯烷酮和酚，由于酚的毒性大，适用原料范围窄，近年来逐渐被淘汰。

糠醛精制中的溶剂糠醛通常采用二效或三效蒸发回收，流程见图 2-10。回收后的糠醛再经过干燥和脱水，作为溶剂回收利用。

3. 废渣

矿物润滑油生产过程中产生的废渣主要为润滑油白土精制过程中的废吸附剂和加氢精制装置中的废催化剂。

润滑油白土精制中的废白土以前采用深埋处理，现在是将废白土焚烧处理后，经白土活化处理再循环使用。

加氢精制催化剂的主要活性组分为非贵金属 Ni、Mo、W 等，以前大多采用深埋的方法处理，由于加氢精制废催化剂中含有大量的砷、铅、铜等重金属杂质，近年来为了保护环境需要对加氢精制废催化剂进行环保处理，常用的方法为高温下将废催化剂中的载体烧结成酸不溶状态，然后用酸溶解，再调节 pH 值将催化剂中的不同金属分离。

[ 知识拓展 ]　　　　超临界技术在渣油脱沥青中的应用

　　传统的溶剂脱沥青过程是在溶剂的临界点以下的温度、压力条件下进行操作。为了降低操作能耗，超临界溶剂抽提和超临界溶剂回收的技术应用得到重视和发展。

　　当溶剂温度、压力高于其临界温度和压力时，此溶剂即处于超临界流体状态。超临界流体的最大特性是气液不分，但可以通过改变压力、温度来使流体具有液体或气体的性质，在这个变化过程中不需要相变热。超临界流体可以具有类似液体的密度及溶解能力，与液体溶剂相比，超临界流体的黏度小、扩散系数大，对传质和相间分离十分有利。用超临界溶剂对渣油进行脱沥青抽提时，由于超临界流体的黏度低、传质速率高，以及轻液相与重液相的密度差大，容易分层等原因，抽提塔的结构可以大为简化，抽提塔的体积也可以缩小。从实验室研究和工业试验的结果来看，在渣油和溶剂经过静态混合器后，只需进入一个沉降器代替抽提塔就可完成抽提和分层的任务。

　　溶剂脱沥青过程中大量的溶剂回收部分对投资和操作费用影响较大。传统的回收方法是将溶液加热使其中的溶剂蒸发，这种方法的能耗较大，能耗大的主要原因是溶剂汽化时需大量的蒸发潜热。近年来，近临界和超临界溶剂回收技术的应用使其能耗显著降低。在超临界条件或近临界条件下，溶剂的密度对温度、压力的变化比较敏感，通过恒压升温或恒温降压或同时升温降压等手段，可以较大地减小溶剂的密度，从而也降低了溶剂的溶解能力。当溶剂的密度降低到一定程度时（例如 0.2g/mL 以下），溶剂对脱沥青油的溶解能力已经很低，溶剂与脱沥青油分离成轻、重两个液相，从而达到回收溶剂的目的。采用此方法可以把提取液中的绝大部分溶剂分离出来，残存在脱沥青油中的少量溶剂可经进一步汽提分出。在上述的分离过程中，由于没有经历由液相到气相的相变化，不需要提供汽化潜热，因而大大降低了能耗。

# 本 章 小 结

　　润滑油由润滑油基础油和润滑油添加剂构成，其中润滑油基础油的化学组成决定了润滑油的重要性能。润滑油基础油分为矿物润滑油基础油和合成润滑油基础油，其中矿物润滑油基础油是由石油经过一系列的加工过程得到的基础油，占润滑油基础油的 90% 以上。

　　矿物润滑油基础油的生产分为传统法生产矿物润滑油基础油的"老三套"工艺和加氢法生产矿物润滑油基础油。不论是传统法"老三套"工艺生产矿物润滑油基础油还是加氢法生产矿物润滑油基础油，所采用的原料都是通过石油炼制得到的润滑油基础油原料。本章从矿物润滑油基础油原料油的制备、传统法生产矿物润滑油基础油和加氢法生产矿物润滑油基础油三个方面展开。

　　矿物润滑油基础油的原料的制备包括润滑油型减压蒸馏和减压渣油溶剂脱沥青。润滑油基础油来源于常压蒸馏的常压渣油，常压渣油经过润滑油型减压蒸馏后分割成减压馏分油和减压渣油，其中减压馏分油可以直接作为矿物润滑油基础油的原料进入后续的精制过程。减压渣油中含有大量胶质和沥青质组分，如果直接进入后续的精制过程，会影响催化剂的使用性能，而且产品质量较差，所以减压渣油必须经过溶剂脱沥青过程脱去减压渣油中的沥青质和胶质。

　　传统法生产矿物润滑油基础油的工艺包括溶剂精制、溶剂脱蜡和白土补充精制。其中，溶剂精制的作用是脱去硫、氧、氮杂质和芳香烃；溶剂脱蜡的作用是脱去矿物润滑油基础油原料中的高凝点组分；白土补充精制的作用是进一步通过吸附作用使原料中的硫、氧、氮杂质和胶质组分脱除。

传统法生产矿物润滑油基础油是通过物理方法脱去矿物润滑油基础油原料中的非理想组分，但不能改变原料的组成。为了将低质量的矿物润滑油基础油原料加工成高质量的矿物润滑油基础油，可以采用加氢法。加氢法生产矿物润滑油基础油包括加氢精制、加氢处理和加氢脱蜡。其中，加氢精制起到脱除硫、氧、氮杂质的作用；加氢处理可以将大分子烃裂解成小分子烃，提高产品的产量和质量；加氢脱蜡可以通过加氢过程将原料中的高凝点不理想组分通过加氢反应生成理性组分。

# 习　题

1. 什么叫矿物润滑油基础油？矿物润滑油基础油的原料来源是什么？
2. 润滑油基础油原料制备的工艺过程有哪些？简单说明每个工艺过程的作用。
3. 为什么要用加氢法生产矿物润滑油基础油？加氢法生产的矿物润滑油基础油和传统法生产的矿物润滑油基础油在组成上有何区别？
4. 阐述润滑油溶剂精制的目的、原理及影响溶剂精制效果的因素。
5. 简单说明润滑油催化脱蜡催化剂的作用和催化脱蜡的反应原理。
6. 对我国 2012 年矿物润滑油基础油生产的现状进行市场调研，撰写市场调研报告，主要内容包括生产矿物润滑油基础油的生产工艺特点、装置处理量和操作特点，根据我国矿物润滑油基础油的生产现状预测我国矿物润滑油基础油生产的发展趋势。

# 实 训 建 议

【实训项目】　减压馏分油白土精制

实训目的：通过减压馏分油的白土精制理解润滑油白土精制的作用。

实训方法：取润滑油型减压蒸馏的减压三线，取适量的白土（膨润土或高岭土），将适量白土和减压三线油充分混合，搅拌均匀，观察经过白土精制后的减压三线油的颜色变化和含水量变化。

# 第三章 合成润滑油基础油的制备

【知识目标】
1. 了解合成润滑油基础油的分类和性能特点。
2. 掌握酯类合成润滑油基础油的生产过程、性能和应用。
3. 掌握合成烃类润滑油的生产过程、性能和应用。
4. 掌握聚醚类润滑油的生产过程、性能和应用。
5. 了解硅酸酯、磷酸酯等合成润滑油基础油。

【能力目标】
1. 能根据不同的应用场合和润滑油的特性分析并选用适合的合成类润滑油基础油。
2. 能识别和理解各种合成润滑油基础油的工艺流程。
3. 能应用所学技能和知识进行酯类、合成烃类以及聚醚类润滑油基础油的工业生产和制备。

 实例导入

据《中国汽车报》报道，我国车用润滑油产业在汽车工业的带动下取得了快速发展。据了解，2009年，我国车用润滑油消耗量达289万吨，比2008年增长2.1%，占全年所有润滑油消耗量的45.5%。2010年上半年，全国润滑油行业产量更是同比增长18.5%。最近20年来，全球汽车用户越来越关注和认可合成润滑油，合成润滑油的销量占整个润滑油市场的比重在20世纪80年代初为1.4%，90年代末为6%。近20年来，矿物润滑油市场的年增长速率为1%，而合成润滑油的年增长速率达到8%，在西欧合成润滑油的年增长速率则达到10%，远超过矿物润滑油的年增长速率。

请问：什么是合成润滑油？合成润滑油使用的原料是原油吗？合成润滑油的使用增速为什么远远超过矿物润滑油的增长速率？合成润滑油和矿物润滑油有什么区别？合成润滑油又应用在什么润滑场合？合成润滑油有何发展前景？

## 第一节 概 述

一般润滑油由基础油和添加剂组成。基础油主要有三类。第一类为动植物油，例如菜籽油、葵花籽油、大豆油等，由于植物油极易氧化，使用寿命很短。第二类为矿物润滑油基础油，本书第二章已经介绍过。第三类为合成润滑油基础油，它是采用有机合成方法由低分子经过化学合成制备成的较高分子的物质，具有一定化学结构和特殊性能。制备合成润滑油基础油的原料可以是动植物油脂，也可以是石油或其他化工产品。在化学组成上，合成润滑油基础油的每一个品种都是单一的纯物质或同系物的混合物。构成合成润滑油基础油的元素除碳、氢之外，还包括氧、硅、磷和卤素等。

合成润滑油与矿物润滑油相比，在性能上具有一系列优点。合成润滑油可以解决矿物润滑油不能解决的问题。合成润滑油不但是许多军工产品的重要润滑材料，而且在民用方面也有很大的潜力。合成润滑油虽然比矿物润滑油价格高，但由于性能优良、使用寿命长、机械磨损小，因此合成润滑油的应用越来越广泛。

**一、合成润滑油基础油的分类**

根据合成润滑油基础油的化学结构，美国材料与试验协会（ASTM）特设委员会制定了合成润滑油基础油的试行分类法，该法将合成润滑油基础油分为三大类：第一类为合成烃油，主要包括聚α-烯烃油、烷基苯、合成环烷烃、聚丁烯等；第二类为有机酯，主要包括双酯、多元醇酯和聚酯；第三类为其他合成油，主要有聚醚、磷酸酯、硅油、硅酸酯、卤代烃和聚苯醚等。

**二、合成润滑油基础油的性能特点**

矿物润滑油是目前最常用的润滑油，但矿物润滑油产品有明显的不足。首先，矿物润滑油基础油的低温性能差，尤其是高黏度润滑油的倾点一般都在－10℃以下，在寒区冬季野外操作很难启动。其次，矿物润滑油基础油在120℃下开始迅速氧化，加入各种添加剂后可以在150℃下长期使用，但在更高温度下使用寿命很短，且容易生成积炭。另外，矿物润滑油基础油的黏度指数一般都在90～110，加氢法矿物润滑油基础油的黏度指数可提高到120～130。矿物润滑油基础油遇火会燃烧，抗辐射性差，一般情况下相对密度都不大于1。

合成润滑油基础油与矿物润滑油基础油相比具有很多优点，可以弥补矿物润滑油基础油的上述不足。表3-1列出了合成润滑油基础油与矿物润滑油基础油在性能和价格方面的比较。

表 3-1　合成润滑油基础油与矿物润滑油基础油性能和价格对比

| 油类型 | 黏温性 | 低温性 | 热安定性 | 氧化安定性 | 水解安定性 | 抗燃性 | 耐负荷性 | 体积模数 | 挥发性 | 抗辐射性 | 相对密度 | 储存性 | 价格 |
|---|---|---|---|---|---|---|---|---|---|---|---|---|---|
| 矿物润滑油基础油 | 良 | 良 | 中 | 中 | 优 | 低 | 良 | 中 | 中 | 高 | 低 | 良 | 低 |
| 超精制矿物润滑油基础油 | 优 | 良 | 良 | 中 | 优 | 低 | 良 | 中 | 低 | 高 | 低 | 良 | 中 |
| 合成烃 | 良 | 良 | 良 | 良 | 优 | 低 | 良 | 中 | 低 | 高 | 低 | 良 | 中 |
| 酯类油 | 良 | 良 | 中 | 中 | 中 | 低 | 良 | 中 | 中 | 中 | 中 | 良 | 中 |
| 聚醚 | 良 | 良 | 中 | 中 | 良 | 低 | 良 | 中 | 低 | 中 | 中 | 良 | 中 |
| 磷酸酯 | 中 | 差 | 良 | 良 | 中 | 高 | 良 | 高 | 低 | 低 | 高 | 良 | 中 |
| 硅酸酯 | 优 | 优 | 良 | 中 | 差 | 低 | 中 | 中 | 中 | 低 | 中 | 中 | 高 |
| 硅油 | 优 | 优 | 良 | 良 | 优 | 低 | 差 | 中 | 低 | 低 | 中 | 良 | 高 |
| 氟碳油 | 中 | 中 | 良 | 良 | 中 | 高 | 差 | 低 | 中 | 低 | 高 | 中 | 高 |
| 全氟醚 | 中 | 良 | 良 | 良 | 良 | 高 | 中 | 低 | 中 | 低 | 高 | 良 | 高 |

从表3-1可以看出，合成润滑油基础油具有更好的低温性能和黏温性能、更好的耐高温性能、更优的氧化安定性能、较优的抗燃性能、较小的挥发损失、较高的相对密度等特点，但相比较而言，合成润滑油基础油的价格比矿物润滑油基础油高。下面分几个方面分别介绍合成润滑油基础油的不同性能及其适用的润滑场合。

### 1. 具有优良的耐高温性能

合成润滑油基础油具有热安定性好、热分解温度高、闪点及自燃点高、对添加剂的感受性好等特点。合成润滑油基础油比矿物润滑油基础油具有更为优良的耐高温性能。表 3-2 列出了各类合成润滑油基础油的热分解温度和整体极限工作温度范围。从中可以看出，对黏度相近的油品来说，合成润滑油基础油比矿物润滑油基础油的使用温度要高。

**表 3-2 各类合成润滑油基础油的热分解温度和整体极限工作温度范围**

| 类 别 | 热分解温度/℃ | 长期工作温度/℃ | 短期工作温度/℃ |
|---|---|---|---|
| 矿物润滑油基础油 | 250～340 | 93～121 | 135～149 |
| 聚 $\alpha$-烯烃油 | 338 | 177～232 | 316～343 |
| 双酯 | 283 | 175 | 200～220 |
| 多元醇酯 | 316 | 177～190 | 218～232 |
| 聚醚 | 279 | 163～177 | 204～218 |
| 磷酸酯 | 194～421 | 93～177 | 135～232 |
| 硅油 | 388 | 218～274 | 316～343 |
| 硅酸酯 | 340～450 | 191～218 | 260～288 |
| 聚苯醚 | 454 | 316～371 | 427～482 |
| 全氟碳化合物 | — | 288～343 | 399～454 |
| 聚全氟烷基醚 | — | 232～260 | 288～343 |

### 2. 具有良好的低温性能及黏温性能

大多数合成润滑油基础油比矿物润滑油基础油的黏度指数高，黏温性能好，高温性能也好。表 3-3 列出了各类合成润滑油基础油的黏度指数及凝点的范围。

**表 3-3 各类润滑油基础油的黏度指数及凝点的范围**

| 类别 | 黏度指数 | 凝点/℃ | 类别 | 黏度指数 | 凝点/℃ |
|---|---|---|---|---|---|
| 矿物润滑油基础油 | 50～130 | −45～−6 | 硅油 | 100～500 | <−90～10 |
| 聚 $\alpha$-烯烃油 | 80～150 | −60～−20 | 硅酸酯 | 110～300 | <−60 |
| 双酯 | 110～190 | <−80～−40 | 聚苯醚 | −100～10 | −15～20 |
| 多元醇酯 | 60～190 | <−80～−15 | 全氟碳化合物 | −240～10 | <−60～16 |
| 聚醚 | 90～280 | −65～5 | 聚全氟烷基醚 | 23～355 | −77～−40 |
| 磷酸酯 | 30～60 | <−50～−15 | | | |

从表 3-3 中可以看出，合成润滑油基础油的黏度指数比矿物润滑油基础油的黏度指数高，凝点比矿物润滑油基础油的凝点低，具有良好的低温性能及黏温性能，因此合成润滑油基础油比矿物润滑油基础油的使用温度范围宽。

### 3. 挥发损失小

油品的挥发性是油品在使用过程中的一项重要性能。若使用温度高，挥发性大的油品不但耗油量高，而且由于轻组分的挥发会使油品变黏，造成油品基本性能发生变化，从而影响油品的使用寿命。矿物润滑油基础油是组成复杂的混合物，在一定蒸发温度下，其中的轻组分容易挥发。合成润滑油基础油大多数是一种单一的化合物，其沸点范围较窄，与相同黏度的矿物润滑油基础油相比，挥发性低，在高温下挥发损失小。如用矿物润滑油基础油调制的 SAE40 内燃机油比用合成润滑油基础油调制的 SAE20 内燃机油的挥发损失大一倍以上。

### 4. 不容易着火燃烧

矿物润滑油基础油遇火会燃烧，在许多靠近热源的部位，常常由于矿物润滑油基础油的泄漏着火造成重大事故，而且目前还无法通过加入添加剂有效改善矿物润滑油基础油的着火性能，而合成润滑油基础油却具有优良的难燃性能。如磷酸酯虽然本身闪点并不高，但是由于没有易燃和维持燃烧的分解产物，因此不会造成延续燃烧。芳基磷酸酯在700℃以上遇明火会发生燃烧，但它不传播火焰，一旦火源切断，燃烧立即停止。聚醚是水-乙二醇难燃液的重要组分，主要用来增加黏度。聚醚和乙二醇都能燃烧，但水-乙二醇难燃液中含40%~60%的水，在着火时由于水的大量蒸发，水蒸气隔绝了空气，从而达到阻止燃烧的目的。全氟碳润滑油在空气中根本不燃烧，而聚全氟烷基醚油在氧气中也不能燃烧。表3-4中列出了各类合成油的难燃性能。

表3-4　各类合成油的难燃性能

| 油品类型 | 闪点/℃ | 燃点/℃ | 自燃点/℃ | 热歧管着火温度/℃ | 纵火剂点火温度 |
|---|---|---|---|---|---|
| 矿物汽轮机油 | 200 | 240 | <360 | <510 | 燃 |
| 芳基磷酸酯 | 240 | 340 | 650 | >700 | 不燃 |
| 聚全氟甲乙醚 | >500 | >500 | >700 | >930 | 不燃 |
| 水-乙二醇难燃液 | 无 | 无 | 无 | >700 | 不燃 |

合成润滑油基础油的难燃性能对航空、冶金和发电等工业部门具有极重要的使用价值。

5. 具有较高的密度

矿物润滑油基础油相对密度小于1，而某些合成润滑油基础油具有相对较大的相对密度，可满足一些特殊用途的需求，如用于导航的陀螺液、仪表隔离液等。合成润滑油基础油的相对密度见表3-5。

表3-5　合成润滑油基础油的相对密度

| 油品名称 | 相对密度 | 油品名称 | 相对密度 |
|---|---|---|---|
| 矿物润滑油基础油 | 0.8~0.9 | 氟硅油 | 1.4 |
| 多元醇酯 | 0.9~1.0 | 聚全氟烷基醚 | 1.8~1.9 |
| 磷酸酯 | 0.9~1.2 | 全氟碳、氟氯油 | >2.0 |
| 甲苯基硅油 | 1.0~1.1 | 氟溴油 | 2.4 |
| 甲基氯苯基硅油 | 1.2~1.4 | | |

6. 其他特殊性能

(1) 含氟润滑油具有极好的化学稳定性　含氟润滑油包括全氟碳化合物、氟氯油、氟溴油和聚全氟烷基醚等，它们都具有极好的化学稳定性。

在100℃以下，全氟碳油、氟氯油和聚全氟烷基醚油分别与氟气、氯气、68%硝酸、98%硫酸、浓盐酸、王水、铬酸洗液、高锰酸钾和30%的过氧化氢溶液不起作用。在100℃下，全氟碳油与聚全氟烷基醚油用20%的氢氧化钾溶液处理后可长期与偏二甲肼接触而不发生反应。氟油与火箭用的液体燃料及氧化剂，如煤油馏分、烃类燃料和偏二甲肼、二乙基三胺、过氧化氢、红色发烟硝酸及液氧等不起反应。但氟油可与熔化的金属钠发生剧烈反应。聚全氟烷基醚油与金属卤化物——路易斯酸，如 $AlCl_3$、$SbF_3$、$CoF_3$ 接触，在100℃以上会发生分解。

(2) 聚苯及聚苯醚具有良好的抗辐射性能　一般来说，每年 $10^6$ rad 的吸收剂量对润滑油的影响很小，到 $10^7$~$10^8$ rad 就能分出润滑油抗辐射性能的优劣。矿物润滑油基础油能耐 $10^8$~$10^9$ rad/a 的剂量。酯类油、聚 $\alpha$-烯烃油与矿物润滑油基础油的耐辐射性能相近，硅油、磷酸酯则低于矿物润滑油基础油，只能耐 $10^7$ rad/a 的剂量。如果需要耐 $10^9$ rad/a 的吸收剂量的润滑油，就需要含苯基的合成油，如烷基化芳烃、聚苯或聚苯醚。聚苯醚的抗辐射性能最好，能耐 $10^{11}$ rad/a 的吸收剂的量。

（3）酯类及聚醚合成油具有生物降解功能　润滑油应用在国民经济各个部门，在使用过程中，不可避免地遇到润滑油泄漏、溢出或不当排放。矿物润滑油基础油不可生物降解，对环境会造成严重污染。可以生物降解的合成润滑油基础油为植物油、合成酯和聚乙二醇等。表3-6为列出了上述几种可生物降解润滑油基础油的性能比较。

表3-6　几种可生物降解润滑油基础油的性能比较

| 性质 | 矿物润滑油基础油 | 植物油 | 合成酯 | 聚乙二醇 |
|---|---|---|---|---|
| 生物降解性/% | 10～40 | 70～100 | 10～100 | 10～90 |
| 黏度指数 | 90～100 | 100～250 | 120～220 | 100～200 |
| 倾点/℃ | −54～−15 | −20～20 | −60～−20 | −40～20 |
| 与矿物润滑油基础油的相容性 | — | 好 | 好 | 不溶 |
| 氧化稳定性 | 好 | 一般 | 好 | 差 |
| 相对价格比 | 1 | 2～3 | 5～20 | 2～4 |

### 三、合成润滑油基础油的应用

合成润滑油基础油的应用领域很广，使用矿物润滑油基础油的部位几乎均可以用合成润滑油基础油代替。此外，由于合成润滑油基础油具有许多矿物润滑油基础油所不及的特殊性能，因此有些部位只能使用合成润滑油基础油。随着科学技术的发展，合成润滑油基础油的应用领域和生产量将不断扩大，使用合成润滑油基础油的经济效益和社会效益将更加显著。表3-7列出了合成润滑油基础油的应用领域。

表3-7　合成润滑油基础油的应用领域

| 应用领域 | 用　途 | 合成润滑油基础油类型 |
|---|---|---|
| 汽车工业 | 发动机润滑油 | 聚烯烃、酯类油 |
| | 二冲程发动机油 | 聚丁烯 |
| | 汽车齿轮油 | 聚烯烃、酯类油、聚醚 |
| | 汽车自动传动液 | 聚烯烃、酯类油 |
| | 中心液压油 | 聚烯烃、酯类油 |
| | 制动液 | 聚醚 |
| 一般工业 | 齿轮和轴承润滑油 | 聚烯烃、酯类油、聚醚 |
| | 冷冻机油 | 酯类油、聚醚 |
| | 压缩机油 | 聚烯烃、酯类油、聚醚 |
| | 难燃液压油 | 磷酸酯、聚醚 |
| | 导热和电气用油 | 烷基苯、聚烯烃、硅油 |
| | 金属加工液 | 聚醚、酯类油 |
| | 润滑脂 | 聚烯烃、酯类油、硅油、氟油 |
| 国防军事业 | 航空喷气发动机 | 聚烯烃、酯类油 |
| | 活塞式发动机油 | 聚烯烃、酯类油 |
| | 航空及导弹液压油 | 聚烯烃、酯类油、磷酸酯、硅酸酯 |
| | 耐辐射、抗化学润滑剂 | 烷基苯、聚苯醚、氟油 |

# 第二节　酯类油的制备

## 一、酯类油的分类

酯类合成油基础油由有机酸与醇在催化剂作用下通过酯化反应脱水而得。根据反应产物的酯基含量不同，将酯类油分为双酯、多元醇酯和复酯（聚酯）。

1. 双酯

双酯是以二元酸与一元醇或二元醇与一元酸反应的产物。双酯的结构通式为：

$$R'—O—\underset{O}{\overset{\quad}{C}}—R—\underset{O}{\overset{\quad}{C}}—O—R'$$

合成双酯常用的二元酸有癸二酸、壬二酸、己二酸、邻苯二甲酸、十二烷二酸、二聚油酸等；一元醇有 2-乙基己醇、$C_8 \sim C_{13}$ 羰基合成醇；二元醇有新戊基二元醇、低聚合度聚乙二醇；一元酸为直链和带短支链的饱和脂肪酸。

**2. 多元醇酯**

多元醇酯是由多元醇和直链或带短支链的饱和脂肪酸反应而得的产物。常用的多元醇为三羟甲基丙烷和季戊四醇。多元醇酯的结构通式为：

$$R'_n—C \left( CH_2—O—\overset{O}{\overset{\|}{C}}—R \right)_{4-n}$$

式中，当 $n=0$ 时为季戊四醇酯；$n=1$ 时，$R'$ 为 $—CH_3$ 时为三羟甲基乙烷酯、$R'$ 为 $—C_2H_5$ 时为三羟甲基丙烷酯；$n=2$ 时为新戊基二元醇酯。

$$O \left[ CH_2—\overset{R_n}{\overset{\|}{C}} \left( CH_2—O—\overset{O}{\overset{\|}{C}}—R' \right)_{3-n} \right]_2$$

式中，$n=0$ 时，为双季戊四醇酯；$n=1$ 时，R 为 $—C_2H_5$ 时为双三羟甲基丙烷酯。

**3. 复酯**

复酯是由二元酸和二元醇酯化成长链分子，端基再由一元醇或一元酸酯化而得的高黏度基础油。按中心分子结构不同，复酯可分为以酸为中心的复酯和以醇为中心的复酯两类。

以酸为中心的复酯通式为：

一元醇—二元酸 $\left[ 二元醇—二元酸 \right]_n$ 一元醇

以醇为中心的复酯通式为：

一元酸—二元醇 $\left[ 二元酸—二元醇 \right]_n$ 一元酸

式中，$n$ 为自然数。复酯的平均分子量一般为 $800 \sim 1500$。

**二、酯类油的生产过程**

酯化反应一般是在搪瓷釜中进行的，反应产物是酯和水，此反应为典型的可逆反应。

$$R'\underset{O}{\overset{\|}{C}}OH + HOR \rightleftharpoons R'\underset{O}{\overset{\|}{C}}OR + H_2O$$

**1. 原料**

酯化过程中常用的原料包括酸和醇两大类。其中一元酸多采用直链一元脂肪酸，由天然油脂裂解或石蜡氧化而成。直链二元酸由天然油脂或石油化工产品氧化而得。

脂肪酸是合成酯类油的原料，通常生产酯类基础油所需要的是 $C_5 \sim C_{10}$ 的低碳数脂肪酸，此类脂肪酸是制皂工业的副产物。支链一元醇多由烯烃聚合，再经羰基合成制取；多元醇由醇醛缩合而成。表 3-8 列出了酯类油生产用醇的来源及生产工艺，表 3-9 列出了酯类油生产常用酸的来源及生产工艺。

**2. 酯类油的合成工艺**

（1）原料配比　由于酯化反应是可逆反应，为使酯化反应完全，一般将沸点较低的原料组分加入量比理论计算量多 5%～10%，用以打破反应平衡，使反应向着有利于生成酯的方向进行。通常生产二元酸双酯时，选择反应物醇过量；生产二元醇双酯和多元醇酯时，使反应物脂肪酸过量；生产复酯时，第一步反应按计量系数比，第二步为酸或醇过量。如制备癸二酸二（2-乙基己基）酯时加入过量的醇（物质的量过量 10%）；制备三羟甲基丙烷酯或季戊四醇酯时，加入过量的酸（物质的量约过量 10％）。

| 醇 | 原料 | 生产工艺 |
|---|---|---|
| 2-乙基己醇 | 丙烯/乙醛 | 羰基合成或缩合 |
| 异辛醇 | 正丁烯/丙烯 | 聚合再羰基合成 |
| 异壬醇 | 正丁烯 | 低聚再羰基合成 |
| 异癸醇 | 丙烯 | 低聚再羰基合成 |
| 异十三醇 | 丙烯 | 低聚再羰基合成 |
| 聚乙二醇 | 乙烯 | 氧化聚合 |
| 季戊四醇 | 甲醛/乙醛 | 醇醛缩合 |
| 三羟甲基乙烷 | 甲醛/丙醛 | 醇醛缩合 |
| 三羟甲基丙烷 | 甲醛/丁醛 | 醇醛缩合 |

表 3-8　酯类油生产用醇的来源及生产工艺

| 酸 | 原料 | 生产工艺 |
|---|---|---|
| 庚酸 | 蓖麻油 | 裂解 |
| 辛酸 | 椰子油、棕榈仁油 | 裂解 |
| 壬酸 | 大豆油、牛油 | 裂解 |
| 癸酸 | 椰子油、棕榈仁油 | 裂解 |
| $C_4 \sim C_9$ | 石蜡 | 催化氢化 |
| 邻苯二甲酸 | 邻二甲苯/萘 | 催化氢化 |
| 己二酸 | 苯 | 催化氢化 |
| 壬二酸 | 油酸 | 皂化裂解/电解合成 |
| 癸二酸 | 蓖麻油 | 皂化裂解/电解合成 |
| 二聚油酸 | 植物油 | 皂化酸聚合 |
| 十二烷二酸 | 丁二烯 | 聚合环化、氧化开环 |

表 3-9　酯类油生产常用酸的来源及生产工艺

（2）催化剂的选择　酯化反应可以在无催化剂条件下进行，需要及时导出反应水，使反应不断向正反应方向移动，但无催化剂存在时酯化反应速率较慢。

工业生产中，酯化反应一般都是在催化剂作用下进行的。常用的催化剂有硫酸、硫酸氢钠、对甲苯磺酸、磷酸、磷酸酯、钛酸酯、锆酸酯、活性炭、羰基钴和阳离子交换树脂等。

采用硫酸作催化剂时，酯化反应进行得比较完全，但硫酸作催化剂，会使仲醇和叔醇脱氢生成烯烃，或者导致发生异构化聚合等副反应的发生，所得酯化产物颜色一般比较深。采用磷酸和磷酸酯作催化剂，酯化产物颜色较浅，但反应速率较慢，酯化时间过长。以氧化锌为催化剂，过程中需增加酸分解工艺。有机聚合物作载体的阳离子交换树脂对双酯合成比较有效，对粗酯处理也有相当经济效益，但其耐热强度尚不足以承受新戊基多元醇酯的酯化温度。因此在现代工业生产中，最为有效而普遍采用的催化剂多为对甲苯磺酸、锆酸四辛酯、钛酸四丁酯等。

（3）酯化分水　为使反应生成的水及时离开反应体系，使过程有利于向酯化主反应方向进行，酯化过程需在减压条件下进行。如果在常压下反应，则一般需要加入苯、甲苯等低沸点溶剂作为携水剂，以降低生成水的饱和蒸气分压，与水一起汽化离开体系。冷凝后的低沸点溶剂再返回酯化釜，直至酯化过程完毕。

（4）粗酯精制　由于粗酯中含有过量的未反应的酸、醇和反应不完全的半酯或部分酯，酯化后的产物需要经过精制才能作为润滑油的基础油。另外，留在粗酯中的催化剂也需要通过精制处理，否则基础油的低温性能和热氧化安定性能均不理想。在酯类油中除去游离酸是提高酯类基础油热安定性的重要手段。

粗酯中未反应的过量酸或过量醇，通常是在酯化反应完成后在反应釜中于减压条件下蒸馏除去。在生产多元醇酯时，在 200℃和 3.3kPa 残压下，可将过量脂肪酸蒸出。蒸出过量酸或过量醇的粗酯，冷却至 60℃后，放入带夹套的碱水洗釜，再冷却搅拌至 35℃后，加入 3％～4％的 $Na_2CO_3$ 水溶液，也有的采用 NaOH 或 $Ca(OH)_2$ 进行中和，水洗除去酸性催化剂及部分未反应物质，再在真空条件下进行脱水干燥，精密过滤即得基础油。图 3-1 和图3-2分别为二元酸酯生产流程图和多元醇酯生产流程图。

**三、酯类油的性能特点**

1. 黏温性能和低温性能

酯类基础油有较高的黏度指数、优良的黏温性能和低温性能。酯类油的物理化学性质

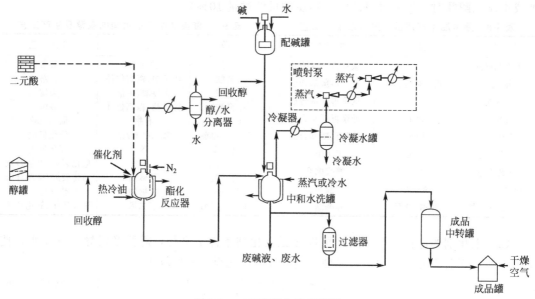

图 3-1 二元酸酯生产流程图

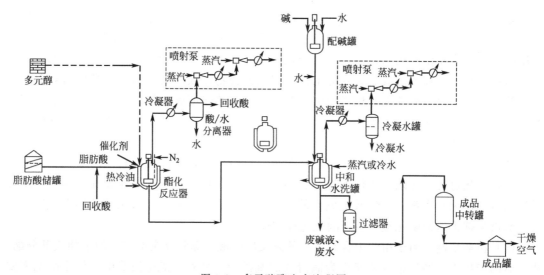

图 3-2 多元醇酯生产流程图

与其结构组成有密切关系,其黏度与黏度指数主要取决于分子形态。酯类油的链长增加,黏度和黏度的指数增大,倾点升高;加入侧链,黏度增高,倾点下降,黏度指数减小;侧链的位置离酯基越远,对黏度指数和黏度的影响越小。双酯的黏度较小,但黏度指数较高,一般都超过120,高的可达180。双酯的倾点一般都低于−60℃,而闪点则通常超过200℃,这是相同黏度的矿物润滑油基础油不可能达到的性能。多元醇酯的黏度比双酯的黏度要大,黏度指数低于双酯,但高于同黏度的矿物润滑油基础油,倾点也远低于矿物润滑油基础油。复酯的黏度高,但倾点低,黏度指数高,一般用作调和组分,提高油品的黏度。

2. 热安定性

矿物润滑油基础油的热分解温度一般为260~340℃,双酯的热分解温度为283℃,比同黏度的矿物润滑油基础油高。多元醇酯的热分解温度都大于310℃。

3. 氧化稳定性

酯类油具有较强的抗氧化能力，但其结构不同，相应的抗氧化能力也不同，一般情况下，C—H 键发生氧化反应的程度为叔键＞仲键＞伯键。但酯类油作为高温润滑材料，常处于高温或接触到空气和热金属表面等强氧化条件下，仍需借抗氧剂来满足苛刻的使用要求。

4. 润滑性

由于酯分子中的酯基具有极性，酯分子易吸附在摩擦表面上形成界油膜，所以酯类油的润滑性优于同黏度的矿物润滑油基础油。在酯类油中，多元醇酯优于双酯；在同一类酯中，长链酯较短链酯的润滑性能好。

5. 水解安定性

酯类油的水解安定性比矿物润滑油基础油差。酯在酸、碱、酶的作用下可发生水解反应。酯的水解安定性取决于酯的性质和纯度，其水解速率与酯中含水量无关，而与酯-水界面的面积有关，因此，酯在静态中混合入水分对其水解不会有多大影响。一般采用加入胺型添加剂的方法来抑制酯的水解。

6. 毒性

口服或皮肤接触酯类油，其毒性都极低。由于油对脂肪有较强的溶解能力，所以皮肤长期接触酯类油有发干的现象，但没有长期接触轻质溶剂或矿物润滑油基础油严重。以双酯的热油烟做动物试验表明，其危害程度并不比矿物润滑油基础油的大。多元醇酯可视为无毒化合物，对人体皮肤的刺激性低于丙三醇酯（天然油脂）。以酯类油作基础油的成品油的毒性往往是由添加剂带入的。

7. 可生物降解性

酯类合成油具有良好的可生物降解性，如用于压缩机油的双酯和多元醇酯的生物降解率可达 90％以上，大大降低了对环境的污染。

**四、酯类油的应用**

有机酸酯广泛用作航空燃气涡轮发动机油、内燃机油、二冲程发动机油、工业齿轮油、压缩机油、仪表油及润滑脂的基础油等。除此之外，还用作金属加工液、塑料加工助剂、合成纤维纺丝油剂和化妆品中的润滑剂、表面活性剂、遮光剂和珠光剂等，也被用于矿物润滑油和聚 $\alpha$-烯烃合成油中改善油品的低温性、溶解性和润滑性。

**五、酯类油的发展历史**

数千年前，人们就利用动植物油脂作润滑材料，以减轻劳动负荷或使车轮轻快运转。公元前 1650 年的埃及古墓壁饰中，就有将橄榄油涂于木板上滑动运输大石料、雕像和建筑材料的记述。

1941～1942 年在斯大林格勒战役中，由于矿物润滑油低温性能差，使德国的战车、飞机无法启动，加速了合成润滑油基础油的研究与发展。德国首先在鲁尔区（Leuna）建立了工业化的双酯生产线，因原料关系，每天生产量不超过 100 桶。当时德国生产的双酯是采用甲基己二酸与带长支链的 $C_8$ 或大于 $C_8$ 的伯醇反应而得，产品主要用于与聚烯烃或矿物油调配，生产低凝润滑油，用于飞机、车辆、机枪和铁路驼峰等。

用于燃气涡轮发动机的第一种全合成润滑油基础油是由当时的埃索欧洲试验室研制的。由复酯和双酯调配的 EEL-3 号油于 1947 年完成轴承台架试验和齿轮试验。

美国 1951 年颁布 100℃黏度不小于 3mm²/s 的低黏度航空润滑油标准的 MIL-L-7808 规格。美国第一个符合 7808 规格要求的航空润滑油是由当时的标准油发展公司（即后来的 EXXON 研究和工程公司）研制的全双酯型 15 号埃索涡轮油，用于普惠公司的 J-57 发动机上。1955 年后许多双酯型航空发动机油通过了 MIL-L-7808 规格检验。1958 年普惠公司的 J-57 发动机在波音 707 飞机上首飞成功。大量民用飞机采用双酯型润滑油，加速了它的迅速发展。

20 世纪 70 年代能源危机和机械产品的技术进步，为合成润滑油基础油的民用发展提供了机遇。酯类油在作为压缩机油、高速齿轮油、民用燃气涡轮发动机油等方面，明显地比使用矿物润滑油基础油为用户带来更大的经济效益。现在酯类油成为合成润滑剂领域中产量上仅次于聚醚和聚 α-烯烃之后的第三位。

# 第三节　合成烃类基础油的制备

合成烃类润滑油基础油是由化学合成方法制备的烃类润滑油基础油。合成烃类润滑油基础油由碳与氢两种元素组成，与矿物润滑油基础油相同，因此具有许多与矿物润滑油基础油相同的性能。合成烃类润滑油基础油包括聚 α-烯烃、聚丁烯、烷基苯和合成环烷烃四类。全世界合成烃类润滑油基础油的年用量约占合成润滑油基础油年产量的 1/3，是合成润滑油基础油的一大类产品。

## 一、聚 α-烯烃合成基础油

为区别于加氢低聚油，把由馏分烯烃聚合成的润滑油基础油称为聚 α-烯烃合成基础油（PAO）。聚 α-烯烃合成基础油是由 α-烯烃（$C_8 \sim C_{10}$）在催化剂作用下聚合（主要为三聚体、四聚体、五聚体），经脱催化剂后处理、蒸馏、加氢而获得的具有比较规则的长链烷烃。其结构式为：

$$n\text{RCH}=\text{CH}_2 \longrightarrow \text{CH}_3-\underset{\text{R}}{\text{CH}}\underset{\text{R}}{\overset{}{\left[\text{CH}_2-\text{CH}\right]}}_{n-2}\text{CH}_2-\underset{\text{R}}{\text{CH}}_2$$

式中，$n$ 为 $3 \sim 5$；R 为 $C_m H_{2m+1}$（$m$ 为 $6 \sim 10$）。

聚 α-烯烃油依聚合度不同，分为低聚合度、中聚合度、高聚合度等三种。聚 α-烯烃油是合成烃类润滑油基础油中用量最大的品种，也是合成润滑油基础油中综合性能优良的油品，与酯类油一样是近几年来需求量增长最快的合成润滑油基础油。

1. 聚 α-烯烃合成基础油的制备

聚 α-烯烃合成基础油常用的生产方法主要有石蜡分解法和乙烯低聚合法两种。前者通常采用石蜡为原料，经高温裂解得到 α-烯烃聚合而得，但由于裂解产物中杂质较多，聚合产物质量较差；后者为乙烯低聚的产物，质量较好但成本较高。我国原油一般含蜡量较高，石蜡资源丰富，α-烯烃主要由石蜡裂解制得。

用 α-正烯烃以氯化铝为催化剂进行聚合反应时，包括聚合、催化剂分离、蒸馏和加氢四个工艺过程。图 3-3 为聚 α-烯烃合成油生产工艺流程示意图。

2. 聚 α-烯烃合成基础油的性能特点

（1）聚 α-烯烃油具有优良的物理性能　聚 α-烯烃油与同黏度的矿物润滑油基础油相比，具有倾点低、黏度指数高、蒸发损失小的优点。数据表明：各种碳数 α-烯烃的三聚体和四聚体都具有较高的黏度指数、较低的倾点和低温黏度，尤其是 $C_8 \sim C_{12}$ 的 α-烯烃的三聚体和四聚体最适合制备性能优良的润滑油。

（2）聚 α-烯烃油的热安定性与双酯类油相当，优于矿物润滑油基础油　由于聚 α-烯烃油主要由异构烷烃组成，加氢后基本上不含芳烃和胶质，因此聚 α-烯烃油在高温下使用不易生成积炭。聚 α-烯烃油的热安定性的顺序是二聚体优于三聚体，三聚体优于四聚体。原因是聚 α-烯烃油最不稳定的部分是分子中与叔碳原子相连的部分，即分子碳链中的支链；

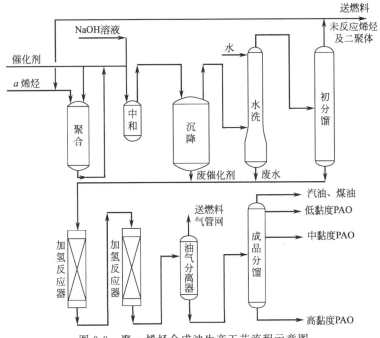

图 3-3 聚 α-烯烃合成油生产工艺流程示意图

由于高的低聚体中含有较多的支链，因此较易热降解。聚 α-烯烃油与双酯或多元醇酯的混合油具有很好的热安定性，这种混合油可在许多高档润滑油中广泛使用。

（3）聚 α-烯烃油对添加剂的感受性好，与矿物润滑油基础油相比，具有更好的氧化安定性 聚 α-烯烃油与矿物润滑油基础油相比具有更好的氧化安定性。聚 α-烯烃油不加添加剂时高温氧化安定性并不好，而矿物润滑油基础油中由于含有天然的抗氧剂（硫、氮杂质），在某种程度上有一定的抗氧化效果。聚 α-烯烃油对抗氧化添加剂的感受性特别好，例如 PAO6 油在 175℃ 下氧化 18h，酸值（以 KOH 计）达到 2.0mg/g，加入 0.5％丁基二硫代氨基甲酸锌后，在相同条件下，达到同一酸值的时间需要 104h。

（4）聚 α-烯烃油无毒，对皮肤的浸润性好 聚 α-烯烃油纯度高，尤其是由乙烯低聚的 α-烯烃聚合油，油中不含芳烃，因此无毒且对皮肤无刺激。对大老鼠经口急性中毒的半数致死量 $LD_{50}$ 大于 15g/kg。用聚 α-烯烃油制备的白油可以符合食品级白油的规格要求。聚 α-烯烃油对皮肤及毛发的浸润性好，可用于生产化妆品、润肤液和护发素。

（5）聚 α-烯烃油会使某些橡胶轻微收缩和变硬 聚 α-烯烃油主要由线性异构烷烃组成，对某些极性较强的添加剂的溶解性较差。使用聚 α-烯烃油会使某些橡胶轻微收缩和变硬，一般在用聚 α-烯烃油作为润滑油基础油时要加入部分酯类油，以改善对橡胶的膨胀性能。

3. 聚 α-烯烃合成基础油的应用

由于聚 α-烯烃合成基础油具有比较全面的优良性能，因此具有广泛的用途，特别适用于制备高温下使用的润滑油及低温下使用的油品。低聚合度 PAO 用作航空液压油、汽车发动机油等，美国的 MIL-H-83282 就是低聚合度 PAO 航空液压油。中聚合度 PAO 可用作制备发动机油、压缩机油和电缆油等的润滑油基础油。高聚合度 PAO 可用作制备压缩机油、齿轮油、拉拔油、压延油和其他金属加工用油等的润滑油基础油。

**二、聚丁烯合成基础油**

聚丁烯是以异丁烯为主和少量正丁烯共聚而成的液体。聚丁烯的结构几乎都是长链，而且分子结构中含有一个双键，是一种单烯烃。聚丁烯的结构式为：

$$(CH_3)_3—C—[CH_2—C(CH_3)_2]_n—CH_2—C=CH_2$$
$$CH_3$$

式中，$n=3\sim70$。

1. 聚丁烯合成基础油的制备

（1）反应原理　聚丁烯合成基础油是由丁烯阳离子在弗瑞德-克来福特催化剂存在的条件下相互聚合而得的聚合物。一般认为，它的反应要经历链引发、链增长和链终止三个阶段。反应式如下：

① 链引发反应

$$AlCl_3+H_2O \longrightarrow H[AlCl_3(OH)] \Longleftrightarrow H^+ + [AlCl_3(OH)]^-$$

$$CH_3 \qquad\qquad\qquad CH_3$$
$$CH_2=C \quad + H^+ \longrightarrow CH_3—C^+$$
$$CH_3 \qquad\qquad\qquad CH_3$$

② 链增长反应

$$CH_3—C^+ \quad + (n+1)CH_2=C \longrightarrow CH_3—C(CH_2—C)_n CH_2—C^+$$

③ 链终止反应

$$CH_3—C(CH_2—C)_n CH_2—C^+ \xrightarrow{-H^+} CH_3—C(CH_2—C)_n CH_2—C$$

（2）生产工艺流程　世界上大部分聚丁烯的生产工艺都是采用美国 Cosden 石油公司和美国 Amoco 石油公司的制备方法。

美国 Cosden 石油公司以石油裂解或烷烃脱氢的 $C_3 \sim C_4$ 馏分为原料，以氯化铝为催化剂聚合而得；美国 Amoco 石油公司以丁烷-丁烯馏分为原料，采用颗粒状氯化铝催化剂聚合而得。聚丁烯油的生产工艺流程简图如图 3-4 所示。

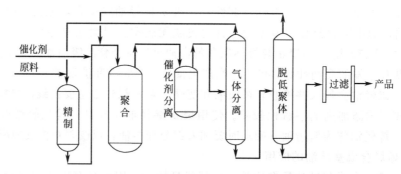

图 3-4　聚丁烯油的生产工艺流程简图

2. 聚丁烯合成基础油的性能

随着分子量的增加，聚丁烯油由油状液体至蜡状半固体，一般低分子聚丁烯具有较低的倾点。

聚丁烯油在不太高的温度下会全部热分解而不留残余物。例如分子量为 330 的聚丁烯油在 100℃ 左右开始热分解，至 200℃ 可分解 70%，至 300℃ 左右全部热分解。而分子量为

3650 的聚丁烯蜡状半固体在接近 200℃时开始热分解，在 350℃左右也几乎全部分解。聚丁烯油的这种特性最适合用作淬火油、高压压缩机油及二冲程发动机油。

聚丁烯由于不含蜡状物质，所以具有较好的电气特性。另外，聚丁烯的氧化安定性较好，经 115℃加热 48h 后，介电率仅从 2.15～2.19 增长到 2.17～2.20。

### 三、烷基苯合成基础油

烷基苯合成基础油是合成烃类润滑油基础油的一类主要品种，它与聚 α-烯烃及聚丁烯合成基础油的不同之处是结构中含有芳环。根据烷烃碳链的多少，烷基苯可分为单烷基苯、二烷基苯和多烷基苯。作为合成润滑油基础油的组分，主要为二烷基苯和三烷基苯。烷烃碳链为直链的称为直链烷基苯，烷烃碳链为支链的称为支链烷基苯。

1. 烷基苯合成基础油的制备

制备烷基苯的方法主要有下列几种。

（1）支链烷基苯的制备　用轻油裂解气体或炼厂气体中分离、提纯的丙烯在磷酸催化剂作用下经聚合获得四聚丙烯，再在 HF 催化剂存在下与苯进行烷基化，获得支链烷基苯。

（2）烯烃法生产直链烷基苯　将煤油经分子筛脱蜡获得正构烷烃，在铂催化剂存在下脱氢得到直链烯烃，再在 HF 催化剂作用下与苯进行烃化，得到直链烷基苯。

（3）烷烃法生产直链烷基苯　将煤油经分子筛或尿素脱蜡获得正构烷烃，再进行氯化，得到正构氯化烷烃，再在 $AlCl_3$ 催化剂存在下进行烷基化，制得直链烷基苯。

（4）石蜡裂解法制直链烷基苯　用石蜡裂解制得的 α-烯烃，切取所需碳数的馏分，再进行烷基化，制得直链烷基苯。

（5）用乙烯低聚的 α-烯烃经烷基化获得直链烷基苯　上述过程的烷基化产品，经蒸馏切出单烷基苯作洗涤剂原料后，其重烷基苯一般为二、三及多烷基苯混合物，可作为烷基苯合成基础油使用。

二烷基苯的性能最适宜于作为合成润滑油基础油。制取用作合成基础油的二烷基芳烃主要有下列三种方法。

① 芳烃用氯化石蜡烷基化。一般采用 $C_8$～$C_{18}$ 的氯化石蜡，以氯化铝为催化剂，与苯、甲苯或二甲苯烷基化，从反应产物中分出在 665Pa 压力下沸点高于 173℃的馏分。这个馏分中含高达 90% 的二烷基芳烃，含单烷基芳烃和缩合芳烃大约不到 10%。这种油的凝点低于 −34℃，闪点高于 193℃，黏度指数大于 70。

② 烷基苯的歧化和烷基转移。许多专利都报道了用单烷基苯歧化制取二烷基苯的方法。例如，将 $C_8$～$C_{18}$ 的单烷基苯在有 HF 和 $BF_5$ 配合催化剂存在下歧化，可以得到 85% 以上的二烷基苯和 15% 的烷基四氢萘。

③ 用高级烯烃使芳烃烷基化。烯烃是由煤油经分子筛脱蜡所得的正构烷烃进行脱氢，或由蜡裂解或乙烯低聚的 α-烯烃而得，用以制备直链烷基苯。也可用轻油裂解的高纯度丙烯，在催化剂作用下获得三聚或四聚丙烯，用以制备支链烷基苯。烯烃与芳烃烷基化的催化剂可用氯化铝或氢氟酸。使用氢氟酸作催化剂可限制烯烃的异构化、重排、聚合和环化等副反应，所得烷基苯油纯度高、高沸点组分含量少、性能稳定，收率也高。

2. 烷基苯合成基础油的性能和应用

烷基苯合成基础油具有优良的低温性能，蒸发损失小，油中不含硫、氮等杂质，氧化后的沉淀少，电气性能好，与矿物润滑油基础油能以任意比例混合。烷基苯合成基础油的性质取决于分子中的侧链数、烷基中的碳原子数及其结构。带直链的烷基苯比带支链的烷基苯倾点低、黏度指数高、热安定性好。带 $C_{13}$ 链的二烷基苯的黏度与凝点最适宜用于调制各种低温润滑油。烷基苯的缺点是对某些橡胶有溶胀的作用。

早期，烷基苯在工业上不是作为润滑剂，而是作为生产日用洗涤剂时的磺化原料。1965 年以前，通常用丙烯四聚体制取十二烷基苯，其烷基的支链化程度很高，后因用它制备的硬型洗涤剂在水中不易分解、排放后污染河流而被淘汰，后来改用直链烷基苯制备软型洗涤剂，直链烷基苯可被生物降解，不污染环境。在制备洗涤剂用直链烷基苯时，可得到约占总量 10% 的重烷基苯，它具有较低的凝点、很高的黏度指数和较高的热安定性，能作为四季通用油而广泛应用在寒冷地区。1970 年美国大陆石油公司开始在加拿大和阿拉斯加出售以二烷基苯为基础油的润滑油产品。目前，因烷基苯具有优良的电气性能和低温流动性、较好的热安定性的优点，主要用来制备电器绝缘油、寒区用多级发动机油、低温液压油、齿轮油、冷冻机油以及润滑脂基础油。

烷基苯油是良好的冷冻机润滑油，特别是用在氟里昂系列冷冻机润滑上，具有良好的相溶性，因而大量用在电冰箱和家用空调器的冷冻机润滑上。

# 第四节　聚醚合成油

聚醚以环氧乙烷、环氧丙烷、环氧丁烷或四氢呋喃等为原料，开环均聚或共聚制得的线型聚合物，其结构通式为：

$$R^1-O-[\underset{R^2}{CHCH_2O}-(\underset{R^3}{CH_2CH})_x-O]_n-R^4$$

式中，$n$ 为 2～500。

当 $x=1$ 时，$R^2=R^3=H$，称为环氧乙烷均聚醚；$R^2=R^3=CH_3$，称为环氧丙烷均聚醚；$R^2=CH_3$，$R^3=H$，称为环氧丙烷-环氧乙烷共聚醚；$R^2=CH_3$，$R^3=C_2H_5$，称为环氧丙烷-环氧丁烷共聚醚。

当 $x=2$ 时，$R^2=CH_3$，$R^3=H$，称为环氧丙烷-四氢呋喃共聚醚；$R^1=H$，$R^4=$烷基，称为单烷基醚；$R^1=R^4=$烷基，称为双烷基醚。

## 一、单体的合成

生产聚醚的单体有：环氧乙烷、1,2-长链环氧烷、环氧丙烷、四氢呋喃和环氧丁烷。

1. 环氧乙烷的合成

制取环氧乙烷的方法有氯醇法和直接氧化法两种，由于氯醇法生产成本高，产品质量差，现在几乎全部被直接氧化法所替代。

（1）氯醇法　反应分两步进行，乙烯先经次氯酸化生成氯乙醇，再用石灰乳液皂化而得到环氧乙烷。

（2）直接氧化法　采用空气或氧气作为氧化剂，银作为催化剂，进行乙烯直接气相催化反应。反应条件为：温度为 200～300℃，压力为 1.0～2.0MPa，乙烯浓度为 3%～5%。壳牌公司与日本触媒公司均采用此法。

$$CH_2=CH_2+\frac{1}{2}O_2 \longrightarrow CH_2-CH_2$$
$$\diagdown O \diagup$$

副反应为乙烯完全燃烧：

$$CH_2=CH_2+3O_2 \longrightarrow 2CO_2+2H_2O$$

工艺流程如图 3-5 所示，将经过净化的空气或氧气、乙烯与循环气混合后送入多管式反应器，反应器内装有银催化剂，外部用热载体循环以调节反应温度，反应生成的气体进

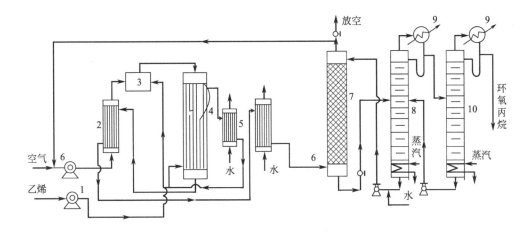

图 3-5　乙烯直接氧化制环氧乙烷工艺流程

1—原料鼓风机；2—热交换器；3—混合器；4—反应器；5—冷却器；6—压缩机；

7—吸收塔；8—闪蒸塔；9—冷凝器；10—精馏塔

吸收塔用水洗使环氧乙烷分离出来，未反应的乙烯与惰性气体分离后回反应器循环使用。分离后的水溶液经闪蒸塔与水进一步分离，最后在精馏工段分离出产品。

#### 2. 环氧丙烷的合成

工业化生产环氧丙烷有三条工艺路线。

(1) 氯醇法　丙烯与氯、水反应生成氯丙醇，经石灰乳皂化得环氧丙烷，其反应式如下，收率为 85%，工艺流程见图 3-6。

$$Cl_2 + H_2O \longrightarrow HClO + HCl$$

$$CH_2=CH-CH_3 + HClO \longrightarrow \underset{\substack{| \\ OH}}{CH_3-CH}-\underset{\substack{| \\ Cl}}{CH_2} + \underset{\substack{| \\ Cl}}{CH_3-CH}-\underset{\substack{| \\ OH}}{CH_2}$$

$$(\alpha \text{型，占}90\%) \qquad\qquad (\beta \text{型，占}10\%)$$

$$\xrightarrow[\substack{-HCl}]{+OH^-} \quad \underset{\diagdown O \diagup}{CH_2-CH}-CH_3 + Cl^- + H_2O$$

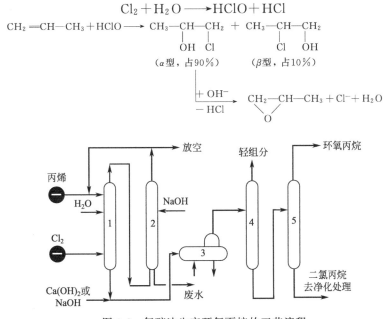

图 3-6　氯醇法生产环氧丙烷的工艺流程

1—吸收反应塔；2—苛化塔；3—闪蒸塔；4—轻组分塔；5—精馏塔

氯醇法技术成熟，工艺稳定，易于操作，对原料丙烯质量要求不甚严格；随着烧碱工业的发展，氯气来源充足，生产过程也较安全。缺点是耗费氯量大，其理论氯耗量为1.21t/t，实际耗量达 1.3～1.4t/t；另外，副产物多，每生产 1t 环氧丙烷就要生成 5%～

7%氯化钙溶液 40～50t，同时还副产用途有限的二氯丙烷和二氯异丙醚。针对上述缺点，可采用氢氧化钠代替石灰乳，皂化后生成氯化钠溶液，再用于电解制氯。

（2）哈康法 哈康法是 20 世纪 70 年代问世的，有两种工艺过程。

① 以异丁烷、丙烯为原料，通过氧化生成环氧丙烷和异丁醇。其反应式如下：

$$2CH_3-\overset{\overset{\displaystyle CH_3}{|}}{\underset{\underset{\displaystyle CH_3}{|}}{C}}-H + \frac{3}{2}O_2 \longrightarrow CH_3-\overset{\overset{\displaystyle CH_3}{|}}{\underset{\underset{\displaystyle CH_3}{|}}{C}}-OOH + CH_3-\overset{\overset{\displaystyle CH_3}{|}}{\underset{\underset{\displaystyle CH_3}{|}}{C}}-OH$$

$$CH_3-\overset{\overset{\displaystyle CH_3}{|}}{\underset{\underset{\displaystyle CH_3}{|}}{C}}-OOH + CH_3-CH=CH_2 \longrightarrow CH_3-\underset{\underset{\displaystyle O}{\diagdown\diagup}}{CH-CH_2} + CH_3-\overset{\overset{\displaystyle CH_3}{|}}{\underset{\underset{\displaystyle CH_3}{|}}{C}}-OH$$

② 以乙苯和丙烯为原料，通过氧化直接合成苯乙烯和环氧丙烷。该工艺的优点是原料价格低廉，所用设备材质为一般碳钢，副产物通过分离可得到多种有价值的产品；缺点是对原料质量要求较高，操作条件严格，回收副产物溶剂耗量较大。其反应式为：

$$C_6H_5-CH_2CH_3 + O_2 \longrightarrow C_6H_5-CH(OOH)CH_3$$

$$C_6H_5-CH(OOH)CH_3 + CH_3-CH=CH_2 \longrightarrow CH_3-\underset{\underset{\displaystyle O}{\diagdown\diagup}}{CH-CH_2} + C_6H_5-CH(OH)CH_3$$

$$C_6H_5-CH(OH)CH_3 \longrightarrow C_6H_5-CH=CH_2 + H_2O$$

（3）直接氧化法 直接氧化法是继氯醇法、哈康法之后出现的新工艺。

① 方法一。在极性溶剂乙腈或丙酮中加入亚硝酸钠或亚硝酸钠与硝酸钠的混合物，在搅拌下迅速通入丙烯、氧气及适量的二氧化硫，在 27℃下反应 9h，即可得到唯一高质量的产品环氧丙烷。

② 方法二。以四氯化碳作溶剂，在 60℃下通入丙烯与氧的混合物，其摩尔比为 2∶1，然后再导入适量的四氧化二氮，反应 1h 便可得到环氧丙烷。

直接氧化法的优点是产品收率高、质量好、设备简单、材质易得、副产品甚少，便于处理"三废"。

**二、聚醚的制备**

1. 环氧乙烷加成聚合反应

（1）环氧乙烷的水合 环氧乙烷的水合反应分为催化水合和直接水合两种，水合可在常压或加压下进行。常压水合以无机酸作催化剂，副产物多。

$$\underset{\underset{\displaystyle O}{\diagdown\diagup}}{CH_2CH_2} + H_2O \xrightarrow{H_2SO_4} HOCH_2CH_2OH \longrightarrow HO\!\!\left(\!CH_2CH_2O\!\right)_{\!2}\!\!H \text{ 或 } HO\!\!\left(\!CH_2CH_2O\!\right)_{\!3}\!\!H$$

（2）脂肪醇乙氧基化反应 脂肪醇在碱性催化剂存在下和环氧乙烷发生乙氧基化反应。第一种情况，当反应温度在 135～190℃时，所用催化剂不同对反应速率没有明显差别；第二种情况，当温度低于 130℃时，则反应速率随催化剂的性质而异。碱性催化剂的催化活性顺序如下：

烷基醇钾＞丁醇钠＞氢氧化钾＞烷基醇钠＞乙醇钠＞甲醇钠＞氢氧化钠

工业上常用甲醇、乙醇、丁醇作起始剂，反应产物是混合物，控制脂肪醇与环氧乙烷的比率，可得到不同聚合度的聚乙二醇单醚。如果比率很高，可得到乙二醇单醚；比率偏低，可制得二乙二醇单醚、三乙二醇单醚以及四乙二醇单醚；比率很低时，就可制得聚乙二醇单醚，其结构如下：

$$RO(CH_2CH_2O)_{\overline{n}}H$$

第一种情况（反应温度为 135～190℃）属离子型反应机理，催化剂的作用是将脂肪醇（通常称为起始剂）生成烷氧基阴离子，整个反应分三步进行。

① 链引发

$$ROH + OH^- \Longrightarrow RO^- + H_2O$$

$RO^-$ 的浓度虽然很小，但碱性比 $OH^-$ 强，它与环氧乙烷反应生成负离子起引发作用。

$$RO^- + CH_2{-}CH_2 \underset{O}{\phantom{}} \longrightarrow ROCH_2CH_2O^-$$

② 链增长

$$ROCH_2CH_2O^- + nCH_2{-}CH_2 \underset{O}{\phantom{}} \longrightarrow RO(CH_2CH_2O)_{\overline{n}}CH_2CH_2O^-$$

③ 链终止

$$RO(CH_2CH_2O)_{\overline{n}}CH_2CH_2O^- + H_2O \longrightarrow RO(CH_2CH_2O)_{\overline{n}}CH_2CH_2OH + OH^-$$

第二种情况（反应温度低于 130℃）用离子机理无法解释，从而提出如下的离子对机理。

（3）脂肪酸乙氧基化反应　脂肪酸聚乙二醇酯可由脂肪酸与环氧乙烷直接反应得到，也可以由脂肪酸与聚乙二醇反应而得，工业生产中大都在强碱性催化剂作用下由脂肪酸与环氧乙烷合成。其基本反应如下：

$$RCOOH + nCH_2{-}CH_2 \underset{O}{\phantom{}} \longrightarrow RCOO(CH_2CH_2O)_{\overline{n}}H$$

$$RCOOH + HO(CH_2CH_2O)_{\overline{n}}H \longrightarrow RCOO(CH_2CH_2O)_{\overline{n}}H + H_2O$$

前一反应为脂肪酸与环氧乙烷的乙氧基化反应。后一反应为脂肪酸与聚乙二醇的酯化反应。由于酯交换作用，两个反应会产生相似的产物。

$$2RCOO(CH_2CH_2O)_{\overline{n}}H \Longrightarrow RCOO(CH_2CH_2O)_{\overline{n}}OCR + HO(CH_2CH_2O)_{\overline{n}}H$$

无论采用哪种反应，均得到相同比例的聚乙二醇单酯、双酯和聚乙二醇。

2. 环氧丙烷加成聚合反应

环氧丙烷同环氧乙烷一样，可同含有活泼氢原子的水、醇、胺发生开环聚合反应，得到聚丙二醇及其衍生物，它们是聚醚润滑剂的主要组分。由于这类聚醚品种繁多，性能、用途各不一样，这里仅介绍具有代表性的聚合反应和产物。

（1）水-环氧丙烷缩合反应　环氧丙烷同水反应生成丙二醇。当环氧丙烷过量时，还可得到聚丙二醇。

$$H_2O + n CH_2\!-\!\underset{\underset{O}{|}}{CH}\!-\!\overset{CH_3}{|} \longrightarrow HO\!\!\left(\!CH\!-\!CH_2\!-\!O\!\right)_{\!\!n-1}\!\!\overset{CH_3}{|}C_3H_6OH$$

　　由于乙二醇的毒性问题，目前西方各工业国家逐步用丙二醇配制防冻液，使得丙二醇的产量有较大的增加。

　　(2) 醇-环氧丙烷的缩合反应　　在碱性催化剂存在下，环氧丙烷同丙二醇或其他多元醇进行聚合。这个反应属阴离子型逐步加成反应。虽然也分成链引发、链增长和链终止三个阶段，同环氧乙烷的开环聚合完全一样，但所得产物的结构却不像聚乙二醇那样单一，分子结构存在多种形式。

　　① 头尾结构

$$-\overset{\underset{|}{C}}{C}\!-\!C\!-\!O\!-\!\overset{\underset{|}{C}}{C}\!-\!C\!-\!O\!-$$

　　② 头头与尾尾交错结构

$$-O\!-\!C\!-\!\overset{\underset{|}{C}}{C}\!-\!O\!-\!C\!-\!\overset{\underset{|}{C}}{C}\!-\!O\!-\!\overset{\underset{|}{C}}{C}\!-\!C\!-\!O\!-\!\overset{\underset{|}{C}}{C}\!-\!C\!-\!O\!-$$

　　③ 无规结构

$$-\overset{\underset{|}{C}}{C}\!-\!C\!-\!O\!-\!\overset{\underset{|}{C}}{C}\!-\!C\!-\!O\!-\!\overset{\underset{|}{C}}{C}\!-\!\overset{\underset{|}{C}}{C}\!-\!O\!-\!\overset{\underset{|}{C}}{C}\!-\!C\!-\!O\!-$$

　　(3) 胺-环氧丙烷的缩合反应　　脂肪胺是一种弱碱，在常用催化剂（氢氧化钠、氢氧化钾、烷醇钠）的作用下，质子交换反应不显著。脂肪胺可以和环氧丙烷在无催化剂存在下直接反应。

$$RNH_2 + CH_2\!-\!\underset{\underset{O}{|}}{CH}\!-\!\overset{CH_3}{|} \longrightarrow RNHCHCH_2OH\ \overset{CH_3}{|}$$

$$RNHCHCH_2OH \overset{CH_3}{|} + CH_2\!-\!\underset{\underset{O}{|}}{CH}\!-\!\overset{CH_3}{|} \longrightarrow RN\!\!\begin{array}{l}\overset{CH_3}{|}\\CHCH_2OH\\\\CHCH_2OH\\\underset{CH_3}{|}\end{array}$$

　　反应温度为 $90\sim110\,^\circ\!C$ 时，可得到 $N,N$-(双羟丙基)烷基胺。当以 $N,N$-(双羟丙基)烷基胺作为起始物时，在常压和氢氧化钾存在下，继续同环氧丙烷反应得到

$$R\!-\!N\!\!\begin{array}{l}\overset{CH_3}{|}\\CHCH_2O\!\!\left(C_3H_6O\right)_{\!\!n_1}\!\!H\\\\CHCH_2O\!\!\left(C_3H_6O\right)_{\!\!n_2}\!\!H\\\underset{CH_3}{|}\end{array}$$

类似的胺-环氧丙烷缩合物还有

$$\begin{array}{cc}\overset{CH_3}{|} & \overset{CH_3}{|}\\H(OCH_2CH)_{n_3} & (CHCH_2O)_{\overline{n_1}}H\\\qquad\!\!\!\diagdown & \diagup\\\qquad NCH_2\!\cdot\!CH_2N\\\qquad\!\!\!\diagup & \diagdown\\H(OCH_2CH)_{\overline{n_4}} & (CHCH_2O)_{\overline{n_2}}H\\\underset{CH_3}{|} & \underset{CH_3}{|}\end{array}$$

乙二胺含有四个活泼氢，能和环氧丙烷强烈反应，生成四（乙羟丙基）-乙二胺，反应温度为 90～110℃。

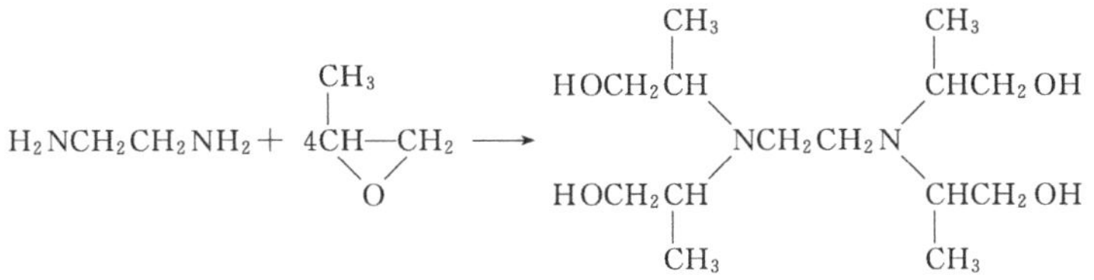

在氢氧化钾存在下（其用量为环氧丙烷质量的 0.5%～1%），温度为 110～120℃时，在常压下继续同环氧丙烷反应得到上述胺醚。

用作合成润滑油基础油的三乙醇胺-环氧丙烷缩合产物结构式为：

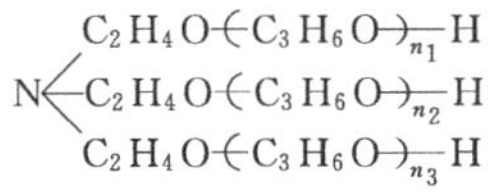

$$N \begin{cases} C_2H_4O(C_3H_6O)_{n_1}H \\ C_2H_4O(C_3H_6O)_{n_2}H \\ C_2H_4O(C_3H_6O)_{n_3}H \end{cases}$$

用作水-乙二醇抗燃液压液稠化剂的多亚乙基多胺与环氧乙烷、环氧丙烷的无规共聚物都是按上法制得的。

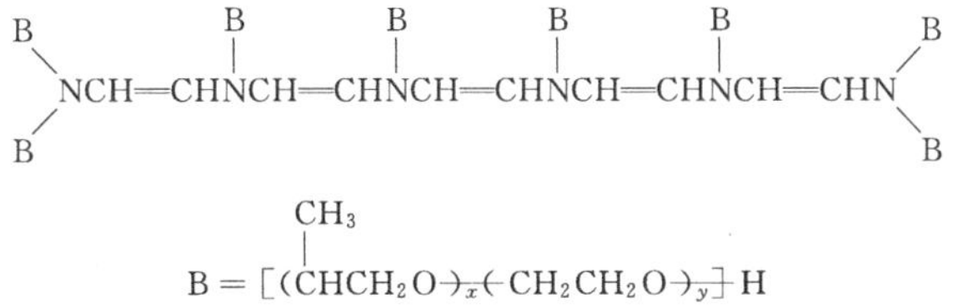

$$B = \left[ (CHCH_2O)_x (CH_2CH_2O)_y \right] H$$
$$\qquad\quad CH_3$$

式中，$x$ 为环氧丙烷的单元数；$y$ 为环氧乙烷的单元数。

3. 聚醚的制备工艺

（1）单体的精制 环氧（烷）单体往往含有杂质，其中最为有害的是醛类化合物。环氧烷中的醛是聚醚聚合的阻聚剂，醛含量增加，诱导期延长，聚合速率降低。当醛含量高至一定量时，严重影响开环聚合，有的甚至根本不聚合。因此，环氧烷中的醛含量必须控制在一定数值之内。下面介绍几种常用的脱醛技术。

① 羟烷基肼化合物法。该法用以羟烷基肼为主要成分的混合物作脱醛剂，可直接加到环氧烷的生产装置中，制得的环氧烷含醛量低于 100mg/kg。在脱醛过程中，脱醛剂与醛类物质发生如下反应：

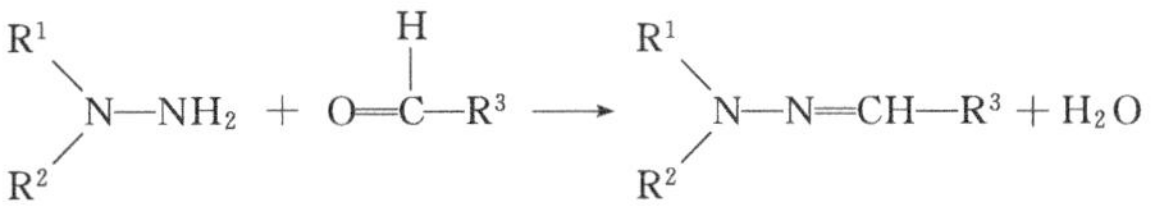

式中，$R^1$、$R^2$ 为羟烷基或氢原子，$R^1$、$R^2$ 中最好有一个为羟丙基或羟乙基，至少有一个不是氢原子。

在常温下，脱醛的反应速率远大于脱醛剂与环氧烷反应的反应速率，脱醛剂及其反应产物均溶于环氧烷中，反应产物的沸点比环氧烷高得多，其热稳定性也好，因此，在蒸馏过程中反应产物易与环氧烷分开。

② 碱金属氢化物法。该法是脱醛的经典方法。碱金属氢化物（$LiAlH_4$、$CaH_2$、$NaBH_4$ 和 $KBH_4$）具有强烈的还原性能，与醛类物质定量反应，生成对应的醇类化合物。例如，在 155kg 醛含量为 70mg/kg 的环氧乙烷中，加入硼氢化钾或硼氢化钠 6～12g，使用直接固体分散法或配制成溶液，均可使环氧乙烷中的醛含量小于 10mg/kg。

③ 分子筛吸附法。将气相环氧烷通过一定孔径的 5A 分子筛后，醛化合物被选择吸收。反应器可为固定床，也可为流动床，处理后的醛含量小于 40mg/kg。

④ 相转移法。用聚乙二醇 400 为相转移催化剂，与环氧烷充分搅匀，在 0℃保持 15h，蒸馏后醛含量下降到 200mg/kg 以下。

⑤ 树脂交换法。将含有少量水的液相环氧烷与一定量的聚胺型弱碱性阴离子交换树脂装入釜式反应器中脱醛，2h 后脱醛率在 47.4% 以上，最高可达 98.69%。

（2）聚合工艺 环氧烷的聚合工艺有间歇式和连续式两种。间歇式工艺成熟，易于操作，但处理量小；连续式工艺条件要求苛刻，处理量大。

① 间歇式。间歇聚合采用聚合釜，工业上按加料方式又分连续滴加式与循环式两种。连续滴加式的操作方法为：先将催化剂和引发剂加入聚合釜中，用氮气置换空气后，加热真空脱水，然后升温，单体由聚合釜的底部逐渐通入，控制加料速度和冷却水量以调节聚合温度，当计算的单体量加完后，釜内的压力降低至常压，反应结束。

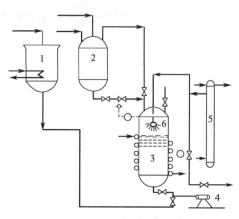

图 3-7 循环式间歇聚合装置

1—引发剂计量槽；2—单体计量槽；3—反应器；
4—计量泵；5—热交换器；6—文丘里喷管

循环式的操作流程见图 3-7。将催化剂和引发剂在计量槽中加热到 150～160℃进行干燥，由循环泵将循环物料送入反应器中的文丘里喷管，借助循环喷出的速度形成真空，抽入气化的单体，在喷管中得到充分的混合与反应，然后喷入反应器中，反应温度保持在 150～175℃，借助反应器外的蛇形管及循环系统的热交换器传递热量，当按计量所需的单体全部加完后，反应产物就可送入成品罐。按此操作工艺，物料混合好，反应速率较快，设备生产能力大，温度较易控制，产品质量较好。

② 连续式。连续式有管式反应器与多塔串联两种，均适合大规模生产。多塔串联工艺流程为：单体与引发剂、催化剂混合物从第一塔进入，依次通过各塔完成聚合反应。并可通过调节各塔的操作条件和催化剂浓度以控制聚合物的分子量。如以三乙醇胺为起始剂，氢氧化钾为催化剂，生产环氧丙烷均聚醚为例，其生产流程如图 3-8 所示。

四个反应器的容积比为 1.3∶2.28∶4.10∶4.75。各塔中备有规定分子量的聚醚（分子量分别为 690、1220、1850 和 2410），各塔反应温度均为 115℃。操作时，先将三乙醇胺和部分环氧丙烷加入计量槽，用泵连续送至第一塔底部，使塔中液相聚醚组分中环氧丙烷和三乙醇胺的摩尔比保持为 9.75∶1，在另一处加入 10mol 环氧丙烷，作气化搅拌和循环用，并可带走聚合热，未反应的过量环氧丙烷由塔顶逸出，进入冷凝器至受槽，和新加入的物料一起再由泵从塔底送入。在 5-1 塔反应消耗环氧丙烷 9.75mol。5-3、5-4 塔的操作也同前，5-4 塔溢流出的聚醚即为粗产品。催化剂由四个塔的加料槽连续加入，总浓度控制在 0.4%。总环氧丙烷和三乙醇胺的摩尔比为 39∶1。

由四个塔的中心部位定期取样分析，测定平均分子量和催化剂浓度，如分子量太低，可以借升高反应温度、增加催化剂的浓度等办法进行调节。

**三、聚醚合成油的性能特点**

聚醚合成油的性质取决于聚醚分子中烷链的长度、主链中环氧烷的类型与比例、分子

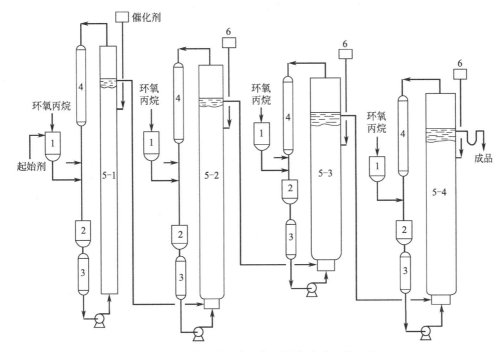

图 3-8　多塔连续生产环氧丙烷均聚醚工艺流程

1—计量槽；2—受槽；3—冷却器；4—冷凝器；5—反应器；6—氢氧化钾加料器

量的大小和分布以及端基的类型和浓度。由于上述可变因素很多，因此不同结构聚醚的性质差异很大。

1. 聚醚与矿物润滑油基础油相比黏度范围大，黏度指数高，黏度随温度变化小，倾点低

不同结构的聚醚都能得到 40℃黏度为 8～195000mm²/s 的各类产品。图 3-9 中列出了聚醚类型对黏度指数的影响。黏度的大小与聚醚的分子量和结构有关。随着分子量的增加，黏度也增大。在平均分子量相同时，端基为羟基比端基为醚基的黏度要大。聚醚的黏度指数较高，一般在 150～300。随着分子量及黏度的增加，黏度指数也增加。具有相同黏度的不同类型的聚醚油的黏度指数按下列顺序递减：双醚型、单醚型、双醇型、三醇型，黏度指数的差别随着黏度的增加而减小。环氧乙烷与环氧丙烷无规共聚物的黏度指数要比纯环氧丙烷聚合物的高。聚醚的凝点也由分子中末端的羟基浓度、烷链的性质及聚合度所决定。对同一烷链的聚醚来说，其凝点按双醚型、单醚型、双醇型及三醇型顺序递增。表 3-10 给出了典型聚醚产品的黏度、黏度指数及倾点。

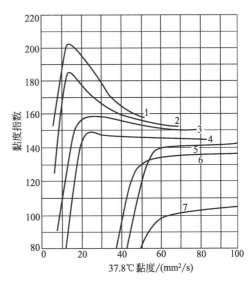

图 3-9　聚醚类型对黏度指数的影响

1—混合环氧烷聚二醇双醚；2—聚异丙二醇双醚；3—混合环氧烷聚二醇单醚；4—聚异丙二醇单醚；5—混合环氧烷聚二醇；6—聚异丙二醇；7—聚丁二醇

表 3-10　典型聚醚产品的黏度、黏度指数及倾点

| 聚醚的结构 | 黏度/(mm²/s) | | 黏度指数 | 倾点/℃ |
|---|---|---|---|---|
| | 100℃ | 40℃ | | |
| 聚环氧乙烷二醇 A | 4.25 | 23.3 | 75 | −6 |
| 聚环氧乙烷二醇 B | 7.23 | 44.5 | 124 | +6 |
| 聚环氧乙烷二醇 C | 10.7 | 65.6 | 154 | +20 |
| 聚环氧丙烷二醇 A | 4.79 | 31.7 | 48 | −45 |
| 聚环氧丙烷二醇 B | 13.4 | 84.7 | 160 | −38 |
| 聚环氧丙烷二醇 C | 23.3 | 149.0 | 187 | −35 |
| 环氧乙烷、环氧丙烷共聚 | | | | |
| 　单丁醚 A | 2.36 | 8.33 | 97 | −65 |
| 　单丁醚 B | 11.10 | 52.00 | 212 | −40 |
| 　单丁醚 C | 25.60 | 132.00 | 230 | −34 |
| 聚环氧丙烷双醚 A | 3.18 | 11.03 | 164 | <−54 |
| 聚环氧丙烷双醚 B | 5.21 | 19.60 | 218 | <−54 |

**2. 醚的溶解性能差别非常大，可以是水溶性，也可以是非水溶性或油溶性**

溶解度的大小在很大程度上取决于聚醚分子中环氧烷的类型、比例和端基结构。聚醚分子量的增加和环氧烷中烷链的增加都会降低它在水中的溶解度。例如对具有代表性的单醚来说，环氧丙烷的均聚物是不溶于水的；环氧乙烷与环氧丙烷的无规共聚物，当环氧乙烷的量超过 25% 时，可溶于水，环氧乙烷的比例越高，水溶性就越好；环氧乙烷的均聚物是完全溶于水的。聚醚端基的羟基被烷基或酯基取代，会降低其在水中的溶解度。值得注意的是，聚醚在水中的溶解度是随温度升高而降低的。聚醚的水溶性可用浊点来判断，浊点是将水溶液的温度升高到出现分层时的温度。浊点在 20℃ 以下的油，在常温下是不溶于水的；浊点在 100℃ 以上的油则可完全溶于水。

图 3-10 表示聚醚的结构与水溶液的浊点关系。

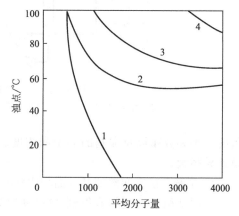

图 3-10　聚醚的结构与水溶液的浊点关系
1—聚环氧丙烷二醇；2—环氧乙烷-环氧丙烷（各 50%）共聚单醚；3—环氧乙烷—环氧丙烷（各 50%）共聚二醇；4—环氧乙烷（75%）-环氧丙烷共聚二醇

**3. 未加抗氧化添加剂的聚醚油的热氧化安定性不及矿物润滑油基础油和其他合成油**

表 3-11 为不加抗氧化添加剂的不同聚醚在高温下的结焦性能。

表 3-11　不同聚醚在高温下的结焦性能

| 名称 | 37.8℃黏度/(mm²/s) | 倾点/℃ | 闪点/℃ | 自燃点/℃ | 蒸发损失(204℃、6.5h)/% | 板式结焦(4h)/mg | |
|---|---|---|---|---|---|---|---|
| | | | | | | 315℃ | 371℃ |
| 聚丙二醇单醚 | 87.50 | −43 | 268 | 388 | 94.3 | 11 | 10 |
| 聚丙二醇双醚 | 55.50 | −51 | 224 | 410 | 11.0 | 52 | 353 |
| 聚乙二醇(分子量 400) | 44.65 | 17 | 249 | 410 | 9.1 | 42 | 386 |
| 聚丙二醇(分子量 750) | 55.80 | −51 | 260 | 398 | 8.5 | 99 | 640 |

加入抗氧化添加剂后，可明显改进其抗氧化能力。聚醚的热氧化是通过生成过氧化自

由基，再与氢反应使聚醚分子断链，最后生成羰基化合物和羧酸。这种氧化降解一直进行到分解成低分子的生成物。在高温下，低分子生成物因气化而挥发，未挥发的氧化产物也可溶于未分解的聚醚中。因此，聚醚在高温氧化后不生成沉积物和胶状物质，这是聚醚的一项重要特性。一般环氧乙烷聚醚比环氧丙烷聚醚稳定，这是因为环氧丙烷聚醚的分子结构中有次甲基，而这种次甲基比环氧乙烷聚醚分子中的亚甲基更不稳定。用环氧乙烷或四氢呋喃与环氧丙烷共聚物代替环氧丙烷均聚物可改善油品的热安定性。

4. 润滑性优于相同黏度的矿物润滑油基础油、烯烃聚合油和双酯，但不及多元醇酯和磷酸酯

聚醚具有极性，几乎在所有润滑状态下都能形成黏附性强、承载能力大的稳定润滑膜。聚醚的润滑性能主要由黏度决定，随着黏度的增加，其润滑性能提高。聚醚分子的结构对润滑性的影响不像对黏度、倾点和水溶性那么大。用 40℃黏度为 220mm²/s 的矿物润滑油基础油与聚醚油在 FZG 齿轮试验机上对比，矿物润滑油基础油的失效负荷为 7～8 级，而聚醚为 10～12 级。用相同黏度的聚丙二醇单醚与石油基液压油进行威克斯泵 750h 运转对比，石油基液压油的泵磨损量为 910mg，而聚丙二醇单醚仅 50mg。

5. 聚醚油的缺点

聚醚油的缺点是不溶于矿物润滑油基础油、酯类油和合成烃；与添加剂的溶解度和感受性属一般；黏压性不如矿物润滑油基础油；能溶解许多橡胶和涂料，仅对环氧树脂、聚脲基涂料和氟橡胶、聚四氟乙烯等密封材料相容。聚醚本身并不抗燃，仅与水调和后才能成为难燃液。

**四、聚醚的应用**

聚醚由于具有许多优良的性能，已成功地被用作高温润滑油、齿轮油、压缩机油、抗燃液压液、制动液、金属加工液以及特种润滑脂基础油，成为合成润滑剂家族中应用最广、产量最大的一类。

# 第五节　其他合成基础油的制备

**一、硅油**

硅油是聚有机硅氧烷中的一部分，其分子主链是由硅原子和氧原子交替连接而形成的骨架；硅油的分子结构可以是直链，也可以是带支链的。硅油的性能与其分子结构、分子量、有机基团的类型和数量以及支链的位置和长短有关。硅油主要用于电子电器、汽车运输、机械、轻工、化工、纤维、办公设备、医药及食品工业等行业领域中。

1. 硅油的种类

硅油主要是指液体的聚有机硅氧烷，它是由有机硅单体经水解缩合、分子重排和蒸馏等过程得到的。最常用的硅油为甲基硅油、乙基硅油、甲基苯基硅油和甲基氯苯基硅油。硅油的分子结构主要有以下几种形式：

$$R-\underset{\underset{R}{|}}{\overset{\overset{R}{|}}{Si}}-O-[\underset{\underset{R}{|}}{\overset{\overset{R}{|}}{Si}}-O]_n-\underset{\underset{R}{|}}{\overset{\overset{R}{|}}{Si}}-R$$

式中，R 为有机基团；n 代表链节数。

R 全部为甲基，称甲基硅油；全部为乙基，称乙基硅油。

当 R 为甲基、苯基时，就形成了另一类常用的甲基苯基硅油。根据所用苯基的不同，

这类硅油有时又分为甲基苯基硅油和二苯基硅油，当部分 R 为氯苯基时，便形成甲基氯苯基硅油，其结构式为：

$$CH_3-Si-O\underset{\displaystyle|}{Si}-O\!\!\underset{m}{\Big]}\!\!-Si-O\!\!\underset{n}{\Big]}\!\!-Si-O\!\!\underset{p}{\Big]}\!\!-Si-CH_3 \quad (x=1\sim5)$$

或者

$$CH_3-Si-O\underset{\displaystyle|}{Si}-O\!\!\underset{m}{\Big]}\!\!-Si-O\!\!\underset{n}{\Big]}\!\!-Si-CH_3 \quad (x=1\sim5)$$

当部分 R 为三氟丙基时，便形成氟硅油，其结构式为：

$$CH_3-Si-O\!\!-Si-O\!\!\underset{n}{\Big]}\!\!-Si-CH_3$$

以上是目前用作合成润滑剂的几类主要硅油。此外，还有甲基含氢硅油、甲基羟基硅油、含氰硅油、烷基硅油等几种特殊硅油。

2. 硅油的性能

（1）黏温性和低温性　硅油的黏温特性好，它的黏温变化曲线比矿物润滑油基础油平稳。硅油是各类合成油中具有最好黏温特性的油品，它可以制备成很高黏度的油品，且黏度指数高，凝点低。二甲基硅油的黏度从 25℃升高到 125℃时约降低 17 倍，而相应的矿物润滑油基础油要降低 1060 倍。这是由于硅氧链具有绕曲性所致。当有机基团取代甲基后，其黏温性能变坏，乙基硅油的黏温特性比甲基硅油差，而甲基苯基硅油又比乙基硅油差。即使是高苯基含量的甲基苯基硅油，其黏温性能也比其他合成油好，比矿物润滑油基础油要好得多。表 3-12 列出了不同品种硅油的黏度、黏度指数、凝点及使用温度范围，并与其他合成油及矿物润滑油基础油进行对比。

表 3-12　硅油的黏温性和低温性

| 名　称 | 黏度/(mm²/s) | | 黏度指数 | 凝点/℃ | 使用温度范围/℃ |
| --- | --- | --- | --- | --- | --- |
| | 100℃ | 40℃ | | | |
| 甲基硅油 | 9.18 | 168 | 430 | −70 | −60～200 |
| 甲基苯基硅油(苯基含量5%) | 25.00 | 600 | 360 | −73 | −70～220 |
| 甲基氯苯基硅油(氯含量7%) | 17.00 | 850 | 340 | −68 | −65～220 |
| 甲基十四烷基硅油 | 166.00 | 1300 | 220 | −20 | −20～180 |
| 甲基三氟丙基硅油 | 30.00 | 20000 | 215 | −48 | −40～220 |
| 聚 α-烯烃油(癸烯三聚体) | 3.70 | 2070 | 122 | ＜−55 | −50～170 |
| 二(2-乙基己基)癸二酸酯 | 3.31 | 1450 | 154 | ＜−60 | −50～175 |
| 季戊四醇四正己酸酯 | 4.18 | 2212 | 127 | −40 | −40～220 |

甲基硅油的凝点一般小于—50℃，随着黏度增大，凝点略有升高。例如 25℃黏度为 2mm²/s 的甲基硅油的凝点为—84℃；1000mm²/s 的油的凝点为—50℃；30000mm²/s 的油的凝点为—44℃。少量苯基取代甲基并引入部分乙基均能降低凝点。苯基含量为 5%的低苯基含量的甲基苯基硅油，其凝点最低。

（2）热稳定性和氧化安定性　硅油在 150℃下长期与空气接触不易变质，在 200℃时与氧、氯接触时氧化作用也较慢，此时硅油的氧化安定性仍比矿物润滑油基础油和酯类油等为好。

硅油与矿物油和其他合成油相比，其挥发度较低。低分子量的甲基硅油具有一定的挥发度，但黏度大于 50mm²/s 的甲基硅油，其挥发度明显降低。甲基苯基硅油的挥发度比甲基硅油的低，苯含量愈高，挥发度就愈低。油品在一定温度下的挥发性也可以反映该油品的热稳定程度，与其他润滑油相比，硅油的挥发性也是很低的。各种硅油与双酯和矿物润滑油基础油的挥发度比较见表 3-13。

**表 3-13　硅油与双酯和矿物润滑油基础油的挥发度比较**

| 润滑油基础油 | 挥发度/% | 润滑油基础油 | 挥发度/% |
|---|---|---|---|
| 甲基硅油 | 0.3 | 低氯苯基硅油 | 1.7 |
| 中苯基硅油 | 0.5 | 重质矿物润滑油基础油 | 15.7 |
| 高苯基硅油 | 0.1 | 二(2-乙基己基)癸二酸酯 | 15.8 |

注：实验条件为 40g 油，149℃，加热 30d。

甲基硅油的长期使用温度范围为—50～180℃，随着分子中苯基含量的增加，使用温度可提高 20～70℃。甲基硅油在 150℃以下一般是热稳定的，它的热分解温度为 538℃，实际上 316℃就开始分解，这是因为 Si—O 键对微量杂质特别敏感，硅油中的微量水、催化剂或某些离子型物质使硅油分子发生了重排作用。

二甲基硅油从 200℃开始才被氧化，生成甲醛、甲酸、二氧化碳和水，质量减小，同时黏度上升，逐渐成为凝胶。约在 250℃以上的高温下，硅链断裂，生成低分子环体。

在二甲基硅油中加入抗氧剂可显著延长硅油的寿命。通常所用的抗氧剂有：苯基-α-萘胺、有机钛、有机铁和有机铈化合物。如在甲基硅油中加入 16μg/g 有机铁抗氧剂进行预氧化后，可使硅油在 204℃的凝胶化时间从 5h 延长到 500h。

（3）黏压系数　硅油的黏压系数 α 比较小，即黏度随压力的变化较小。改变其侧链的长短和性质可改变 α 的大小。如果侧链是甲基氢基硅氧烷，则 α 变小，而侧链是苯基如甲基苯基硅氧烷，则 α 增大。

（4）润滑性　与其他合成润滑油基础油相比，一般认为硅油的润滑性不好，这仅指在滑动摩擦的某些金属表面才表现出较差的润滑性。甲基硅油对大多数摩擦副都具有良好的润滑性，只是对钢-钢、钢-铜之间的界面润滑不佳，但对钢-锡、钢-银之间仍然具有优良的润滑性。对钢-钢摩擦副的润滑性较差，又不易与矿物润滑油基础油相溶，这是限制硅油使用的因素之一。应该指出的是，硅油是塑料和橡胶的优良润滑剂。

为了改善硅油对钢-钢之间的润滑性能，可加入润滑性添加剂，例如在甲基硅油中加入 5%的三氟氯乙烯调聚油，或在甲基苯基硅油中加入酯类油。在硅油结构中引入其他原子，如卤素或金属锡是改善硅油润滑性的有效办法。

（5）可压缩性　硅油表面张力极低，可压缩性很高，是理想的液体弹簧。

（6）其他　硅油的缺点除与矿物润滑油基础油、合成烃、酯类油、聚苯醚和全氟聚醚不相溶，价格高外，最主要的是在混合润滑条件下润滑性差，承载能力低。特别是甲基硅油使用在钢对钢、钢对铜摩擦副时，润滑性能差和承载能力低的缺点尤其明显。硅油的边界润滑性能不好是由其本身的性质决定的。硅油的表面张力低，在金属表面迅速展开，形成的油膜很薄。硅油的黏压系数小，黏温性能好，在高压和低温条件下，黏度变化不大，因此油膜也不增厚，润滑性能得不到改善。

### 二、磷酸酯

#### 1. 磷酸酯的种类

磷酸酯分为正磷酸酯和亚磷酸酯。亚磷酸酯由于热稳定性差，高温下易腐蚀金属，在油品中作为极压、抗磨添加剂使用。适合作合成润滑油基础油的磷酸酯主要是正磷酸酯。其性能主要取决于磷酸酯取代基的结构，取代基的结构不同，磷酸酯的性能有较大差异。磷酸酯类包括烷基磷酸酯、芳基磷酸酯、烷基芳基磷酸酯等，结构式为：

$$R^2O-\overset{\displaystyle OR^1}{\underset{\displaystyle OR^3}{P}}\!=\!O$$

式中，$R^1$、$R^2$、$R^3$ 全部为烷基的是三烷基磷酸酯；$R^1$、$R^2$、$R^3$ 全部为芳基的是三芳基磷酸酯；$R^1$、$R^2$、$R^3$ 部分为烷基、部分为芳基的是烷基芳基磷酸酯。

#### 2. 磷酸酯的性能

抗燃性是磷酸酯最突出的性能之一。通常三芳基磷酸酯的抗燃性比三烷基磷酸酯强，烷基芳基磷酸酯抗燃性居中。磷酸酯在极高温度下亦能燃烧，但不传播火焰。良好的润滑性能是磷酸酯的另一个突出性能。但是，磷酸酯对材料的适应性差和对环境的污染严重限制了它的应用。

（1）一般物理性质　磷酸酯的密度大致在 0.90～1.25kg/L。磷酸酯的相对密度大于矿物润滑油基础油，三芳基磷酸酯的相对密度大于1。磷酸酯的挥发性通常低于相应黏度的矿物润滑油基础油。黏度随分子量的增大而增大，烷基芳基磷酸酯黏度适中，并有较好的黏温特性。磷酸酯的物理性质主要取决于取代基团的类型、烷链长度的和异构化程度。三烷基磷酸酯的黏度随烷链长度的增加而增大，直链三烷基磷酸酯比带支链的黏度要大、黏度指数要高。三芳基磷酸酯比同温度的三烷基磷酸酯的黏度要高，而黏度指数要低。烷基芳基磷酸酯的黏度和黏度指数居中。磷酸酯的凝点取决于酯的对称性。烷基磷酸酯的凝点一般低于芳基磷酸酯。烷基上带支链和芳核上引入烷基都会改善低温性能。一些磷酸酯的主要物理性质见表 3-14。

表 3-14　一些磷酸酯的主要物理性质

| 名　称 | 相对密度(25℃) | 黏度/(mm²/s) | | | 黏度指数 | 凝点/℃ |
| --- | --- | --- | --- | --- | --- | --- |
| | | 98.9℃ | 37.8℃ | −40℃ | | |
| 三正丁基磷酸酯 | 0.900 | 1.09 | 2.68 | 47 | 118 | −54.0 |
| 三正辛基磷酸酯 | 0.915 | 2.56 | 8.48 | — | 148 | −34.4 |
| 三(2-乙基己基)磷酸酯 | 0.926 | 2.23 | 7.98 | 840 | 94 | −54.0 |
| 三甲苯基磷酸酯 | 1.160 | 4.37 | 35.11 | | | −26.0 |
| 三(二甲苯基)磷酸酯 | 1.1408 | 4.66 | 54.00 | | | −30.0 |
| 正丁基二苯基磷酸酯 | 1.151 | 2.02 | 7.30 | 1700 | 67 | <−57 |
| 正辛基二苯基磷酸酯 | 1.086 | 2.51 | 9.73 | 2200 | 90 | <−57 |
| 正辛基二甲苯基磷酸酯 | 1.060 | 3.15 | 15.30 | | 61 | −51 |
| 二正辛基甲苯基磷酸酯 | 0.980 | 2.63 | 9.99 | 8100 | 108 | — |

（2）难燃性　难燃性是磷酸酯最突出的特性之一。难燃性指磷酸酯在极高温度下也能燃烧，但它不传播火焰，或着火后能很快自灭。三芳基磷酸酯的难燃性优于三烷基磷酸酯。碳磷原子比增大会降低磷酸酯的难燃性。表 3-15 列出了磷酸酯与各类油品难燃性的比较。

表 3-15　磷酸酯与各类油品难燃性的比较

| 油品名称 | 闪点/℃ | 自燃点/℃ | 高压喷射试验 | 熔融金属着火试验 | 热歧管试验 | 灯芯试验(次数) |
|---|---|---|---|---|---|---|
| 矿物润滑油基础油 | 150~270 | 230~350 | 着火 | 立刻着火 | 瞬时着火 | 3 |
| 磷酸酯 | 230~280 | >640 | 不着火 | 不着火 | 不着火 | 80 |
| 水-乙二醇 | 不闪火 | 410~435 | 不着火 | 水蒸发后着火 | 不着火 | 60 |
| 脂肪酸酯 | 260 | 480 | — | — | 着火 | 27 |
| 油包水乳化液 | 不闪火 | 430 | 不着火 | 水蒸发后着火 | 着火 | 50 |

（3）润滑性　磷酸酯是一种很好的润滑材料，很早以前就用作极压剂和抗磨剂，其中三芳基磷酸酯常用作润滑剂的抗磨添加剂。磷酸酯的抗磨作用机理是在摩擦副表面与金属发生反应，生成低熔点、高塑性的磷酸盐的混合物，重新分配摩擦面上的负荷。磷酸酯的抗擦伤性能与水解安定性有明显的关系，越易水解生成酸性磷酸酯的化合物，其抗擦伤性就越好。

（4）水解稳定性　由于磷酸酯是由有机醇或酚与无机磷酸反应的产物，故其水解稳定性不好。在一定条件下磷酸酯可以水解，特别是在油中的酸性物质会自催化水解。三芳基磷酸酯的水解安定性稍优于烷基芳基磷酸酯。三芳基磷酸酯的水解安定性不仅取决于其分子量，而且取决于分子结构。当芳基上的甲基位于邻位时，其水解安定性比位于间位和对位的低得多。烷基磷酸酯和烷基芳基磷酸酯中烷链的增长对水解安定性略有好处。磷酸酯的水解产物为酸性磷酸酯。酸性磷酸酯氧化后会产生沉淀，同时它又是磷酸酯进一步水解的催化剂，因此在使用中要及时除去磷酸酯的水解产物。除去磷酸酯水解产物有两种方法，可以在配方中加入酸吸收剂，以便及时与水解产物发生化学中和；工业上常用的方法是在油系统中加装一个旁路吸附装置，及时吸收热分解和水解产生的酸性磷酸酯。

（5）热稳定性和氧化稳定性　磷酸酯的热稳定性和氧化稳定性取决于酯的化学结构。通常三芳基磷酸酯的允许使用温度范围不超过 150~170℃，烷基芳基磷酸酯的允许使用温度范围不超过 105~121℃。结构上的对称性是三芳基磷酸酯具有高的热氧化稳定性的重要原因。

（6）溶解性　磷酸酯对许多有机化合物具有极强的溶解能力，是一种很好的溶剂。优良的溶解性使各种添加剂易溶于磷酸酯中，有利于改善磷酸酯的性能。许多非金属材料不适应磷酸酯有较强的溶解能力。一般适用于矿物润滑油基础油和其他合成油的橡胶、涂料、油漆、塑料等都与磷酸酯不相容。能与磷酸酯相适应的非金属材料有环氧与酚型油漆、丁基橡胶、乙丙橡胶、氟橡胶、聚四氟乙烯、环氧与酚型涂料、尼龙等。

（7）毒性　磷酸酯的毒性因结构组成不同差别很大，有的无毒，有的低毒，有的甚至剧毒。如磷酸三甲苯酯的毒性是由其中的邻位异构体引起的，大量接触后神经和肌肉器官受损，呈现出四肢麻痹，此外对皮肤、眼睛和呼吸道都有一定刺激作用。因此在制备与使用过程中应严格控制磷酸酯的结构组成，采取必要的安全措施，以降低其毒性，防止其危害。

3. 磷酸酯的用途

磷酸酯主要用作难燃液压油，其次用作润滑性添加剂和煤矿机械的润滑油。

### 三、含氟油

含氟合成润滑油基础油简称氟油,是以分子中含有氟原子的化合物为基础油的润滑油的总称。其基础油通常为氟碳化合物、氟化聚醚、含氟聚硅氧烷、氟酯等。

1. 氟油的分类

(1) 全氟碳油 $C_nF_{2n+2}$,其中 $n=6\sim20$。

(2) 氟氯碳油 $R\!-\!(CF_2\!-\!CClF)\!-\!R'$,其中 R、R′ 为 $CF_3$ 或 $CClF_2$。

(3) 聚全氟醚油 例如:

聚全氟异丙醚油 $C_3F_7\!-\!(CF(CF_3)CF_2O)\!-\!_m\,CF_2CF_3$;

聚全氟甲乙醚油 $RO\!-\!(CF_2O)\!-\!_m\!-\!(CF_2\!-\!CF_2O)\!-\!_n\,R'$,其中 R、R′ 为 $CF_3$ 或 $C_2F_5$。

除上述品种外,还有氟硅油、含氟三嗪、含氟腈、含氟酯和氟溴油等,这些油价格昂贵,用量极小。

2. 氟油的性能

(1) 氟油的一般物理性质 全氟碳油是无色无味的液体,重馏分是松香状物质。它的相对密度比相应的烃高两倍多,分子量大于相应烃的 $2.5\sim4$ 倍。全氟碳油的黏温性很差,黏度指数大多为负值,凝点较高。

氟氯碳油的轻、中馏分是无色液体,减压重馏分是白色脂状物质。与全氟碳油相比,它的相对密度稍小,但仍接近于2,凝点稍高,但黏温性能比全氟碳油好。

聚全氟异丙醚油与上述两种油相比,黏温性能好、凝点低,相对密度为 $1.8\sim1.9$。聚全氟甲乙醚油的黏温性能最好,与三羟甲基丙烷酯相近,且凝点又低,是含氟润滑油中性能最好的油品。

(2) 氟油具有极优良的化学惰性 全氟碳油、氟氯碳油和聚全氟醚油都具有特殊的化学惰性,这是矿物润滑油基础油和其他合成润滑油基础油所不及的。在100℃以下,它们分别与68%的硝酸、98%的硫酸、浓盐酸、王水、铬酸洗液、高锰酸钾、氢氧化钾或氢氧化钠20%的水溶液、氟化氢、氯化氢气体等接触不发生反应。经特殊处理的全氟碳油和聚全氟醚油与肼、偏二甲肼不发生反应。

(3) 氟油具有不燃性 氟油在空气中不燃烧,对氧有极高的稳定性。聚全氟醚油在氧气中加热到200℃也不发生燃烧和爆炸,由此可见,氟油的氧化安定性很好。

(4) 氟油润滑性优于矿物润滑油基础油 用四球试验机测定最大无卡咬负荷,氟油的结果都比矿物润滑油基础油高。氟氯碳油最高,聚全氟醚油次之,全氟碳油最低。一般矿物润滑油基础油的无卡咬负荷为 $294\sim392N$,高黏度的矿物润滑油基础油也只能达到 $588\sim686N$。全氟碳油为960N,聚全氟醚油为1176N,而氟氯碳油可达2550N。氟氯碳油在润滑性方面的优点是高温润滑性好,它的摩擦系数几乎是恒定的,不受温度和滑动速度的影响。

(5) 氟油的其他特性 在许多常用的溶剂中,氟油几乎都不溶解。全氟碳油不溶于苯、甲醇、乙醇、丙酮、四氯化碳、三氯甲烷等有机溶剂和水。氟氯碳油不溶于水,基本不溶于甲醇、乙醇,但能溶于丙酮、石油醚、四氯化碳、三氯甲烷,氟氯碳油的低沸点馏分在苯中有一定的溶解度。聚全氟异丙醚油不溶于苯、石油醚、甲醇、乙醇、丙酮、四氯化碳、三氯甲烷、F112 等有机溶剂和水。全氟碳油和氟氯碳油都溶于F113、F112 溶剂,聚全氟异丙醚油只溶于F113 溶剂中。氟油的表面张力较一般烃类低。烃的表面张力为 $(20\sim35)\times10^{-5}N/cm$,全氟碳油的表面张力为 $(9\sim18)\times10^{-5}N/cm$,氟氯碳油为 $(23\sim30)\times10^{-5}N/cm$,聚全氟醚油为 $(17\sim25)\times10^{-5}N/cm$。

含氟润滑油还具有优良的介电性能,有高的介电强度、高的电阻率、低介电常数和低的介质损耗角正切。氟油的耐辐射强度也比相应的烃类油高。

3. 氟油的应用

氟油由于密度大,化学性能稳定,抗燃性、耐化学药品性、抗氧化性、耐负荷性和润滑性等都很好,所以主要应用于核工业和航空航天工业。另外在电子工业、化学工业、造船工业、人造血液和化妆品生产中也有广泛的应用。

# 第六节　合成润滑油基础油生产过程中的 HSE 管理

## 一、合成润滑油生产过程的健康防护

1. 危险介质分析

绝大部分合成润滑油基础油的产品都无毒,对环境没有污染,不会引起爆炸、着火等事故的发生,合成润滑油基础油生产过程中的危险介质均为合成润滑油基础油产品所用的原料。包括:合成聚丁烯基础油采用的异丁烯;生产聚醚的单体环氧乙烷、环氧丙烷;制备聚醚单体环氧乙烷的原料乙苯等。

(1) 异丁烯　异丁烯是聚丁烯合成基础油的原料,异丁烯与空气混合能形成爆炸性混合物,遇热源和明火有燃烧爆炸的危险,受热可能发生剧烈的聚合反应。与氧化剂接触猛烈反应。异丁烯气体比空气重,能在较低处扩散到相当远的地方,遇火源会着火回燃。

(2) 环氧乙烷　环氧乙烷是一种有毒的致癌物质,以前被用来制造杀菌剂。环氧乙烷易燃、易爆,不易长途运输,因此有强烈的地域性。被广泛地应用于洗涤、制药、印染等行业,在化工相关产业可作为清洁剂的起始剂。

环氧乙烷是一种中枢神经抑制剂、刺激剂和原浆毒物。当发生环氧乙烷急性中毒时,患者有剧烈的搏动性头痛、头晕、恶心和呕吐、流泪、呛咳、胸闷和呼吸困难等症状;严重时患者会出现全身肌肉颤动、言语障碍、共济失调、出汗、神志不清,以致昏迷的症状,同时患者会出现心肌损害和肝功能异常。环氧乙烷中毒者经抢救恢复后可有短暂的精神失常现象,会出现迟发性功能性失声或中枢性偏瘫。

当皮肤接触环氧乙烷时,会迅速发生红肿,数小时后起泡,反复接触可致敏。环氧乙烷液体溅入人眼内,会引起人眼的角膜灼伤。

长期少量接触环氧乙烷,会出现神经衰弱综合征和植物神经功能紊乱。

(3) 环氧丙烷　环氧丙烷为无色醚味液体,低沸点、易燃。环氧丙烷产品是易燃品,应贮存于通风、干燥、低温(25℃以下)阴凉处,不得于日光下直接曝晒并隔绝火源。

环氧丙烷有毒性,液态的环氧丙烷会引起皮肤及眼角膜的灼伤,其蒸气有刺激和轻度麻醉作用,长时间吸入环氧丙烷蒸气会导致恶心、呕吐、头痛、眩晕和腹泻等症状。所有接触环氧丙烷的人员应穿戴规定的防护用品,工作场所应符合国家的安全和环保规定。

环氧丙烷是易燃、易爆化学品,其蒸气会分解。应避免用铜、银、镁等金属处理和贮存环氧丙烷。也应避免酸性盐(如氯化锡、氯化锌)、碱类、叔胺等过量地污染环氧丙烷。环氧丙烷发生的火灾应用特殊泡沫液来灭火。

(4) 乙苯　乙苯为聚醚合成油中制备环氧丙烷的原料之一,为有芳香气味的无色液体,乙苯易燃,乙苯蒸气与空气可形成爆炸性混合物,遇明火、高热或与氧化剂接触,有引起燃烧爆炸的危险。乙苯与氧化剂接触猛烈反应。流速过快,容易产生和积聚静电。乙苯蒸气比空气重，能在较低处扩散到相当远的地方，遇火源会着火回燃。

乙苯对皮肤、黏膜有较强刺激性，高浓度乙苯对人体有麻醉作用。当发生乙苯轻度中毒时会有头晕、头痛、恶心、呕吐、步态蹒跚、轻度意识障碍及眼和上呼吸道刺激症状，乙苯重度中度时会发生昏迷、抽搐、血压下降及呼吸循环衰竭，可引起肝损害。直接吸入乙苯液体可能导致化学性肺炎和肺水肿。

（5）丙烯　丙烯常温下为无色、无臭、稍带有甜味的气体。沸点为－47.4℃。丙烯易燃，爆炸极限为2％～11％。不溶于水，溶于有机溶剂，是一种属低毒类物质。丙烯是三大合成材料的基本原料，主要用于生产丙烯腈、异丙烯、丙酮和环氧丙烷等。

① 丙烯的健康危害。丙烯为单纯窒息剂及轻度麻醉剂，人吸入丙烯发生急性中毒时可引起中毒者的意识丧失，当丙烯的浓度越高时，引起人体急性中毒所需要的时间越短：当丙烯浓度达到15％时需30min可引起人体急性中毒；丙烯浓度达到24％时，需要3min可引起人体急性中毒；丙烯浓度达到35％～40％时，需要20s钟可引起人体急性中毒；当丙烯浓度超过40％时，仅需6s钟即可引起人体急性中毒，并引起呕吐。长期接触丙烯可引起接触者头昏、乏力、全身不适和思维不集中等症状，个别人胃肠道功能还会发生紊乱。

② 环境危害。丙烯对环境有危害，对水体、土壤和大气可造成污染。

③ 燃爆危险。丙烯为易燃介质。

2. 健康防护措施

（1）异丁烯使用过程中的健康防护

① 危险特性。与空气混合能形成爆炸性混合物。遇热源和明火有燃烧爆炸的危险。受热可能发生剧烈的聚合反应。与氧化剂接触猛烈反应。气体比空气重，能在较低处扩散到相当远的地方，遇火源会着火回燃，有害的燃烧产物为一氧化碳、二氧化碳。

当发生异丁烯着火时，应当立即切断气源。若不能切断气源，则不允许熄灭泄漏处的火焰。喷水冷却容器，可能的话将容器从火场移至空旷处。可采用雾状水、泡沫、二氧化碳和干粉等灭火剂灭火。

② 异丁烯泄漏的应急处理。迅速撤离泄漏污染区人员至上风处，并进行隔离，严格限制出入。切断火源。建议应急处理人员戴自给正压式呼吸器，穿防静电工作服。尽可能切断泄漏源。用工业覆盖层或吸附/吸收剂盖住泄漏点附近的下水道等地方，防止气体进入。大量泄漏时，可用湿棉被包裹泄漏口堵漏，为进一步抢修赢得时间。

（2）环氧乙烷使用过程中的健康防护

① 皮肤接触。立即脱去污染的衣着，用大量流动清水冲洗至少15min。就医。

② 眼睛接触。立即提起眼睑，用大量流动清水或生理盐水彻底冲洗至少15min。就医。

③ 吸入。迅速脱离现场至空气新鲜处。保持呼吸道通畅。如呼吸困难，给输氧。如呼吸停止，立即进行人工呼吸。呼吸心跳停止时，立即进行人工呼吸和胸外心脏按压术。

④ 危险特性。环氧乙烷的蒸气能与空气形成范围广阔的爆炸性混合物。遇热源和明火有燃烧爆炸的危险。若遇高热可发生剧烈分解，引起容器破裂或爆炸事故。接触碱金属、氢氧化物或高活性催化剂如铁、锡和铝的无水氯化物及铁和铝的氧化物可大量放热，并可能引起爆炸。

环氧乙烷的蒸气比空气重，能在较低处扩散到相当远的地方，遇火源会着火回燃，环氧乙烷燃烧的有害燃烧产物为一氧化碳和二氧化碳。

当发生环氧乙烷着火时，应当立即切断气源，若不能切断气源，则不允许熄灭泄漏处的火焰。喷水冷却容器，可能的话将容器从火场移至空旷处。可以采用雾状水、抗溶性泡沫、干粉和二氧化碳等灭火剂灭火。

⑤ 环氧乙烷泄漏的应急处理。迅速撤离泄漏污染区人员至上风处，并立即隔离150m，严格限制出入。尽可能切断泄漏源。切断火源。建议应急处理人员戴自给正压式呼吸器，穿防静电工作服。用工业覆盖层或吸附/吸收剂盖住泄漏点附近的下水道等地方，防止气体进入。合理通风，加速环氧乙烷扩散。喷雾状水稀释、溶解。构筑围堤或挖坑收容产生的大量废水。如有可能，将漏出的环氧乙烷气体用排风机送至空旷地方或装设适当喷头烧掉。漏气容器要妥善处理，修复、检验后再用。

（3）环氧丙烷使用过程中的健康防护 环氧丙烷有毒性，液态的环氧丙烷会引起皮肤及眼角膜的灼伤，其蒸气有刺激和轻度麻醉作用，长时间吸入环氧丙烷蒸气会导致恶心、呕吐、头痛、眩晕和腹泻等症状。所有接触环氧丙烷的人员应穿戴规定的防护用品，工作场所应符合国家的安全和环保规定。

（4）乙苯使用时的健康防护

① 皮肤接触。脱去被污染的衣着，用肥皂水和清水彻底冲洗皮肤。

② 眼睛接触。提起眼睑，用流动清水或生理盐水冲洗。就医。

③ 吸入。迅速脱离现场至空气新鲜处。保持呼吸道通畅。如呼吸困难，给予输氧。如呼吸停止，立即进行人工呼吸。就医。

④ 食入。饮足量温水，催吐，就医。

⑤ 呼吸系统防护。空气中浓度超标时，应该佩戴自吸过滤式防毒面罩（半面罩）。紧急事态抢救或撤离时，应该佩戴空气呼吸器或氧气呼吸器。

⑥ 眼睛防护。戴化学安全防护眼镜。

⑦ 身体防护。穿防毒渗透工作服。

⑧ 手防护。戴乳胶手套。

⑨ 其他防护。工作现场禁止吸烟、进食和饮水。工作毕，淋浴更衣。保持良好的卫生习惯。

（5）丙烯使用过程中的健康防护

① 吸入。迅速脱离现场至空气新鲜处。保持呼吸道通畅。如呼吸困难，给输氧。如呼吸停止，立即进行人工呼吸。就医。

② 危险特性。易燃，与空气混合能形成爆炸性混合物。遇热源和明火有燃烧爆炸的危险。与二氧化氮、四氧化二氮、氧化二氮等激烈化合，与其他氧化剂接触剧烈反应。气体比空气重，能在较低处扩散到相当远的地方，遇火源会着火回燃。有害的燃烧产物为一氧化碳和二氧化碳。

当发生丙烯着火时，应切断气源。若不能切断气源，则不允许熄灭泄漏处的火焰。喷水冷却容器，可能的话将容器从火场移至空旷处。可采用雾状水、泡沫、二氧化碳和干粉等灭火剂灭火。

③ 泄漏应急处理。迅速撤离泄漏污染区人员至上风处，并进行隔离，严格限制出入。切断火源。建议应急处理人员戴自给正压式呼吸器，穿防静电工作服。尽可能切断泄漏源。用工业覆盖层或吸附/吸收剂盖住泄漏点附近的下水道等地方，防止气体进入。合理通风，加速扩散。喷雾状水稀释、溶解。构筑围堤或挖坑收容产生的大量废水。如有可能，将漏出气用排风机送至空旷地方或装设适当喷头烧掉。漏气容器要妥善处理，修复、检验后再用。

**二、合成润滑油基础油生产装置的安全卫生防护**

1. 合成润滑油基础油生产过程的常见事故

合成润滑油基础油的绝大部分产品没有毒性和腐蚀性,但合成润滑油基础油的生产过程中由于使用了易燃、易爆具有毒性的异丁烯、环氧乙烷、环氧丙烷、乙苯和丙烯等原料。在合成润滑油基础油生产的过程中发生的事故有环氧乙烷和环氧丙烷钢瓶爆炸、环氧乙烷和环氧丙烷储存罐区着火发生火灾、乙苯和丙烯致人中毒等事故。

2. 合成润滑油基础油生产的安全卫生防护

(1) 异丁烯使用过程中的安全卫生防护

① 操作注意事项。密闭操作,全面通风。操作人员必须经过专门培训,严格遵守操作规程。建议操作人员穿防静电工作服。远离火种、热源,工作场所严禁吸烟。使用防爆型的通风系统和设备。防止气体泄漏到工作场所空气中。避免与氧化剂接触。在传送过程中,钢瓶和容器必须接地和跨接,防止产生静电。搬运时轻装轻卸,防止钢瓶及附件破损。配备相应品种和数量的消防器材及泄漏应急处理设备。

② 储存注意事项。储存于阴凉、通风的库房。远离火种、热源。库温不宜超过30℃。应与氧化剂分开存放,切忌混储。禁止使用易产生火花的机械设备和工具。储区应备有泄漏应急处理设备。

(2) 环氧乙烷使用过程中的安全卫生防护

环境危害:对环境有危害。

燃爆危险:该品易燃,有毒,为致癌物,具刺激性,具致敏性。

(3) 环氧丙烷使用过程中的安全卫生防护 环氧丙烷可装于干燥、清洁和密封性好的镀锌铁桶内,每桶净重150kg,或采用专用槽车运输,均应符合有关的安全规定。

环氧丙烷采用专用槽罐运输。环氧丙烷应储存于25℃以下的阴凉、通风、干燥处,不得于日光下直接曝晒并隔绝火源。

环氧丙烷是易燃、易爆化学品,其蒸汽会分解。应避免用铜、银、镁等金属处理和贮存环氧丙烷。也应避免酸性盐(如氯化锡、氯化锌)、碱类、叔胺等过量地污染环氧丙烷。环氧丙烷发生的火灾应用特殊泡沫液来灭火。

(4) 乙苯使用过程中的安全卫生防护 泄漏应急处理:迅速撤离泄漏污染区人员至安全区,并进行隔离,严格限制出入。切断火源。迅速用砂土、泥块阻断洒在地上的乙苯向四周扩散。筑坝切断被污染的水体的流动,或用围栏限制水面乙苯的蔓延。配戴防毒面具、手套,将漏液收集在适当容器内封存,并用砂土或其他惰性材料吸附漏液,转移到安全地带。当乙苯洒到土壤中时,立即将被污染土壤收集起来,转移到安全地带。对污染地带加强通风,蒸发残液,排除乙苯蒸气。

有害燃烧产物:一氧化碳、二氧化碳。

灭火方法:喷水保持火场容器冷却。尽可能将容器从火场移至空旷处。处在火场中的容器若已变色或从安全泄压装置中产生声音,必须马上撤离。灭火剂:泡沫、干粉、二氧化碳、砂土;用水灭火无效。

(5) 丙烯使用过程中的安全卫生防护

① 操作注意事项。密闭操作,局部排风。操作人员必须经过专门培训,严格遵守操作规程。建议操作人员佩戴自吸过滤式防毒面具(全面罩),穿防静电工作服,戴橡胶手套。远离火种、热源,工作场所严禁吸烟。使用防爆型的通风系统和设备。防止气体泄漏到工作场所空气中。避免与酸类、碱类、醇类接触。在传送过程中,钢瓶和容器必须接地和跨

接，防止产生静电。禁止撞击和震荡。配备相应品种和数量的消防器材及泄漏应急处理设备。

②储存注意事项。储存于阴凉、通风的库房。远离火种、热源。避免光照。库温不宜超过30℃。应与酸类、碱类、醇类、食用化学品分开存放，切忌混储。采用防爆型照明、通风设施。禁止使用易产生火花的机械设备和工具。储区应备有泄漏应急处理设备。应严格执行极毒物品"五双"管理制度。

**三、合成润滑油生产装置的环境保护**

1. 废气

合成基础油的聚α-烯烃合成工艺中会产生未反应的烯烃和烯烃二聚物，这些气体组分作为燃料气并入燃料管网加以回收利用。

氯醇法生产环氧丙烷单体的过程中放空的废气中会含有未反应的氯气和丙烯。

2. 废液

合成润滑油生产过程中的废液包括酯类油生产过程中产生的中和水洗废碱液和废水，需要进入水处理车间进行中和反应和脱除杂质后作为循环水使用。

聚醚合成油生产过程中合成环氧丙烷单体的工艺过程中会产生含有氯化钠的废水。

3. 废渣

合成润滑剂生产过程中的废渣主要为工艺过程中使用的催化剂产生的废催化剂。

**[知识拓展]　矿物润滑油、半合成润滑油和全合成润滑油的区别**

1. 矿物润滑油

全部由一种或一种以上的矿物（原基）油，调和勾兑混合作为基础油，再加入添加剂调和而成的润滑油，称为（全）矿物（润滑）油。矿物油分为三类、二类或一类，矿物油没有名称，只能称为几类。

2. 半合成润滑油

半合成（润滑）油是由大部分的矿物油调和小部分的合成润滑油勾兑而成的成品机油，准确地讲是矿物合成调和油。

半合成润滑油和矿物润滑油两者的区别，主要是脏与不脏，主要表现在发动机保护、延长换油期、动力和节油上。半合成润滑油和矿物润滑油的成本相差不大，性能相差很大。

3. 全合成润滑油

机油是由各种成分调和勾兑而成，全部由一种或一种以上的合成润滑油作润滑油基础油，加入添加剂调和而成的成品润滑油，称为（全）合成（润滑）油。合成润滑油包括PAO、双酯、多元聚酯、聚醚、硅油、磷酸酯。

多元聚酯，英文是polyester，英文缩写是POE，属于五类合成油；聚α-烯烃，英文是polyalfaolefines，英文缩写是PAO，属于四类合成油。

PAO作为车用基础油对添加剂、油封材料、涂料及矿物润滑油基础油有良好的相容性，而且是各类合成油中价位最低的一个品种。

酯类基础油虽然耐高低温及抗磨性好，但遇水不稳定，易腐蚀，对油封及涂料的相容性差，并且成本不低，所以现今已无这类商品生产。而聚醚对水及油等比酯类稍好，但和矿物润滑油基础油及添加剂不易相溶，而且价格又高，所以无法广泛使用。

聚α-烯烃作为基础油调制的汽车发动机油与石油基润滑油相比有许多优点。首先是PAO油的热氧化安定性明显优于矿物润滑油基础油。当进行165℃、5d的热油氧化试验时，石油基机油的 40℃ 黏度由 $95mm^2/s$ 增加到 $146.3mm^2/s$，黏度变化率为 54.0%；而 PAO 型合成润滑油基础油黏度仅从 $94.0mm^2/s$ 增加到 $96.8mm^2/s$，黏度变化率只有 3%。这意味着使用 PAO 型合成润滑油基础油后，可以延长换油期，也就是减少停车时间和降低维修费用。另一方面也表明，用 PAO 基础油调制汽车润滑油时，可以少用添加剂，或用较低廉的添加剂，这样可以降低 PAO 型合成润滑油基础油的价格，使它与石油基润滑油有较强的竞争力。

# 本 章 小 结

合成润滑油是由合成润滑油基础油和添加剂调配而成，合成润滑油基础油是由低分子组分经过化学合成而制备的较高分子的化合物。与矿物型基础油相比，合成基础油具有优良的性能，可以满足矿物润滑油基础油和天然油脂所不能满足的使用要求。

本章首先通过合成润滑油基础油和矿物润滑油基础油的性能对比，得出结论：合成润滑油基础油和矿物润滑油基础油在性能和价格上各有优势。总体而言，合成润滑油基础油的性能较好，但价格较昂贵。依据组成和性能不同，合成润滑油基础油可分为酯类油、合成烃油、聚醚、硅油和磷酸酯油等，不同的合成润滑油基础油的使用性能各有优势。

本章介绍了不同种合成润滑油基础油的组成、结构和合成工艺、便于读者了解的不同合成润滑油基础油的合成方法，以便于可以参考合成方法在实验室合成出不同的合成润滑油基础油。除了实验室合成润滑油基础油外，大部分读者要通过学习，学会选择适合于应用场合的合成润滑油基础油。为了便于读者能够合理选择适用于不同应用场合的合成润滑基础油，本章对不同的合成润滑油基础油重点介绍了性能特点和应用场合。

# 习 题

1. 合成润滑油基础油和矿物润滑油基础油的优缺点各是什么？在使用时有何区别？
2. 酯类润滑油具有什么样的特殊性能？在汽车行业有何使用？
3. 合成烃类润滑油主要应用在什么方面？有何特殊性能？
4. 聚醚类润滑油具有什么样的特殊性能？应用在什么方面？
5. 合成酯类润滑油的制备方法有哪些？实验室如何制备酯类油？
6. 绘制二元酸酯生产工艺流程，说明二元酸酯和多元酸酯制备的工艺流程的异同点。

# 实 训 建 议

【实训项目】 制备酯类合成润滑油基础油

实训目的：选择常温常压下使用起来比较安全，市场价格较低的二元酸和醇为合成酯类润滑油的原料，通过酯化反应和后续分离过程让学生了解酯类油的制备过程。

实训方法：由学生查资料拟出实训方案，教师根据学生制备方案的优劣比较，选择 3～5 种实验路线，通过不同实验路线、不同的原料选择得到的酯类油的收率和质量，让学生理解如何通过合理的方案制备出高质量、高收率的酯类合成油。

# 第四章　润滑油添加剂

【知识目标】
　　1. 了解各种润滑油添加剂的性能。
　　2. 了解各种润滑油添加剂的作用原理。
　　3. 掌握各种润滑油添加剂在润滑油中的主要作用。
　　4. 掌握各种润滑油添加剂的使用性能。
【能力目标】
　　1. 能够分析不同添加剂在不同商品润滑油中所起的作用。
　　2. 能根据各种设备的工况条件，为润滑油基础油选择合适的添加剂及其用量大小。

 实例导入

　　某工厂重型机械的设备因为润滑油产生了大量油泥而导致润滑效果变差，要解决该问题，我们想到了在产生油泥的润滑油中加入能分散固体颗粒的清净分散剂。而我国现有的润滑油清净分散剂有 10 种，究竟该选哪一种清净分散剂？还是选几种？

　　选用几种添加剂来共同作用改进润滑油某一方面的性能称为润滑油的复配。复配的添加剂选择不合理或者是复配的多种添加剂的用量不合理，往往会起到相反的作用，不能有效改善润滑油的性能。如防锈剂斯盘 80 与磺酸盐复配后，油品的防锈性和清净分散性都比单独使用时效果好。其他有协同效应的还有钼盐、锌盐和 T706 复配，石墨和硫化油脂复配等。并不是任何两种添加剂在一起都会产生协同效应，有的还恰恰相反，起到互相消减的作用，如抗泡剂 T911、T912 不能和 T601、T705、T109 复配使用，否则无抗泡效果。具体哪几种添加剂之间是协同效应，哪几种之间是消减作用？我们试着为产生油泥的润滑油设计一套润滑油添加剂复配方案。

# 第一节　清净分散剂

　　清净分散剂是现代润滑剂的五大添加剂之一，把含有金属组分的称为有灰清净分散剂，不含金属组分的称为无灰清净分散剂。清净分散剂从脂肪酸和环烷酸皂开始，发展到今天的磺酸盐、烷基酚盐及硫化烷基酚盐、硫化磷酸盐、烷基水杨酸盐和环烷酸盐。这些清净分散剂最初都是中性的，随着工业的发展和人们对清净分散剂作用的了解，各种清净分散剂开始朝着碱性和高碱性的方向发展。

**一、清净分散剂的作用**

1. 酸中和作用

　　多数清净分散剂具有碱性，有的还是高碱性，一般称这种碱性为总碱值（TBN）。高碱值的清净分散剂具有高的碱储备，在使用过程中，能持续地中和润滑油和燃料油氧化生成的酸性物,阻止它们进一步氧化,同时由于中和了这一部分酸,防止了酸性物质对金属部件的腐蚀。

**2. 洗涤作用**

在油中呈胶束的清净分散剂对生成的漆膜和积炭有很强的吸附性能,它能将黏附在活塞上的漆膜和积炭洗涤下来分散在油中。

**3. 分散作用**

清净分散剂能将已经产生的胶质和炭粒等固体小颗粒通过吸附而分散在油中,防止它们聚集成大颗粒而转变成油泥。

**4. 增溶作用**

清净分散剂是一些表面活性物质,它们能够溶解本来在油中不溶解的液体溶质。清净分散剂常以胶束形状分散在油中,可溶解含羟基或羰基的含氧化合物、含硝基化合物和水分等。

**二、清净分散剂的品种**

**1. 磺酸盐**

磺酸盐是应用较早、较广的清净分散剂。磺酸盐按原料来源可分为石油磺酸盐和合成磺酸盐两种;按碱值的高低可分为中性和低碱值石油磺酸盐、中碱值石油磺酸盐和高碱值石油磺酸盐;按所含金属的种类可分为钙盐、镁盐、钡盐、钠盐等,其中钙盐最多。

**2. 烷基酚盐和硫化烷基酚盐**

烷基酚盐型清净分散剂是 20 世纪 30 年代后期出现的,开始是正盐,后来也向高碱性盐方向发展,其 TBN 一般为 200～250,后来发展到 300～350。从金属的类别来分,烷基酚盐型清净分散剂可分为钙盐和钡盐,其中使用较多的是钙盐。由于单纯的烷基酚盐性能较差,难于金属化成高碱值产品,所以出现了硫化烷基酚盐产品。

**3. 烷基水杨酸盐**

烷基水杨酸盐是含羟基的芳香羧酸盐,它与烷基酚盐有相近的特性。由于烷基水杨酸盐将金属由羟基位置转到了羧基位置,所以极性大为增强,清净分散作用也有很大的提高,超过了烷基酚盐。烷基水杨酸盐也是由中性往高碱值的方向发展,从金属的种类来看有钙盐、镁盐、钡盐、锌盐等,其中以钙盐用得最多。

**4. 丁二酰亚胺**

丁二酰亚胺是一种使用得较多和较广的清净分散剂。丁二酰亚胺分为单丁二酰亚胺、双丁二酰亚胺和多丁二酰亚胺,其中单丁二酰亚胺的低温分散性好,但多丁二酰亚胺和双丁二酰亚胺的热稳定性更好。

**三、清净分散剂的商品代号和使用情况**

可以根据润滑油对清净分散性的要求选用一种或几种清净分散剂进行复配,然后根据清净分散的效果通过实验确定添加剂的用量。表 4-1 列出了清净分散剂的商品代号和使用情况。

**表 4-1 清净分散剂的商品代号和使用情况**

| 商品代号 | 名 称 | 性能与使用情况 |
|---|---|---|
| T101 | 低碱值石油磺酸钙 | 具有良好的低温分散性、防锈性,是理想的内燃机油清净剂和防锈剂,适合于配制高档内燃机油 |
| T102 | 中碱值石油磺酸钙 | 有较好的酸中和能力、防锈性能和清净分散性,主要用于内燃机油和齿轮油 |
| T103 | 高碱值石油磺酸钙 | 高效清洁性、中和及防锈性能,用于内燃机油、铁路机车和船舶发动机油 |
| T104 | 低碱值合成磺酸钙 | 有显著的清净能力和防锈性能,可调制中高档内燃机油 |

续表

| 商品代号 | 名 称 | 性能与使用情况 |
|---|---|---|
| T105 | 中碱值合成磺酸钙 | 较好的酸中和能力、高温性能,并具有防锈性,可调配中高档内燃机油 |
| T106 | 高碱值合成磺酸钙 | 优良的酸中和能力和较好的高温清净性、防锈性能,可调制中高档内燃机油 |
| T107 | 超碱值合成磺酸镁 | 具有特优的高温清净性和酸中和能力,同时兼有一定的防锈蚀作用,可调制中高档内燃机油 |
| T107A | 超碱值石油磺酸镁 | 具有特优的高温清净性和酸中和能力,并兼有一定的防锈蚀作用,可调制中高档内燃机油 |
| T109 | 烷基水杨酸钙 | 具有优异的高温清净性和良好的中和能力,具有较佳的抗氧化能力和高温稳定性,油溶性和抗水性能好,可调制中高档内燃机油 |
| T151 | 单烯基丁二酰亚胺 | 优良的低温分散性和一定的高温清净性,与金属清净剂和ZDDP有良好的复配性,用于调制高档汽油机油 |

# 第二节 抗氧防腐剂

抗氧防腐剂广泛地应用于内燃机油、航空液压油和其他一些润滑油中。使用较多、效果较好的抗氧防腐剂为二烷基二硫代磷酸锌,简称 ZDDP。后来随着工业的发展,相继出现了铜盐抗氧剂和无磷抗氧剂等。

**一、抗氧防腐剂的作用**

抗氧防腐剂的作用是抑制油品氧化并保护润滑表面不受水或其他污染物的化学侵蚀。

**二、抗氧防腐剂的品种**

1. 二烷基二硫代磷酸盐

二烷基二硫代磷酸盐是一种多效添加剂,具有抗氧、抗腐和抗磨的作用,最常用的二烷基二硫代磷酸盐为二烷基二硫代磷酸锌(ZDDP)。二烷基二硫代磷酸盐一般与清净分散剂等复合用于内燃机油,可以抑制油品氧化,减少沉淀、漆膜和油泥的形成;它的缺点是对铜有腐蚀作用,需要和防锈剂复配。

2. 二烷基二硫代氨基甲酸盐

二烷基二硫代氨基甲酸盐,简称 ZDTC,也是一种多效添加剂,和 ZDDP 具有一样的抗氧防腐和抗磨极压功能。但 ZDTC 的耐高温性好,用于合成油,价格昂贵。

3. 抗氧防腐剂的商品代号和使用情况

表 4-2 列出了各种抗氧防腐剂的商品代号、名称以及性能与使用场合。

**表 4-2 抗氧防腐剂的商品代号和使用情况**

| 商品代号 | 名 称 | 性能与使用情况 |
|---|---|---|
| T201 | 硫磷烷基酚锌盐 | 改善油品的抗氧化、抗腐蚀性,有极压抗磨性能,用于普通内燃机油 |
| T202 | 硫磷丁辛基锌盐 | 有良好的抗氧防腐性及一定的抗磨极压性,能有效地阻止高温氧化,防止轴承、活塞的腐蚀,广泛用于各种润滑油中 |
| T203 | 硫磷双辛基碱性锌盐 | 与 T202 相比有较高的热分解温度和优良的抗水解性能,多用于中高档内燃机油中,尤其是船用油、柴油机油和抗磨液压油中 |
| T204<br>T204A | 硫磷伯仲醇基锌盐 | 具有优良的抗氧防腐性能,还具有较好的抗乳化性能,适合调制抗磨液压油等工业用油 |
| T205<br>T205A | 二仲醇烷基二硫代锌盐 | 良好的抗氧化磨损性能,适合调制高档汽油机油 |
| KF104 | 双苯并三唑 | 高温抗腐蚀剂,可以有效地抵抗铜腐蚀 |

# 第三节 极压抗磨剂

在边界润滑中,当金属表面只承受中等负荷时,有一种添加剂能被吸附在金属表面上或与金属表面剧烈磨损,这种添加剂称为抗磨添加剂。当金属表面承受很高的负荷时,大量的金属表面直接接触,产生大量的热,而抗磨剂形成的膜也被破坏,不能再有效地保护金属表面,有一种添加剂能与金属表面起化学反应生成化学反应膜起润滑作用,防止金属表面擦伤甚至熔焊,通常把这种最苛刻的边界润滑叫做极压润滑,而用在极压润滑条件下的添加剂称为极压添加剂。极压抗磨添加剂的作用是添加到油品里,可以大幅度地提高油品在极压润滑条件下的耐磨损能力。

**一、极压抗磨剂的使用性能**

实际应用中,不同种类的极压抗磨剂按一定比例混合使用性能更好。利用一般磷化物具有抗磨性,而氯化物与硫化物具有极压性,在添加剂中同时含有氯、磷或硫的化合物,可以使添加剂既具有极压性,又具有抗磨性。

**二、极压抗磨剂的品种**

**1. 含氯极压抗磨剂**

含氯极压抗磨剂是通过添加剂与金属表面的化学吸附或与金属表面反应,分解的元素氯或 HCl 与金属表面反应,生成 $FeCl_2$ 或 $FeCl_3$ 保护膜,显示出抗磨和极压作用。氯化石蜡是一种较古老的极压添加剂产品,为浅黄色至黄色黏稠液体,因含氯量不同又分为三种,即氯化石蜡 42、氯化石蜡 50 和氯化石蜡 52。氯化石蜡加热到 120℃以上会缓慢分解,放出氯化氢气体,所以经常与金属磺酸盐类防锈剂共同使用。

**2. 含硫极压抗磨剂**

含硫极压抗磨剂的作用原理是添加剂首先在金属表面上吸附,减少金属表面间的摩擦,随着负荷的增加,金属面之间接触点的温度瞬时升高,含硫极压抗磨剂与金属反应形成硫醇铁覆盖膜,从而起抗磨作用。含硫极压抗磨剂比含氯极压抗磨剂更能有效地抵抗负荷,形成的膜在 700℃的高温下仍不失效,水解安定性好,但摩擦系数大。

**3. 含磷极压抗磨剂**

含磷极压抗磨剂的主要成分为磷化物。在边界润滑的条件下,磷化物与铁生成磷酸铁和亚磷酸铁的混合物。磷化物先在铁表面上吸附,然后在边界条件下发生 C—O 键断裂,生成亚磷酸铁或磷酸铁的有机膜,起抗磨作用,在极压条件下,有机磷酸铁膜进一步反应生成无机磷酸铁膜,使金属之间不直接接触,起极压作用。

**三、极压抗磨剂的商品代号和性能**

表 4-3 列出了极压抗磨剂的商品代号、对应的名称和各种极压抗磨剂的特殊使用性能和应用场合。

**表 4-3 极压抗磨剂的商品代号和使用性能**

| 商品代号 | 名 称 | 使 用 性 能 |
|---|---|---|
| T301 | 氯化石蜡(含氯 42%) | 有较强的极压性能,但安定性差,可水解,有腐蚀性 |
| T302 | 氯化石蜡(含氯 52%) | 有较强的极压性能,但安定性差,可水解,有腐蚀性 |
| T304 | 亚磷酸二正丁酯 | 有较强的极压抗磨性,不溶于水,能溶于酯、醇等有机溶剂,可调制各种档次的齿轮油和切削油等油品 |
| T305 | 硫磷酸含氮衍生物 | 具有优良的极压抗磨性,用于中重负荷车辆齿轮油和中重负荷工业齿轮油 |
| T306 | 磷酸三甲酚酯 | 不仅有良好的极压性能,还具有阻燃、耐磨、防霉性能,用于液压油和抗燃液压油中 |
| T321 | 硫化异丁烯 | 含硫量高,有良好的极压性能,还可以与其他极压剂复配。用于中高档齿轮油、金属加工用油中,与含磷化合物复配有很好的效果 |
| T361 | 硼酸盐 | 在极压条件下,能生成弹性膜,有良好的极压抗磨性能、抗腐蚀和防锈性能,可用于车辆齿轮油、工业齿轮油及金属加工油 |

# 第四节　抗氧剂和金属减活剂

### 一、概述

油品在使用过程中，由于有氧气、温度、光照的影响，会氧化变质，若润滑油中含有铁、铜等金属，还会加快其氧化变质的速率，氧化后会生成酸、油泥和沉淀。通常提高油品的抗氧化能力有三种途径：一是加深润滑油的加工深度；二是在精制的基础油中加入抗氧剂；三是在精制过的润滑油中同时加入抗氧剂和金属减活剂。提高润滑油的加工深度，不仅提高了润滑油的成本，还因加工过深除去了一些天然的抗氧剂，使得抗氧化性能反而变差。一般采用第三种办法即利用金属减活剂在润滑油中可以与金属离子生成螯合物，或在金属表面生成保护膜的特性，从而抑制金属或离子对氧化反应的催化作用。

### 二、抗氧剂和金属减活剂的商品代号和使用情况

表4-4列出了各种抗氧剂和金属减活剂的商品代号、名称、性能及适用场合。

**表4-4　抗氧剂和金属减活剂的商品代号和使用情况**

| 商品代号 | 名　称 | 性能与使用情况 |
|---|---|---|
| T501 | 2,6-二叔丁基对甲酚 | 用在汽油、石蜡、润滑油等产品中，因其分解温度低，不宜使用在较高温度的油品中，可以与其他抗高温的抗氧剂复配 |
| T511 | 2,6-二叔丁基酚 | 溶于苯、甲苯、丙酮，不溶于水，可用于高温时使用的润滑油 |
| T551 | 苯三唑衍生物 | 有良好的抗氧化和抑制铜腐蚀的能力，油溶性好。与T501复合效果较好，避免与T202或氨基甲酸盐复合，防止沉淀的发生。用于汽轮机油、齿轮油、液压油中 |

# 第五节　黏度指数改进剂

### 一、概述

为了改善润滑油的黏温性能，在油品中加入一些高分子化合物，这些高分子化合物叫黏度指数改进剂（VII）。一种好的黏度指数改进剂不仅要求增黏、抗剪切能力强，而且要求具有较好的低温性能和高温抗氧化性能。用黏度指数改进剂配制的内燃机油、齿轮油和液压油，具有良好的低温启动性能和高温润滑性能，可同时满足多黏度级别的要求，四季通用。

### 二、黏度指数改进剂的商品代号和使用情况

表4-5列出了不同黏度指数改进剂的商品代号和使用情况。

**表4-5　黏度指数改进剂的商品代号和使用情况**

| 商品代号 | 名　称 | 性能与使用情况 |
|---|---|---|
| T601 | 聚乙烯基正丁基醚 | 具有良好的增黏、抗剪切、低温性能，用于液压油、齿轮油等油品 |
| T603系列 | 聚异丁烯 | 具有良好的黏附性、抗剪切性和热稳定性。T603可调制内燃机油、液压油；T603A主要用于液压油；T603B主要用于密封剂；T603C主要用于齿轮油；T603D主要用于拉拔油 |
| T611 | 乙丙共聚物 | 具有良好的油溶性、热稳定性，用于调制多级内燃机油 |
| T612 T612A | 乙丙共聚物 | 具有较好的稠化能力、抗剪切能力和热稳定性，用作内燃机油的黏度指数改进剂和润滑脂的稠化剂 |
| T613 | 乙丙共聚物 | 比T612的剪切安定性好，用于中高档内燃机油中 |

# 第六节 降 凝 剂

## 一、概述

不同类型的润滑油失去流动性的机理不同。随着温度降低，油品的黏度增加，当黏度增大到一定程度后润滑油失去流动性，这种失去流动性的机理称为"黏温凝固"；另一种机理是低温下在油品中析出的蜡结晶形成三维网状结构，将油裹住而使得润滑油失去流动性，称为"结构凝固"。环烷基润滑油低温下失去流动性属于"黏温凝固"，石蜡基润滑油失去流动性是因为发生了"结构凝固"。降凝剂只对因为"结构凝固"而引起的低温流动性差起到改善作用，因此降凝剂可改善石蜡基润滑油的低温流动性，而不能改善环烷基润滑油的低温流动性。但是降凝剂不能无限制地降低石蜡基润滑油的凝点，降低到一定的程度，加入再多的降凝剂，凝点也不会再下降。

## 二、降凝剂的商品代号和使用情况

表4-6列出了各种降凝剂的商品代号、名称、性能以及适用场合。

表 4-6　降凝剂的商品代号和使用情况

| 商品代号 | 名　称 | 性能与使用情况 |
|---|---|---|
| T801 | 烷基萘 | 降低油品凝点,改善低温流动性,用于内燃机油、车轴油、机械油等 |
| T803 系列 | 聚 $\alpha$-烯烃 | 颜色浅、降凝效果好,主要用于轻质润滑油 |
| T805 | 聚 $\alpha$-烯烃 | 降凝效果好,可调制多级油。用量少,效果好,可与 T803 复合使用 |

以上是一些油品中常用的添加剂，还有一些添加剂如抗泡剂、乳化剂和抗乳化剂、复合添加剂、螯合剂、着色剂、防霉剂、光稳定剂、可生物降解添加剂等，本章不再赘述。

## [知识拓展]　影响润滑油添加剂发展的因素

影响润滑油添加剂发展的因素很多，但影响最大的还是重负荷柴油车的发展，减少汽车尾气污染物排放也是因素之一。许多传统的非常有效的发动机油添加剂不得不停止使用，因为它们会使尾气转化器中的催化剂中毒（例如磷），或者是因为它们含有燃油中受到限制的某些元素（例如硫）。除了发动机外，最重要的是汽车采用无级自动变速箱，因而使传统的汽车传动液必须采用不同的配方。此外，近几年来发动机油规格要求选用 API Ⅱ类和Ⅲ类基础油，有时还要求选用合成或半合成基础油，这些基础油通常要减少添加剂的用量。所有这些都是润滑油添加剂生产商在今后4～5年间要面临和必须解决的问题。

### 1. 柴油机对润滑油添加剂的新要求

柴油机的不断改进和推广应用是推动润滑油生产发展的因素之一。无论是固定式柴油机还是移动式柴油机，环保法规都要求这种传统的"脏"机器更清洁和更有效地运转。这就要求在改进发动机设计的同时，改进燃油和润滑油的质量，最终落到改变润滑油的配方上，还不能使成本超过用户能够承受的水平。此外，还存在一个日益严格的环保排放要求与油品使用性能间的平衡问题，按照环保要求，柴油中的硫含量越低越好，但柴油的润滑性能却主要由含硫化合物提供，过分降低硫含量，势必会降低柴油的润滑性，引起燃油泵的磨损问题。汽车尾气排放法规要求减少 $NO_x$ 和颗粒物的排放，从而促进了 CI-4/PC-9 柴油机油的开发。为了减少汽车尾气污染物的排放，大多数重负荷发动机都采用颗粒物捕集器和废气循环系统，这又大大增加了发动机中的烟臭量。因为对发动机造成影响的与油有关的主要问题是生成沉积物，因此抗氧剂就引起了极大的重视。

发动机油生产商用添加剂解决这个问题一直是处于"守势"。例如，用清净剂来保持金属表面清洁并防止燃烧产物对发动机油的降解作用，用分散剂保持烟臭和炭颗粒悬浮在发动机油中，以避免生成油泥堵塞发动机油的油路，使发动机缺少润滑而磨损。可是，抗氧剂特别是无灰（或无金属）抗氧剂可以防止油的降解，避免生成沉积物，这样就从根本上解决了问题。这种"绿色"添加剂也使发动机油的配方与未来的尾气后处理设施更加匹配。为了使用燃油效率更高的低挥发性发动机油，基础油正在从传统的矿物润滑油基础油向深度精制的低黏度油方面发展。

一般来说，合成油和加氢裂化基础油对抗氧剂的感受性更好，因此优化抗氧剂就成了一个重要的新课题。

2. 汽油机对润滑油添加剂的新要求

SL/GF-3 是汽油机油的最新规格。在确定这个规格的过程中有不同意见，最终还是去掉了有不同争议的改进污染物排放的项目，可是这还是国际润滑油标准化和认证委员会（ILSAC）最初就想要包括在 GF-3 规格中的项目。2004 年 1 月生效的 LEV-Ⅱ 排放标准对确定新一代轿车发动机油 GF-4 规格将起关键作用。LEV-Ⅱ 标准要求大幅度降低 CO 和 $NO_x$ 的排放，对 GF-4 要求的关键性能是高温抗磨性、沉积物控制能力、氧化安定性、低温防锈/防腐性和用后油的泵送性，这样就需要无灰、无硫、无磷的发动机油。

设计中的 GF-4 轿车发动机油规格，目的是使 2010 年的车型满足更严格的燃料经济性和尾气排放标准的要求，并为新车型的发动机提供更好的保护。影响开发 GF-4 最关键的因素是对发动机油含磷量苛刻的限制，要求含磷量从目前的不超过 0.1% 降低到 0.05%，其目的是延长尾气排放控制系统的寿命。对含磷量的这个限制实际上使发动机油中主要的抗磨组分二烷基二硫代磷酸锌（ZDDP）减少一半，也严重削弱了发动机油的氧化安定性。添加剂企业正在努力做工作，通过开发新型无磷抗磨剂和更好的抗氧剂来补偿发动机油中ZDDP 减少的损失，这些替代 ZDDP 的添加剂与当今发动机油使用的 ZDDP 在技术上有很大区别，还没有用新车和老车进行大量试验。预计用于老车可能出现一些问题，因为老车的发动机对磨损更加敏感，不仅是车龄，而且新发动机的设计和老发动机有差别。除了推出新添加剂以补偿 ZDDP 的减少外，可能还需要生产费用更高、增加另一种元素的一些长效添加剂。总之，润滑油添加剂企业正面临着开发新添加剂的挑战。

3. 无级自动变速箱对传动液和添加剂的新要求

无级自动变速箱（CVT）在日本多数体积较小的车辆中得到了比较普遍的应用。据 2001 年 7 月报道，1999 年世界上有近 44 万个 CVT 用在汽车上，其中 99% 用于日本汽车。CVT 已经从用于低转矩低能力的发动机转向用于较大转矩、较大能力的发动机上，其需求量更大。2000 年欧洲奥迪汽车公司推出一种用于 VL300 车型 6 缸 2.8L 发动机的 CVT，这是 CVT 在高转矩发动机上的首次应用。添加剂生产商要评价 CVT 变速器要求的钢-钢磨损和薄膜性能，这些性能还必须与转矩变换器的摩擦要求协调。除了平衡变速器和转矩变换器的摩擦要求外，添加剂-基础油系统还必须保持传动液的抗氧化、抗磨和液压操作等性能。因此，清净剂、分散剂、摩擦改进剂和剪切安定性添加剂等都特别受到重视。

环境保护、排放法规和节能的要求对润滑油添加剂的配方设计产生了影响，如汽油发动机油低磷化、柴油发动机油低灰分化、延长润滑油的使用寿命、生物降解性润滑油对添加剂需求的特点等。国外清净剂、分散剂、黏度指数改进剂、极压抗磨剂、抗氧剂、摩擦改进剂、降凝剂、复合剂等的品种齐全，其中清净分散剂及黏度指数改进剂是润滑油添加剂需求的最大品种，但增长缓慢，而较小品种的润滑油添加剂如抗氧剂、极压抗磨剂、摩擦改进剂等的发展势头强劲，目前的开发动向主要是提高单剂性能并开发某些新品种，发展多功能添加剂和复合剂，以及改进配方并提高使用经济性，满足环保和节能的要求。

# 本章小结

商品润滑油由润滑油基础油和润滑油添加剂调和而成，添加剂是确保润滑油质量的主要组分。虽然在润滑油中添加剂的用量比基础油少得多，但其重要性并不亚于基础油，甚至比基础油还更重要一些。

本章介绍了常用的几种润滑油添加剂——清净分散剂、抗氧防腐剂、极压抗磨剂、抗氧剂和金属减活剂、黏度指数改进剂和降凝剂，主要介绍了这些润滑油添加剂的作用原理以及分类和使用性能，以便于读者能根据不同添加剂的使用性能选择适用于不同场合的润滑油添加剂，也能通过了解不同润滑油添加剂的作用原理，为特定适用场合复配出合适的复合润滑油添加剂。

# 习　　题

1. 对我国内燃机润滑油中使用的添加剂做市场调研，了解内燃机润滑油添加剂的种类、每种添加剂的作用原理、添加量大小以及各种润滑油添加剂使用的发展趋势。

2. 对我国工业润滑油中使用的添加剂做市场调研，了解工业润滑油添加剂的种类、每种添加剂的作用原理、添加量大小以及各种润滑油添加剂使用的发展趋势。

3. 对内燃机润滑油和工业润滑油中使用的添加剂种类和添加量大小进行对比，分析不同添加剂的适用场合以及不同添加剂之间如何进行复配。

4. 极压抗磨剂的品种有哪些？各用在哪些商品润滑油中？

5. 各种添加剂的加入量是越多越好吗？

# 实训建议

【实训项目】　用黏度指数改进剂考察内燃机油黏度的变化

实训目的：考察黏度指数改进剂 T601、T603、T611、T612 对内燃机油 40℃黏度的影响。

实训方法：在 100g 内燃机油里各加入 0.5%、1.0%、2.0%、4.0%的 T601、T603、T611、T612 等四种黏度指数改进剂，在 50℃时搅拌 30min，冷却后按 GB/T 265 做 40℃黏度检测，考察黏度指数改进剂对黏度变化的影响。

| 项目 | 0% | 0.5% | 1.0% | 2.0% | 4.0% |
|---|---|---|---|---|---|
| T601 | | | | | |
| T603 | | | | | |
| T611 | | | | | |
| T612 | | | | | |

# 第五章　商品润滑油的调和和储存包装

【知识目标】
    1. 了解润滑油的调和原理。
    2. 掌握润滑油间歇调和工艺。
    3. 掌握润滑油连续调和工艺。
    4. 了解间歇调和工艺和连续调和工艺的优缺点。
    5. 掌握润滑油的存储要求。
    6. 了解润滑油包装的意义。

【能力目标】
    1. 能应用各种间歇调和工艺对润滑油进行调和。
    2. 能应用各种自动化连续调和工艺对润滑油进行调和。
    3. 能根据实际情况选择润滑油的存储环境。
    4. 能认识各种品牌润滑油的包装特点。

 实例导入

    某公司根据自己多年生产的实际情况，在原有装置的基础上，采取自行开发与引进先进的调和技术相结合的方式，自行设计了新的调和工艺流程，把国际上先进的调和设备进行优选与组合，形成了适合于该公司生产要求的工艺方式。2008 年 10 月至 2009 年 1 月进行了调和试生产，调试油品的各种技术指标全部达到设计要求。2009 年 1 月正式投产，至 2009 年底共生产 238 批次，产量为 51151t。

    润滑油调和有哪些工艺？调和过程如何进行？

## 第一节　润滑油调和工艺简介

    各种机器设备所用的润滑油，单独用润滑油基础油不能满足其要求，同时也达不到各类润滑油产品的规格标准要求。其解决途径是大部分的润滑油产品均需要在选定好的一种或几种润滑油基础油中加入一种或几种添加剂后，才能满足产品的规格标准。根据润滑油要求的质量和性能，对添加剂精心选择，仔细平衡，进行合理调配，是保证润滑油质量的关键。

    一个润滑油调和厂可能调和百种以上的润滑油产品。润滑油调和的目的是为了调整产品黏度、扩大生产灵活性、降低成本、改善和提高油品质量以适应不同的润滑要求。通过调和，可以改善基础油本身的抗氧化安定性、热安定性、极压性和黏度等物理化学性能。通过正确选用、合理加入添加剂，可改善油品的物理化学性质，对润滑油赋予新的特殊性能，或加强其原来具有的某种性质，满足更高的质量要求。

**一、润滑油的调和原理**

润滑油由基础油和添加剂两部分组成。基础油是润滑油的主要成分，决定着润滑油的基本性质；添加剂则可弥补和改善基础油性能方面的不足，赋予其某些新的性能，是润滑油的重要组成部分。在一定条件下，把性质和组成相近的两种或两种以上的基础油，按一定比例混合并加入添加剂的过程称为调和。一般来说，润滑油调和需要 1～3 种基础油和 1～5 种添加剂。润滑油调和大部分为液-液相互相溶解的均相混合，个别情况下也有不互溶的液-液相系，混合后形成液-液分散体。当润滑油添加剂是固体时，则为液-固相系的非均相混合或溶解，固态的添加剂为数并不多，而且最终互溶形成均相。一般认为液-液相系均相混合是分子扩散、涡流扩散和主体对流扩散等三种扩散机理的综合作用。

1. 分子扩散

由分子的相对运动引起的物质传递称为分子扩散。这种扩散在分子尺度的空间内进行。

2. 涡流扩散

当机械能传递给液体物料时，在高速流体和低速流体界面上的流体，受到强烈的剪切作用，形成大量的涡旋，由涡旋分裂运动所引起的物质传递称为涡流扩散。这种混合过程在涡旋尺度的空间进行。

3. 主体对流扩散

主体对流扩散包括一切不属于分子扩散或涡流扩散而是大范围的全部液体循环流动所引起的物质传递，如搅拌槽内对流循环引起的传质过程。这种混合过程在大尺度空间内进行。

**二、润滑油的调和工艺类型**

润滑油调和工艺主要有罐式调和与管道调和两种基本形式。如果进一步区分，一般可归纳为罐式调和、管道调和、罐式-管道调和、气脉冲调和等几种主要生产方法。

罐式调和系统是将基础油、添加剂按比例直接送到调和罐，经过搅拌后，即为成品油。管道调和系统是根据配方要求，按照各组分比例控制管道内原料油流速，经过混合器后即成为成品油，可直接输送到缓冲罐进行罐装。罐式调和系统的特点是各组分送到调和罐的速率快，但搅拌时间长。润滑油管道调和控制系统包括基础油管道和添加剂管道，通过变频器实时在线调整管道泵的转速，使得各条管道中原料油的流量动态地调整以达到预设定的比例，保证最优的调和精度。

我国多数炼油企业基本上仍然采用罐式调和与机械搅拌的调和方式，即将各组分基础油以一定比例用泵送入调和罐内，加入所需添加剂经搅拌、精制等工艺程序，通过必要的质量检验，结果合格即可成为成品。这种传统的润滑油调和工艺操作周期长、能耗大、合格率较低，直接影响企业的经济效益。

目前，我国炼油企业积极改进润滑油调和技术，纷纷以管道自动化调和取代传统的罐式调和工艺，取得了可喜的经济效益。近年来，随着科学技术的不断进步，润滑油调和在采用微机和在线仪表等方式上又有新的突破，具有自动化程度高、调和质量好、精度高及品种调换灵活等特点。计算机管道调和工艺，虽然一次性投资高，但在保证产品质量、安全生产和投资回收快等方面显示出更强的优越性。

# 第二节　罐式间歇调和工艺

**一、机械搅拌调和**

机械搅拌调和是指被调和物料是在搅拌器的作用下，形成主体对流和涡流扩散传质、分子扩散传质，使全部物料性质达到均一。罐内物料在搅拌器转动时产生两个方向的运动：一是沿搅拌器的轴线方向的向前运动，当受到罐壁或罐底的阻挡时，改变其运动方向，经多次变向后，最终形成近似圆周的循环流动；二是沿搅拌器桨叶的旋转方向形成的圆周运动，使物料翻滚，最终达到混合均匀的目的。润滑油罐式调和装置简图见图5-1。

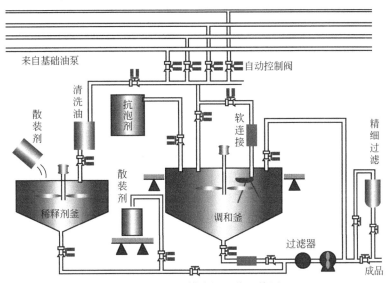

图 5-1　润滑油罐式调和装置简图

搅拌器的安装方式有两种。

① 罐壁伸入式：采用多个搅拌器时，应将搅拌器集中布置在罐壁的1/4圆周范围内。

② 罐顶进入式：可采用罐顶中央进入式，也可不在罐顶正中心。其示意图分别见图5-2和图5-3。

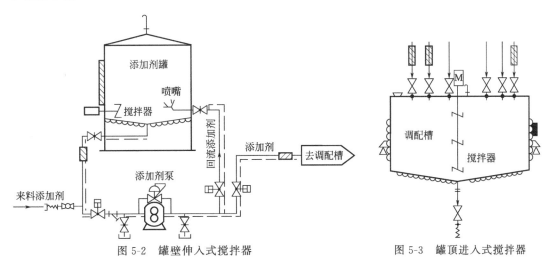

图 5-2　罐壁伸入式搅拌器　　　　　图 5-3　罐顶进入式搅拌器

搅拌器的结构类型对搅拌效果的影响很大。一般按搅拌器对流体作用的流动方向可将搅拌器分为两类：轴流型与径流型。现在实际应用的有很多新型搅拌器。

① 推进式搅拌器。推进式搅拌器是一种轴流型搅拌器，当其旋转时能很好地使流体在随桨叶旋转的同时上下翻滚。一般适用于低黏度流体的混合操作。

② 桨式搅拌器。桨式搅拌器是一种径流型低速搅拌器，需要较长的调和时间，但所需

的功率较小。

此外，还有开启涡轮式搅拌器、圆盘涡轮式搅拌器、锚式和框式搅拌器、螺带式搅拌器和螺杆式搅拌器等。

**二、泵循环搅拌调和**

泵循环搅拌调和是指用泵不断地将罐内物料从罐底部抽出，再返回调和罐，在泵的作用下形成主体对流扩散和涡流扩散，使油品调和均匀。为了提高调和效率，降低能耗，在实际生产中通过不断对泵循环调和的方法进行改进，目前主要有泵循环喷嘴搅拌调和和静态混合器调和等方式。

**1. 泵循环喷嘴搅拌调和**

泵循环调和是把需要调和的各组分油送入罐内，利用泵不断地从罐体底部抽出油品，然后把油品打回流至罐内（一般在回流口增设喷嘴或喷射搅拌器，喷出的高速流体使物料能够更好地混合），如此循环一定时间，使各组分调和均匀，达到预期要求。即在调和油罐内增设喷嘴，被调和物料经过喷嘴的喷射，形成射流混合。高速射流传过罐内物料时，一方面可以推动其前方的流体流动形成主体对流运动；另一方面在高速射流作用下，射流边界可形成大量涡流使传质加快，从而大大提高混合效率。这种混合方法适用于中低黏度油品的调和。

调和油罐内的喷嘴有单头喷嘴、多头喷嘴、旋转喷嘴等类型。

单头喷嘴安装在罐内靠近罐底的罐壁进油管上。喷嘴喷出的油流延长线与罐顶最高液面的交点应在油罐直径的 2/3 处。单头喷嘴如图 5-4 所示。

多头喷嘴安装于油罐底部中心，采取法兰与油罐内输油管线相连接。每个喷嘴的结构与单头喷嘴相同，其中一个喷嘴位于中心垂直向上，其余喷嘴围绕该中心喷嘴均匀分布在其周围，以一定角度向四周倾斜。

旋转喷嘴安装方式与多头喷嘴相同，就是在多头喷嘴基础上增加旋转轴承。见图 5-5。

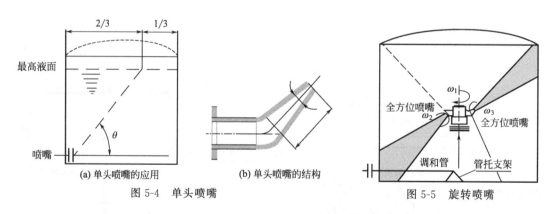

图 5-4　单头喷嘴　　　　　　　　　　　　图 5-5　旋转喷嘴

很多厂商也依此开发出多种更高效的产品。如某个喷嘴产品，介质通过法兰输入到旋转喷嘴内部，然后从两边的全方位喷嘴高速喷出，同时流体驱动该旋转喷嘴绕输入法兰中轴进行旋转，带动全方位喷嘴绕水平轴心进行旋转，使喷射出的流体柱覆盖该旋转喷嘴周围所有空间，以达到全方位搅拌的目的。

**2. 静态混合器调和**

静态混合器调和是指在循环泵出口以及物料进调和罐之前增加一个合适的静态混合器。用静态混合器强化混合，可大大提高调和效率，一般静态混合器调和比机械搅拌缩短一半以上的调和时间，而调和的油品质量也优于机械搅拌。

### 三、压缩空气调和

压缩空气调和是往罐体中通入压缩空气，直接通风调和或通过调和管调和。压缩空气管可从罐壁底圈或罐顶接入罐内，也可与进油管线相接进罐。由罐壁底圈接入和接进油管时，要装止回阀，防止润滑油窜入空气管内。

使用压缩空气调和时应注意，压缩空气易使油品氧化变质，并造成油品蒸发损耗及环境污染。故此方法不适用于易产生泡沫或含有干粉状添加剂的润滑油，多用于调和量大而质量要求一般的石油产品，使用时必须在调和之前脱干水分，对质量要求相对较高的产品应用净化空气。

# 第三节　自动化连续调和工艺

自动化连续调和是把被调和的润滑油的各组分，包括所需要的各种基础油和添加剂，按产品开发时确定的比例同时送入调和总管和混合器，经过均匀混合的油品从另一端出来，按理化指标和使用性能即可达到预定要求，油品直接灌装或送入成品油罐存储。调和系统操作步骤由主控室计算机控制，计算机中可预先输入产品配方，操作人员只需输入产品名称和数量等参数，计算机即可算出各组分油的量和添加剂的量，并显示和控制调和步骤。

目前润滑油调和企业常用的自动化连续调和工艺主要有在线管道调和 ILB（In-Line-Blender）、自动批量调和 ABB（Automatic-Batch-Blender）和同步计量调和 SMB（Simultaneous-Metered-Blender）三种调和方式。

### 一、连续调和装置的构成

1. 储罐

连续调和装置中的储罐主要有基础油储罐、添加剂组分罐和成品油罐。

2. 组分通道

每一个组分的通道包括配料泵、计量表、过滤器、排气罐、控制阀、温度传感器、止回阀和压力调节阀等。组分通道的多少依据调和油品的组分数而定，一般为 5～7 个通道。

3. 总管、混合器和脱水器

各组分通道出口均与总管相连，各组分按预定的准确比例汇集到总管。混合器又称为均质器，物料在此被混合均匀，该设备可以为静态混合器，也可以为电动型混合器。脱水器的作用是将油品中的微量水脱除，一般为真空脱水器。

4. 在线质量仪表

在线质量仪表主要包括黏度表、倾点表、闪点表和比色表等。

5. 自动控制和管理系统

根据控制管理水平的要求，可选用不同的计算机及辅助设备作为自动控制和管理系统。

6. 扫线及清洗控制系统

自动球扫线系统是在采用中央计算机控制后，可以自动完成管道清扫工作，清扫效果良好，可实现用一根输油管输送不同种类的油品。

管线清扫系统一般由清扫球、发球站、收球站、特殊输送管线、管线分配阀、管线三通阀、可用球扫的装车臂和可用球扫的自动管汇等组成。图 5-6 为新式球清扫工艺过程示意图，图 5-7 为老式球清扫工艺过程示意图。

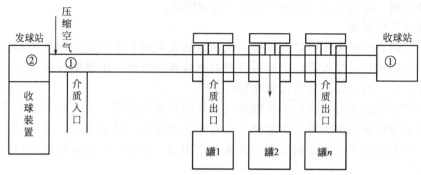

图 5-6　新式球清扫工艺过程示意图

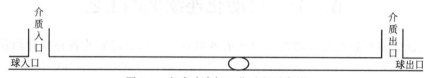

图 5-7　老式球清扫工艺过程示意图

## 二、在线管道调和系统

### 1. 在线管道调和的工艺过程

在线管道调和（ILB）是一种高效率、大生产量的散装产品调和的自动化调和方法，包括调和站和计算机系统两部分。一般调和站设置 4～9 个通道，每个通道适合一定比例范围组分。每个调和通道均设有空气干燥器、质量流量计、温度传感器、控制阀、单向阀及扫线阀。在线管道调和系统原则流程如图 5-8 所示。

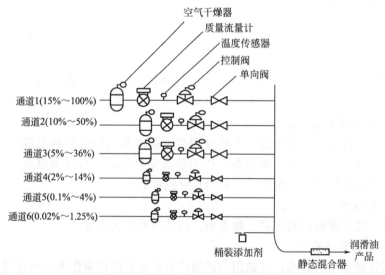

图 5-8　在线管道调和系统原则流程

操作时，流体通过一系列的质量流量计，系统可实现各组分液体的高精度配比，利用混合器在主管道混合后直接进入成品罐。同时，整个自动化控制系统通过在线仪表质量检测及闭环控制，可对成品油的主要质量实现优化控制。

### 2. 在线管道调和系统的特点

① 生产速率快，当每批生产量大于 $100 m^3$ 时，系统具有较大的生产效率（该系统最低

生产量不小于 50m³）；

② 该系统需要组分罐；

③ 用管线直接调和，调和时在线质量得到闭路控制，不需要再到下游油罐进行调和；

④ 调和过程为全自动控制；

⑤ 特别适用于散装方式交货；

⑥ 调和时特别要注意管道中物流不能有杂质，否则某一通道被杂质卡住，达不到设定流量和比例时，调和器会暂停；

⑦ 系统对配方的适应性差，当配方改变需要调整各泵的流量时，由于泵的流量不能改变，所以部分原料还需要打循环；

⑧ 低比例的添加剂必须稀释成母液。

### 三、自动批量调和系统

1. 自动批量调和的工艺过程

自动批量调和（ABB）可作为高频次、小批量产品以及为 ILB 和 SMB 调和系统提供的稀释母液的自动化调和方法。ABB 质量流量计计量和称重罐计量调和的原则流程分别见图5-9 和图 5-10。

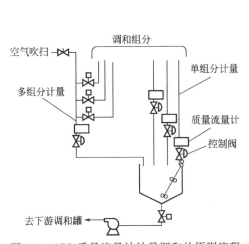

图 5-9　ABB 质量流量计计量调和的原则流程

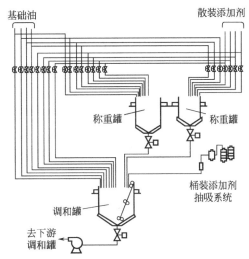

图 5-10　ABB 称重罐计量调和的原则流程

自动批量调和有两种类型：一种类型是将所有的基础油和散装添加剂从调和釜顶部的管道通过质量流量计对各组分进行计量后进入调和釜；另一种类型是各组分依次进入一个悬挂着的称重罐（称重罐大小通常为 1m³、2m³、10m³）。主控系统的计算机根据调和产品的量，算出各种基础油和添加剂的量，所有组分通过质量流量计或称重罐计量后，将调和组分送入下游储罐。ABB 具有自动进料、混合、出料和清洗功能。

自动批量调和操作按以下 5 个步骤进行。

（1）进料　所有基础油和散装添加剂计量后进入调和釜，桶装添加剂可用一种桶吸入设备计量进入调和釜，固体添加剂从罐顶由人工加入，控制系统根据操作工预先设定的指令进行操作。

（2）混合　在合适的温度下，各种组分在机械搅拌下调和为均匀产品。

（3）出料　调和后，物料输送到一个下游的储罐或调和罐中，进料或调和过程允许重复进行。

（4）清洗　调和罐用基础油进行清洗，通常清洗油的量应先从计算所得的基础油量中扣除，这些清洗油同样输送到下游的成品储罐。

（5）最终调和　在下游成品罐中，包括清洗油在内，再一次调和成为目标产品。

2. 自动批量调和系统的特点

自动批量调和系统的优点是自动化程度高，可生产高频次、小批量的产品，产品转向快；可直接用调和釜进行调和，产品污染度较小。

自动批量调和系统的缺点是整个调和过程需要分进料、混合、出料、清洗和最终调和等五步完成，调和速率较慢；对大容量的调和效率低，需要若干次重复循环和调和；只有在整个调和过程结束后才能在储罐取样化验，不便于时刻监测产品质量；装置的设备投资费用较昂贵。

**四、同步计量调和系统**

1. 同步计量调和的工艺过程

同步计量调和（SMB）是ILB和ABB的有机结合，可生产任何批量大小的产品，是适应产品品种变化的自动化调和方法。组分罐中各组分油分别用泵通过质量流量计从多个调和支管同步进入一个集合管网中，然后至下游指定的调和罐，在调和罐中进行调和。SMB调和系统各组分直接通过集和管进入储罐调和。这些储罐通常位于储罐区，每一个储罐被定为一种产品的专用罐，储罐均配备搅拌设施（可用泵配合喷嘴的搅拌方式，也可安装侧向搅拌），使产品搅拌均匀。SMB调和原则工艺流程图见图5-11。

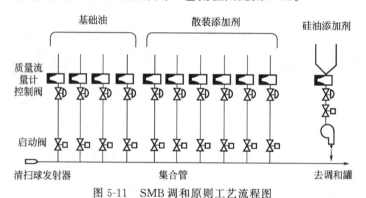

图5-11　SMB调和原则工艺流程图

2. 同步计量调和系统的特点

SMB系统另外配有清扫球系统，可先将罐内的存油全部扫入调和罐内。同步计量调和系统的特点有：自动化程度高；使用质量流量计，可同步输送流体，生产量大，调和快速；能高效调和任何批量大小的产品；产品由罐调和，污染小；用清扫球清扫，污染度可降到最低。

在润滑油的调和过程中，一般按大类别来确定设备的数量，当切换产品生产时，采用动力风清扫管线内的残油，或多或少会产生死角和扫不净的情况，影响产品的质量。随着润滑油产品档次的提高，质量及数量变化增大，对切换频率和质量要求更高，原有的清扫方法已不适用。为适应产品的激烈竞争，减少建设费用和生产成本，通常配合ABB和SMB的调和方式，采用一种清扫系统清扫残油。

**五、国外油品调和软件**

1. Honeywell

Honeywell的调和解决方案是炼油厂完成调和计划、调和执行及调和性能监视的详尽解决方案，如图 5-12 所示。这一工业化的方案由四个紧密结合的模块构成：调和计划（BLEND）、调和属性控制（BPC，Blend Property Control）、调和比率控制（BRC，Blend Ratio Control）和调和管理（Blend Management）。Honeywell 还提供 OpenBPC 模块，供非 BRC 调和控制系统的用户使用。

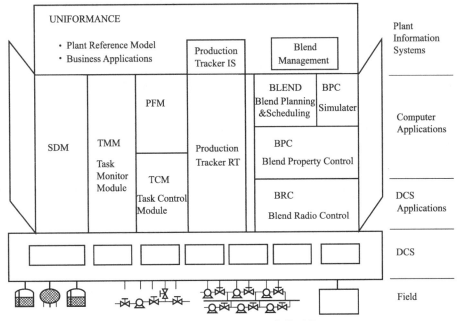

图 5-12　Honeywell 调和优化系统

BLEND 模块为计划和调度人员提供最佳的调和配方，将中间组分按时调和为成品，使得质量过剩最小。它是一个多周期、多产品的调和计划和调度优化工具，综合考虑组分的生产和产品销售，其目标是使炼油厂的利润最大。

BPC 模块是在线优化调和配方的非线性调和性优化器。BPC 可以在将油品有效地调和成符合质量要求的同时进行优化。

BRC 模块通过管理调和开始到结束的顺序控制在线调和过程，确保被调和的产品符合配方各项指标的要求。

OpenBPC 模块使用工业标准的 OPC 客户机/服务器结构实现和第三方调和控制系统的连接。

Blend Management 是一套决策支持系统。它通过保存所有历史数据、为计划工具提供反馈、提示操作中的变动，在经营层评估主要绩效指标（KPls），形成一个业务流程的闭环。

2. Aspen

AspenTech 的调和解决方案由以下两部分组成。

（1）Aspen MBO（Multiperiod Blend Optimization）　Aspen MBO 是一个多周期调和优化工具，可以在多个周期的基础上为每次调和任务生成最优调和配方；在调度的层次上进行调和优化；考虑产品罐底；支持自动将最优配方通过调和控制接口（BCI，Blend Control Interface）导入至调和控制系统。Aspen MBO 属于 Aspen PPIMS（一个多周期线性规划优化工具）应用中的一个模块。

（2）Aspen Blend  Aspen Blend 将 Aspen PIMS 优化器和 DMCplus 多变量动态矩阵控制器结合到一起，以实现每次调和过程的优化控制。在调和过程中，通过对调度优化产生的配方的在线调整保证产品的质量指标，同时优化组分的使用。

3. ABB

ABB 公司的调和解决方案主要由两部分组成：先进调和控制和常规调和控制。

（1）先进调和控制（ABC，Advanced Blend Control）  ABC 提供调和指令管理、调和设备组态、调和前优化、在线调和优化控制、调和过程监视及报表等功能。它从一个调和计划优化系统下载电子调和指令，或者用户直接创建调和指令，调和操作人员可以选择一条指令并执行调和任务。ABC 模块在调和过程中，以一定的周期监控产品罐累积性质并及时调整配方使产品质量达标。

（2）常规调和控制（RBC，Regular Blend Control）  RBC 运行在 ABB 的 Advant Master 或 Advant OpenControl 系统上，用以启动/停止一次调和任务，从而调节组分流量以维持给定的配方。使用标准的接口生成调和指令或从上层系统（如 ABC）下载调和指令，现场设备选择或组态，人工或自动，维持一个目标流量和目标调和总量，控制泵的开启顺序，调和总流量自动爬升/降低，显示当前的以及累计的状态和调和结果。

4. Shell

StarBlend 是一个多周期调和优化工具，可以为每次具体的调和任务生成调和配方。其原型是美国 Texco 炼油厂开发的 OMEGA 调和优化软件，后来在其基础上经过重新开发升级为 StarBlend，现在归 Shell 公司所有。

5. Technip

Technip 公司的调和管理和控制技术包括多周期调和调度和调和过程多变量控制。

（1）FORWARD  FORWARD 是一个调度优化系统，用以优化未来的调和任务，生成调和指令。

（2）ANAMEL  ANAMEL 在线调和多变量控制和优化系统，以减少质量过剩，实现产品质量在线认证/发运。

6. Foxboro

Foxboro 公司的调和优化系统 BOSS（Blend Optimization and Supervisory System）是一个在线有约束调和优化器。它和 DBS（Digital Blending System）以及 NMR（核磁共振）分析仪一起使用，根据实时产品质量分析值提供最优调和比例设定值。BOSS 与绝大多数其他系统不同的是，Foxboro 公司的调和系统采用 NMR 分析仪，而不是近红外（NIR）分析仪。

7. Yokogawa

横河（Yokogawa）公司的调和系统作为 EXA-OMS（油品储运软件包）系统的一部分，由下面两部分组成。

① Exablend（批量管道调和，自动路径选择/组态）；

② Exabpc（多变量调和质量控制和优化）。

EXA-OMS 的其他部分包括：Exatim（罐存监控管理）、Exatrans（油品移动监控）、Exaomc（任务监督及与炼厂调度系统接口）和 Exapath（油品移动路径自动选择）。

**六、间歇和连续两种调和工艺的比较**

间歇调和是把定量的各组分依次或同时加入到调和罐中，加料过程中不需要度量和控制组分的流量，只需确定最后的数量。当所有的组分配齐后，调和罐便可开始搅拌，使其混合均匀。调和过程中随时采样化验分析油品的性质，也可随时补加某种不足的组分，直至产品完全符合规格标准。这种调和方法，工艺和设备比较简单，不需要精密的流量计和高度可靠的自动控制手段，也不需要在线的质量检测手段。因此，建设此种调和装置所需投资少，易于实现。此种调和装置的生产能力受调和罐大小的限制，只要选择合适的调和罐，就可以满足一定生产能力的要求，但劳动强度大。

连续调和是把全部调和组分以正确的比例同时送入调和器进行调和，从管道的出口即得到质量符合规格要求的最终产品。这种调和方法需要有满足混合要求的连续混合器，需要有能够精确计量、控制各组分流量的计量器和控制手段，还要有在线质量分析仪表和计算机控制系统。由于该调和方法具备上述这些先进的设备和手段，所以连续调和可以实现优化控制，合理利用资源，减少不必要的质量过剩，从而降低成本。连续调和顾名思义是连续进行的，其生产能力取决于组分罐和成品罐容量的大小。

综上所述，间歇调和适合批量小、组分多的油品调和，在产品品种多、缺少计算机装备的条件下更能发挥其作用。而生产规模大、品种和组分数较少，又有足够的储罐容量和资金能力时，连续调和则更有其优势。

# 第四节　润滑油调和工艺控制

润滑油由基础油和添加剂调和而成，基础油是润滑油的主要构成原料，一般占润滑油成分的80%以上。润滑油调和工艺必须与原料油、添加剂以及产品市场变化相适应，在整个工艺过程中还要做到计量准确、减少或防止污染，因此，对润滑油调和工艺进行控制是保证产品质量、提高生产效率的重要环节。

## 一、调和质量的影响因素

影响润滑油调和质量的因素很多，调和设备的调和效率、调和组分的质量等都直接影响调和后的油品质量。这里主要分析工艺和操作因素对调和油质量的影响。

### 1. 组分的精确计量

无论是间歇调和还是连续调和，精确计量都非常重要。精确计量是各组分投料时正确比例的保证。批量调和虽然不要求投料时流量的精确计量，但要保证投料最终的精确数量。组分流量的精确计量对连续调和至关重要，流量计量得不准，将导致组分比例的失调，进而影响调合产品的质量。连续调和设备的优劣，除混合器外，就在于系统的计量及控制的可靠性和精确程度，它应该确保在调和总管的任何部位取样，其物料的配比都为正确配比。

### 2. 组分的水含量

组分中含水会直接影响调和产品的浑浊度和油品的外观，有时还会引起某些添加剂的水解而降低添加剂的使用效果，因此应该防止组分中混入水分。但在实际生产中系统有水是难免的，为了保证油品的质量，连续调和器负压操作，以脱除水分，或采用在线脱水器。

### 3. 组分中的空气

组分中和系统内混有空气是不可避免的，空气对调和非常有害。空气的存在不仅可能促进添加剂的反应和油品变质，而且也会因气泡的存在导致组分计量不准确，影响组分的正确配比，因为计量器一般是使用容积式的。为了消除空气的不良影响，在管道连续调和装置中不仅混合器负压操作，还在辅助泵和配料泵之间安装自动空气分离罐，当组分通道内有气体时，配料泵自动停机，直到气体从排气罐排完，配料泵才自动开启，从而保证计量准确。

4. 调和组分的温度

要选择适宜的调和温度。温度过高，可能引起油品和添加剂的氧化或热质变；温度偏低，则使组分的流动性能变差而影响效果。一般以 55～65℃ 为宜。

5. 添加剂的稀释

有些添加剂非常黏稠，使用前必须熔融、稀释，调制成合适浓度的添加剂母液，否则既可能影响调和的均匀程度，又可能影响计量的精确度。但添加剂母液不应加入太多稀释剂，以免影响润滑油的产品质量。

6. 调和系统的清洁度

调和系统内存在的固体杂质与非调和组分的基础油和添加剂等都有可能是污染源，都可能造成调和产品质量的不合格，因此润滑油调和系统要保持清洁。从经济的观点出发，无论是管道调和还是罐式调和，一个系统只调和一个产品的可能性极小，因此非调和组分对系统的污染免不了，管道连续调和采用空气（氮气）反吹处理系统，罐式调和在必要时必须彻底清扫。实际生产中一方面尽量清理污染物，另一方面则应该安排质量和品种相近的油在一个系统内调和，以保证调和产品的质量。

**二、润滑油调和注意事项**

1. 调和前注意事项

罐式调和是目前广泛使用的润滑油调和工艺，基础油和添加剂在输入调和装置前，应该注意以下事项。

（1）确定储罐，检查储罐原装油品品种及清洁情况　检查储罐内油品的质量，对同一精制深度系列而牌号不同的基础油，一般采用相邻黏度级别存放原则，否则应抽尽罐底残油。

（2）即将进行调和的基础油的温度稍高于调和温度　需要较长时间存储的基础油，应避免加热，尽量低温存储。某些基础油需要加热维持可泵送状态，通常可维持油温在 40℃ 左右。对于调和润滑油的基础油，原料不可避免地存在水分和杂质问题，调和前应适当进行升温、沉降和脱水，一般应该以不大于 80℃ 的温度先沉降和脱水，然后循环蒸发，不能采用高温 120℃ 脱水，更不能采用空气搅拌的方法脱水。

（3）添加剂需要维持较高的温度　罐装的大量添加剂需要维持较高的温度（约 70℃），罐需要保温。添加剂对温度比较敏感，最好用热水或油等低温介质加热。桶装添加剂要求仓库保持一定温度，以便于倾倒。一些添加剂在使用前临时加热比较经济，这时可使仓库温度低一些。

2. 调和过程注意事项

（1）调和温度　调和温度过高，可能引起调和产品氧化和热变质；温度过低，则组分的流动性能变差，影响调和效果。要根据基础油和添加剂的物理化学性质来确定调和温度，最佳调和温度一般控制在 55～60℃。调和温度的选择原则是在保证调和均匀的条件下尽量低温。

（2）调和顺序　一般是先用基础油或增黏剂（黏度指数改进剂）调整黏度，再用降凝剂调整凝固点，二者合格后，加入抗泡剂及其他添加剂。添加剂与基础油调和时，一定要避免添加剂之间以浓稠状态接触，特别是酸性添加剂与碱性添加剂在同一个基础油中调和时，要首先混合少量的第一种添加剂，然后再以稀释状态混入第二种添加剂。

（3）添加剂加入方式　根据各种添加剂的质量要求，化验添加剂的关键指标，指标合格后方能使用。一般添加剂密度较大，应从罐顶加入。

（4）防止混入水分　在调和过程中，如果基础油和添加剂含有水分，会直接影响调和产品的浑浊度和油品的外观，有时还会引起不同种添加剂之间发生反应和添加剂的分解而降低添加剂的使用效果，因此应该防止组分中混入水分。

（5）防止混入固体杂质　为使调和产品的杂质含量符合规格，除要求各调和组分不得混入固体杂质外，在调和过程中各组分进入组分通道后首先经过过滤器，调和产品出装置前也要经过 $10\sim30\mu m$ 过滤器，防止有害固体杂质混入产品。

### 三、硅油的分散

为了降低或消除润滑油的发泡性，提高硅油的使用效果，有多种加入方法，归纳起来，主要有以下两种。一种是使用高效抗泡剂二甲基硅油，提高硅油的抗泡能力和抗泡持久性，采用各种不同分散加入法；或者采用机械的或溶剂稀释的手段，将硅油以极小的颗粒均匀分散于油中；或者将硅油与各种分散剂制成乳剂再加入润滑油中。另一种方法是将硅油与低分子极性化合物（醇、胺、醛、酸）复合使用。

# 第五节　商品润滑油的储存和包装

### 一、商品润滑油的储存要求

桶装及罐装润滑油在可能范围内应储存于仓库内，以免受气候影响；已开用的带包装的润滑油必需储存在仓库内。油桶以卧放为宜，桶的两端均须楔紧，以防滚动。如将桶直放时，宜将桶略为倾斜，以免雨水聚集于桶面而掩盖铜栓。水对任何润滑油均有不良影响。此外，应经常检查油桶有无泄漏及查看桶面上的标志是否清晰。

太低或太高的温度皆对润滑油有不良影响，因而不宜将润滑油长久储存于过冷或过热的地方。

润滑油与一般的食品和药品不同，没有严格意义上的储存保质期。因为润滑油的性能比较稳定，只要储存得当，一般都不会影响使用，所以国家并没有规定润滑油的保质期或有效期。

### 二、润滑油污染的控制

润滑事故除因润滑油选用或使用不当外，主要由于污染所致。控制润滑油污染的措施有以下六个方面。

① 储运润滑油品的容器必须清洁、密闭，且不与铜、锡等易于促进润滑油氧化变质的金属接触；

② 油品加入设备前要进行沉降过滤处理，保证清洁度；

③ 加油容器不可露置在大气中，尤其装油容器不可无盖；

④ 储存润滑油的油罐要定期清洗，及时排污；

⑤ 油罐或油箱上设空气过滤呼吸器，在加油口设 100 目以上的滤器和防尘帽，做好各部位的密封，在润滑系统适当部位设过滤器及排污阀；

⑥ 变压器油等电气用油对水分要求高，应尽量在天气干爽时换油，且开盖后油品要立即加入设备。

### 三、润滑油使用注意事项

使用润滑油时要注意以下七个方面。

① 向润滑专家咨询，用适当规格的润滑剂，尽量减少用油种类；

② 每种机械以简单图样标出需要加油的部位、油品名称、加油周期等并由专人负责，避免用错油品；

③ 每次加油前须清洁擦拭油抽、油壶等容器和工具；

④ 每种油用专用的容器，且在容器上注明盛载油品的名称，以防污染；

⑤ 换油前须将机械用溶剂冲洗干净，切不可用水溶性清洗剂；

⑥ 每次添加或更换润滑油后，做好机械保养记录；

⑦ 发现油品异常或已到换油周期，应抽样交由专业公司化验决定。

**四、商品润滑油的包装**

在润滑油行业，产品包装意义重大，它代表了品牌形象，也传递了公司的理念。今天的润滑油市场竞争日趋热化，只有从消费者需求的角度出发，不断从各方面差异化自己的产品，提升整体品牌形象，才能全面获得市场竞争力。

产品包装对润滑油产品提高竞争力的贡献主要体现在以下两个方面。

1. 包装可以提高产品的品牌形象

优秀的包装并不是简单地使用最先进的包装材料，而是让包装容器的造型、颜色、标签设计和谐地组合，使之符合产品的内在品质，体现产品的定位，并为使用者带来更为便利清洁的使用方式。

2. 包装可以最大限度地使产品的外形差异化

可通过选择不同润滑油包装的颜色反映产品外形的差异化。适当的颜色选择不仅可以使产品在众多竞争品牌中脱颖而出，更可以体现出产品的功能特性。比如，润滑油品质（API）越高的产品往往选用沉稳高贵的颜色，如蓝、灰、金、银色等，用于冬季的润滑油产品和柴油机油往往选用黑色等比较有力度的颜色，而白色最常被用于清洁能力突出的产品。国际上也使用同色系的不同深浅程度的颜色作为一系列产品的包装，来体现产品品质的稳定性，并区分产品的不同定位。

德国汉堡的市场发展经理 Christian Musiol 在某次油品包装委员会会议上提出了当今润滑油包装有四个关键发展趋势，即实用性、人性化、可持续发展性和防伪功能，但它们的重要性因区域而异。

（1）实用性　在非洲，实用性是润滑油包装的主要趋势。实用性指开发和利用的技术设计，满足基本的容器的需求：打开、浇注，保护内容和环境。

（2）人性化　在欧洲和日本还有北美洲，消费者对润滑油包装方面的要求越来越多。一些地区的润滑油市场人性化是一个重要的趋势，顾客期望好的包装方式、使用和最后的处置、易开、易浇注、无泄漏及可回收环保。

（3）可持续发展性　北美、西欧和澳大利亚润滑油包装的主要问题是可持续发展性，它旨在不损害子孙后代的需求。这意味着环境保护。在欧洲，包装的可持续发展性比北美有更严格的要求。

润滑油包装的可持续发展就是使用环保材料。例如，欧洲从 1998 年开始就不使用有色金属了，润滑油包装桶可以进行有效的回收。

（4）防伪功能　在世界许多地方，包括南美洲、非洲、中东和亚洲，建立一个独立的、难以复制的包装是一个大趋势，是一项重大挑战。

在一些地区，假冒润滑油产品占 20%～30% 的市场份额，制造商和包装商可以采取包括使用最新的防干扰技术、对物流环节的控制、客户教育、个性化的包装和隐藏的标志等做好防伪工作。

中国汽车行业的快速发展，给中国润滑油产业的发展创造了条件，润滑油市场呈现出勃勃生机。自 20 世纪 90 年代开始到今天，中国润滑油市场经历了由国际润滑油品牌垄断市场，发展到由中石油、中石化、统一等国内企业的国有品牌和众多的民营地方性品牌不断发展壮大，形成了三足鼎立的竞争局面。

目前市场上的汽车用润滑油的包装主要为高密度聚乙烯（HDPE）塑桶装，容积为 4L。标贴的方式主要为不干胶贴，也有部分国内品牌采用模内贴标为其高端产品提高形象。包装的外形设计基本采用上手柄、侧手柄或上侧双手柄的方型桶体。国际品牌的润滑油以其成熟的产品及市场经验，目前在中国市场推出的主要为其多年运作成熟的高端产品。这些产品的包装设计都是拥有版权的经典桶型。这种全球通用的设计使其产品的包装真正为产品代言，使消费者无论走到哪里只要看到包装就可认出产品。这也是几大全球润滑油品牌如此重视包装的原因，以具有品牌个性的产品包装作产品无形的推销者。

# 第六节　商品润滑油调和储存和包装过程中的 HSE 管理

## 一、润滑油调和储存和包装过程的健康防护

1. 危险介质分析

（1）加热介质　润滑油调和过程中往往需要加热甚至需要很高的温度，会用到过热蒸汽和导热油等加热介质，这些加热介质很容易造成人体的烫伤。

（2）成品润滑油　润滑油的蒸气油雾是液滴直径为 $0.01 \sim 10 \mu m$ 的气相分散体系。当油滴较大时会被鼻子滤除，但当油滴或油粒直径小于 $5 \mu m$ 时，就会由支气管顺利到达肺泡，并沉积到肺部，从而造成人体危害。医学研究表明，粒径为 $0.5 \sim 1.5 \mu m$ 的微粒将被呼吸系统的肺泡所捕获；粒径为 $0.1 \mu m$ 的油滴大概有 10% 留在肺泡中，而粒径为 $1 \mu m$ 的油滴留下的数量将高达 70%。以动物作为研究对象的医学研究证明，长期接触油雾，会出现含脂肪的肺泡和巨噬细胞脂肪性肉芽肿，并且呼吸组织出现了形态改变的特征，易患哮喘和皮肤等疾病。

自 20 世纪 50 年代中期以来，亚硝胺的致癌作用众所周知，80% 的亚硝胺是致癌物质。亚硝胺主要是由硝酸及其盐（亚硝酸盐）与仲胺（如二乙醇胺）反应而成的。润滑切削液中的防锈剂含有亚硝酸盐（亚硝酸钠），大剂量的亚硝酸盐进入体内会造成中毒，人体摄入 $0.3 \sim 0.5 g$ 亚硝酸盐即可引起中毒，3g 可以致死。另外亚硝酸盐能够透过胎盘进入胎儿体内，对胎儿有致畸作用，6 个月以内的婴儿对硝酸盐类特别敏感。

吸入润滑油的油雾和挥发性物质可引起全身乏力、头晕、头痛、恶心等症状。严重者可引起油脂性肺炎，有胸闷、胸痛、咳嗽等症状。胸部 X 线检查见网状阴影，多见于肺下叶和肺底。空气中的可吸入颗粒物会对肺部造成直接的伤害，空气中细小微粒会影响心脏的搏动，可能造成心肌梗死。

皮肤是人体的最大器官，面积约为 $2 m^2$，是人体与周围环境之间的最后屏障。根据德国专业协会联合会年度报告，润滑油引起的皮肤问题是仅次于噪声污染问题的第二大问题。如果皮肤长期接触润滑油，可能造成一系列"皮肤损伤"。润滑油的毒性主要来源于添加剂和填充物，其主要危害是皮炎。皮肤接触这些油品后，会产生干燥、发痒和发黄，一两天后有的还会脱皮。短期内，皮肤还能抵挡，脱层皮就好了。如果长期接触，皮肤会裂口、粗糙，外观非常难看。

润滑油对皮肤最常见的损伤是皮肤外表层即外表皮的损伤。外表皮中的角膜层如果不

受损，皮肤的深层就可避免伤害。但润滑油中的低分子量石油馏分以及溶剂可以破坏角膜层细胞壁上的表面油和皮肤中的内脂体，使皮肤干燥和上角膜层细胞受到损伤。这种情况下，有害物质比较容易侵入。

油粉刺是由润滑切削油和研磨润滑油引起的最普通的皮肤疑难病之一。起因通常不是润滑油本身而是金属碎片之类的微小颗粒引起的，因此人们又称之为颗粒粉刺。出现的部位多为人体的上下肢、手背、面部、大腿和腰部。出现过程首先是皮肤干燥，然后是皮肤中的牛脂腺堵塞（现象是出现面包皮、雀斑），感染后形成多脓的水泡。如果这些感染水泡连接成片，则形成脓皮病。对于具有油脂性皮肤而又有脂溢性皮炎的人更具危险。

油湿疹包括几种皮肤疑难病症，外观看似鳞状或红色的表皮，有时表面还有裂纹。变异性湿疹是最严重的皮肤疑难病，可由水混溶性切削液引起。其中关键因素是切削液的碱性、长期潮湿、特定的产品配合剂和来自乳化剂的界面活性物。研究表明，超过 9.0 的 pH 值就会促进变异性湿疹，随后产生对皮肤的碱性损伤。润滑油中的杂质和颗粒往往也能引起过敏性油湿疹。例如，含有铬的润滑油引起油湿疹的可能性就比纯净的润滑油大许多。

2. 润滑油调和贮存和包装过程的健康防护措施

（1）高温环境下的健康防护　　当润滑油调和需要在高温条件下进行时，操作工一定要加强个人防护，穿戴隔热服和定时休息，应及时补充饮料。润滑油调和企业需要对员工进行就业前和定期职业性健康监护，杜绝职业禁忌证者在高温作业环境中劳动。

（2）腐蚀性有毒介质工作环境的健康防护　　存在粉尘、气体、蒸气、雾、烟或飞屑刺激眼睛或面部时，操作工人佩戴安全眼睛、防化学物眼罩或面罩（需整体考虑眼睛和面部同时防护的需求）

① 手部防护。佩戴防切割、防腐蚀、防渗透、隔热、绝缘、防滑等手套，适用于：可能接触尖锐物体或粗糙表面时，防切割；可能接触化学品时，选用防化学腐蚀、防化学渗透的防护用品；可能接触高温或低温表面时，做好隔热防护；可能接触带电体时，选用绝缘防护用品；可能接触油滑或湿滑表面时，选用防滑的防护用品，如防滑鞋等。

② 足部防护。佩戴防砸、防腐蚀、防渗透、防滑防火花的保护鞋，适用于：可能发生物体砸落的地方，要穿防砸保护的鞋；可能接触化学液体的作业环境要防化学液体；注意在特定的环境穿防滑或绝缘或防火花的鞋。

③ 防护服。保温、防水、防化学腐蚀、阻燃、防静电、防射线等，适用于：高温或低温作业要能保温；潮湿或浸水环境要能防水；可能接触化学液体要具有化学防护作用。

**二、润滑油调和储存和包装过程的安全卫生防护**

1. 润滑油调和储存和包装过程的常见事故

① 润滑油储存过程中的油品变质。润滑油储存过程中由于水分、机械杂质混入会引起油品变质，由于发生了油品氧化反应润滑油产品也会发生变质。

② 润滑油调和过程中油品冲洗不合格引起润滑油产品质量不合格。润滑油调和装置往往依据生产需要而调和不同规格的润滑油，在调和过程中如果油品冲洗不合格，润滑油产品中就会混入其他规格的润滑油而造成润滑油产品不合格。

③ 高温条件下烫伤事故。

④ 添加剂中毒事故。

2. 润滑油调和储存和包装过程的安全卫生防护

润滑油的性质虽然比较安定，但如储存中保管不善，仍会引起油品变质。特别应当注意的是，润滑油不像液体燃料那样属一次性消耗产品，而是要使用一个较长的时期，短则几个月，长则几年，甚至与设备同寿命。因此，只有采取有效措施，加强储存中的质量管理，尽量减少储存中的质量变化，才能保证润滑油有充分的使用潜力，延长使用周期。

（1）防止水含、机械杂质混入　水分一般是在储运中由外界混入润滑油中的，其次是空气中的水分凝结和溶解于油中的。

机械杂质系指不溶于润滑油及测定时所用溶剂的固体杂质。这些杂质多是外界混入的砂粒、黏土、铁锈、棉纱、纤维及添加剂中夹杂的无机盐等。

为防止水分、机械杂质混入油中，在保管中应做到：尽可能入库存放，在库房紧张时，桶装润滑油应按照润滑脂、润滑油、特种液、液体燃料的顺序优先存入库内。露天存放的桶装润滑油，也应选择阴凉干燥、隐蔽的地点，桶身适当倾斜，大小桶盖在同一水平线上，防止积水浸入桶内；雨雪后要及时清扫桶顶积水和积雪；最好用木柱撑起来的篷布遮盖。桶装润滑油无论是存于库内或露天，都必须是垫圈完好，桶盖拧紧。

油罐、油桶在盛装润滑油前必须清洁，无水分、杂质；测量、取样、加温等工具和设备在使用前、后必须擦拭干净。

在储存中应设法降低储油温度，减小温差变化。因为油温高时油品会从空气中吸收水分；温度低时，又会析出游离水，如此反复，就会使润滑油中游离水量不断增加。同时，温差大，空气中的水分会在容器壁上凝结成较多的水珠而落人油中，使油中水分增多。

桶装油料，油库每半年按照桶数的10％抽查桶装油料情况，检查内容：桶面标记、密封程度、有无水分杂质、乳化变质和油皂分离等。焊封桶装油料，检查取样桶的油料外观有无明显变化。上述检查发现有疑问时，应当增加检查比例或逐桶检查。

（2）防止氧化变质　润滑油的抗氧化定性较好，在常温下不易氧化变质，但在长期储存中由于受到各种自然条件的影响：氧化仍然缓慢地在进行着，氧化会使润滑油的颜色变深，黏度增大，酸值增大，产生沉淀，严重时使油品的性能指标不合格。在储存中影响润滑油氧化变质的因素主要是温度、空气、金属及其盐类、水分、杂质等。

① 应避免高温和阳光直射。桶装润滑油应尽量入库存放，有条件的最好存放于地下或半地下。露天存放的润滑油应存放在阴凉、干燥、隐蔽的地方。

② 尽量利用罐装，减少桶装。因为储油容器大，储油多，受气温影响小，同时单位容积的油料与金属接触面积较小，从而减少了金属对油料氧化的催化作用，有利于延缓润滑油变质。

③ 尽量装至安全容量和密封，减少与空气的接触。储存润滑油时，应根据油温的变化，除留出必要的膨胀空间外，尽可能满装。对储存期较长而装油不满的容器，能并装的要实行并装。零星发油时要发完一个容器再发另一个容器，以减少罐或桶内气体空间。油罐的罐口、油桶的桶盖必须盖严，这不仅可防止水分和杂质混入，还可减少空气与油接触的机会。

由于金属对油品氧化的催化作用，因此，必须减少或避免润滑油与铜、铅、铁、锰、锌等金属的接触。

（3）防止混油　润滑油的牌号繁多，贮存中应采取相应的质量管理措施防止混油。

① 中高档润滑油中加有性能良好的抗氧、抗腐、抗磨及清净分散等添加剂，应该有专用的储油容器分别储存，防止与普通润滑油混储、混装，以免影响中、高档润滑油的优质性能。液压油、多级内燃机油、齿轮油和舰艇的汽轮机油的油罐、管道和油泵等设备，应当专用。

② 不同炼油厂用不同原油、不同增黏剂生产的同牌号的多级内燃机油，可以混合使

用，但不能混装贮存，以免增黏剂、添加剂互相影响其性能。此外，多级内燃机油与非多级内燃机油不得混装储存。不同品种、牌号的润滑油均不能混装。

③ 润滑油中要防止混入液体燃料，以免润滑油的黏度、闪点下降，润滑性变差等。

④ 在收发作业中，要严格遵守操作规程，加强工作的责任心，严防错收发造成混油事故。要熟悉润滑油新的命名、代号及质量分级标准。

⑤ 输送不同润滑油一般应有专门的管线和泵，一般不得任意互用，必须互用时应按规定执行。在无洗刷设备的情况下，管线和泵互用时，一般应做到：在所输油与残油品种不同时，应首先放尽管道残油，然后需用所输油冲洗几分钟；输送黏度大、精制差的润滑油的管线不宜用来输送黏度小、精制程度高的润滑油；输送液体燃料的管线，不宜用来输送润滑油。

⑥ 油桶、油罐上的标志要按规定正确标记清楚，以免收发或倒装时弄错、混装。接收后的桶装润滑油，应按品种、牌号、批次、质量分别堆置，变质油料及待处理的"三种油料"尤其要分开堆置，不得与好油混合存放。

为了防止混油、错发，并便于执行"发陈存新，优质后用"原则，润滑油的每一个包装容器上都应标明：油品名称和牌号；生产厂名及灌装年、月、日；毛重、净重；进口润滑油应注明国别。

（4）润滑油定期化验　润滑油储存年限规定是按照各类油料的总体质量状况制定的相对安全的储存期，润滑油在储存期内一般不会发生严重的质量变化，但这并不意味着润滑油在储存期内就是绝对安全的。事实上，由于润滑油的氧化变质受组成和储存条件的影响很大，而不同品种的油料、不同批次的产品组成各不相同，不同油库的储存条件也千差万别，即使在储存期内的油料也可能会发生变质。因此油料在储存中要对主要指标进行定期化验，及时掌握质量变化情况，一旦发现质量指标异常变化，应及时发出使用，或采取其他措施。

**三、润滑油调和储存和包装过程的环境保护**

润滑油调和、储存和包装过程中一般不产生废液也不产生废渣。

由于高温下润滑油汽化所产生的蒸气会对人体造成一定的毒害，润滑油生产车间和储存空间内的润滑油的微小油滴会被人体吸入或皮肤吸收而对人体有害，因此，润滑油生产过程中要加强操作工人的健康防护，配备齐全的劳动保护用品：如口罩、手套，必要的时候配备防毒面具等。

润滑油储存时一定要用密闭的容器，一方面减小润滑油的挥发损失，另一方面避免在生产车间形成一定浓度的润滑油油气。

**[知识拓展]　　高清洁润滑油的生产**

随着机械加工业的快速发展，各种机械、设备的精密度不断提高，对润滑油的清洁度也提出了越来越高的要求。控制污染度，对液压油、汽轮机油、静压油膜轴承油和高速轴承油等工业润滑油以及电器绝缘油具有十分重要的意义。可以预见，未来对高清洁度润滑油的需求将越来越大。

1. 润滑油的清洁度

机械杂质、水分、灰分和残炭都是反映油品纯净度的质量指标，反映油品的清洁程度。润滑油的清洁度又称为固体颗粒污染度或颗粒度，是描述油中固体颗粒污染物在油液中的含量或分布的指标，用以表征油液生产或运行过程中的清洁程度。润滑油的清洁度主要是检测油品内直径为 $1\sim10\mu m$ 的颗粒物质的含量及其分布。检测目的是对一些洁净度要求苛刻的油品进行监控。

油中固体颗粒污染物的产生主要发生在生产、储存、运输和使用过程中。油品生产过程中被污染是由几方面的原因造成的。①原材料本身不清洁。液压油所用的基础油和添加剂一般没有清洁度的控制，通常在出厂时只是控制了基础油和添加剂的机械杂质，而机械杂质的控制远远达不到高清洁度的控制要求。黏度指数改进剂、降凝剂、抗泡剂、破乳剂等大分子液体颗粒对清洁度也有直接影响。②生产过程中带入颗粒杂质。包装物中难免带有一部分颗粒杂质。包装过程中这部分杂质若控制不好，将给产品的清洁度带来比较大的影响。

固体污染颗粒对液压系统的危害主要有：引起元件的污染磨损，导致元件卡涩，加速油液的性能劣化，加速油液中水分对元件的腐蚀作用。

2. 清洁性润滑油的质量要求

润滑油中混入灰尘、泥沙、金属碎屑、铁锈及金属氧化物等将加速机械设备的磨损，严重时堵塞油路、油嘴和滤油器，破坏正常润滑。另外，金属碎屑在一定的温度下，对油的氧化起催化作用，应该进行必要的过滤清除。

由于液压系统越来越向高温、高压、高负荷、小型化发展，液压系统对液压油的要求更加苛刻，液压件的精度越来越高，零件之间配合的间隙越来越小，因此系统的可靠性和液压元件的使用寿命显得日益重要。在要求油品具有耐高温、耐高压和抗磨能力的同时，对油品清洁度、过滤性能提出更加苛刻的要求。但由于污染的原因，液压元件的实际使用寿命往往比设计寿命短得多。

高速线材系统包括预精机、精轧机和吐丝机等进口设备，而且轧线上各单元设备的操作及各设备之间的动作偶合要求极高。如德国 SMS 公司规定液压管道清洁度必须达到 NAS 4~6 级，润滑管道清洁度必须达到 NAS 6~8 级。

3. 高清洁润滑油的净化技术

（1）传统板框过滤机　采用板框过滤机生产高清洁液压油，过滤后产品的清洁度能够提高，但是更换滤纸较为复杂，生产效率较低，易于造成环境污染和油品损失。

（2）袋式过滤系统　袋式过滤系统是一种新型的过滤系统，过滤器内部由金属网篮支撑滤袋，流体由入口流进，经滤袋过滤后从出口流出，杂质被拦截在滤袋中，更换滤袋后继续使用。

袋式过滤系统有过滤处理量大、体积小和容污量大的优点。基于袋式过滤系统的工作原理和结构，更换滤袋时方便快捷，而且过滤机免清洗，省工省时。滤袋侧漏概率很小，可有效地保证过滤品质。袋式过滤可承载更大的工作压力，压损小，运行费用低，节能效果明显。

（3）多级滤芯过滤装置　以往滤芯采用单层滤材或多层滤材组合折叠成星形滤芯，油液过滤流动方向为径向（由外向内），一个滤芯通常只有一个过滤精度。多级过滤需几个滤油器串联使用。新型过滤装置的滤芯设计将滤材制作成卷筒形，油液过滤流动方向为轴向（由上向下），在一个滤芯内有多级过滤精度，油液通过时逐渐过滤去除杂质，这样能保证新型过滤装置体积较小，滤芯高效且寿命长。

（4）静电过滤装置　静电过滤装置对液压油进行静电过滤的方法是采用非机械堵截力的电泳力为净化方法，它依据油液为绝缘流体的特性，利用高压静电产生较强的吸附能力，达到清除油液中污染物的目的。润滑油中杂质在电场电泳力的作用下被极化成带正、负电荷的偶极子，吸附于微细电介质正、负极板上，由导污管排出。电泳力对越小的杂质有越强的吸附能力，可更完全地滤除油中的杂质。

# 本 章 小 结

　　调和是润滑油制备过程的最后一道重要工序，按照油品的配方，将润滑油基础油组分和添加剂按比例顺序加入调和容器，用机械搅拌（或压缩空气搅拌）、泵抽送循环、管道静态混合等方法调和均匀，然后按照产品标准采样分析合格后即为正式产品。

　　本章主要介绍了润滑油的调和原理和调和工艺，重点讲解罐式间歇调和和自动化连续调合以及调和完成的成品润滑油的存储和使用注意事项。鉴于润滑油产品的包装也变得越来越重要，本章还简要介绍了润滑油包装的重要性。

# 习　　题

　　1. 间歇调和工艺和连续调和工艺有什么不同？在实际调和过程中需要注意什么事项？

　　2. 润滑油成品油在存储过程中应该注意什么？调查各大品牌润滑油使用时的注意事项要求。

　　3. 产品包装对润滑油有何意义？谈谈对 Shell 润滑油包装的看法。

# 实 训 建 议

　　【实训项目】　实验室调和汽车用润滑油

　　给出基础油和添加剂，要求学生在实验室根据自己所查配方调和出一款汽车用润滑油。根据实训项目所得润滑油的产品，设计出自己所调和产品的包装，要求写清用途和使用范围以及注意事项，同时包装要具有新颖性。

# 第六章　商品润滑油的选用

【知识目标】

　　1. 了解润滑油的分类。

　　2. 了解润滑油的外观、黏度和黏度指数、密度、闪点、凝点和倾点、氧化安定性、热安定性、油性和极压性、腐蚀和锈蚀、抗泡性、抗乳化性、水解安定性、电气性能等检测项目的实验方法。

　　3. 掌握油品外观、黏度和黏度指数、密度、闪点、凝点和倾点、氧化安定性、抗乳化性、腐蚀和锈蚀、热安定性、水解安定性的测量意义。

　　4. 了解车辆润滑油的种类，掌握汽油机油和柴油机油的组成、作用与选用。

　　5. 了解车辆齿轮油、汽车制动液和汽车防冻液的分类、性能和选用。

　　6. 了解液压油的分类、品种、性能和更换；工业齿轮油的分类、组成和性能；压缩机油的分类、组成、性能和更换；轴承油的分类、组成和性能。

　　7. 掌握液压油的牌号划分依据、作用与选用，固体颗粒物污染的危害；工业齿轮油的作用、牌号划分及选用；压缩机油的作用与选用；轴承油的选用。

　　8. 了解金属加工润滑油的种类以及每一类润滑油的选用原则。

【能力目标】

　　1. 能够根据汽车的使用情况，初步筛选出合适的内燃机油、齿轮油、防冻液和制动液。

　　2. 能够根据换油指标初步判断内燃机油的换油周期。

　　3. 能根据工业润滑场合选择合适的润滑油。

　　4. 能根据金属机件的加工情况，初步筛选出合适的金属切削液和热处理油。

 实例导入

　　某井下采矿使用的电动铲运机，在使用中出现噪声变大、取铲力降低、压力和速度不稳、换向阀失灵等现象。经检查，发生故障的原因是液压系统的液压油被污染，杂质堵塞了压力阀导致工作压力、速度变化，杂质磨损运动部件导致泄漏、取铲力降低，杂物把伺服换向阀、高压安全阀阀芯卡住导致换向阀失灵的问题。经分析，液压油里的杂质有游离水、灰尘、铁屑、液压油氧化后的胶质和沉淀物等。

　　请分析如何为该电动铲运机选用合适的液压油，并指导该设备的使用者在使用过程中该采取何种有效措施以防止液压油的污染。

## 第一节　商品润滑油的分类

### 一、石油产品的分类

1987 年，我国颁布了《石油产品及润滑剂的总分类》（GB 498—1987），根据石油产品的主要特征对石油产品进行分类，其类别名称分别为燃料、溶剂和化工原料、润滑剂和有关产品、蜡、沥青、焦等六大类。每个类别名称的代号取自反映各类产品主要特征的英文名称的第一个字母，见表6-1。由表6-1可知，润滑剂和有关产品的代号为英文字母"L"。

表6-1　石油产品的总分类

| 类　别　代　号 | 类　别　名　称 | 类　别　代　号 | 类　别　名　称 |
|---|---|---|---|
| F | 燃料 | W | 蜡 |
| S | 溶剂和化工原料 | B | 沥青 |
| L | 润滑剂和有关产品 | C | 焦 |

**二、润滑油的分类**

1. 总分类

《石油产品及润滑剂的总分类》（GB 498—1987）颁布的同年，我国颁布了《润滑剂和有关产品（L）类的分类——第一部分：总分组》（GB 7631.1—1987）。GB 7631.1—1987根据GB 498—1987的规定而制定，代替了GB 500—1965，系等效采用《润滑剂、工业润滑油和有关产品（L类）的分类——第0部分：总分组》（ISO 6743/0—1981）。该标准根据尽可能地包括润滑剂和有关产品的应用场合这一原则，将润滑剂分为19个组，其组别名称和代号见表6-2。

表6-2　润滑剂和有关产品的分组

| 组别代号 | 组　别　名　称 | 组别代号 | 组　别　名　称 |
|---|---|---|---|
| A | 全损耗系统油 | P | 风动工具油 |
| B | 脱模油 | Q | 导热油 |
| C | 齿轮油 | R | 暂时保护防腐蚀油 |
| D | 压缩机油（包括冷冻机和齿轮泵） | T | 汽轮机油 |
| E | 内燃机油 | U | 热处理油 |
| F | 主轴、轴承和离合器油 | X | 润滑脂 |
| G | 导轨油 | Y | 其他应用场合油 |
| H | 液压油 | Z | 蒸汽汽缸油 |
| M | 金属加工油 | S | 特殊润滑剂应用油 |
| N | 电器绝缘油 | | |

2. 其他分类方法

每组润滑剂根据其产品的主要特性、应用场合和使用对象再详细分类。

（1）产品的主要特性　润滑油的黏度、防锈、防腐、抗燃、抗磨等理化性能；润滑脂的滴点、锥入度、防水、防腐等理化性能。

（2）产品的应用场合　主要指机械使用条件的苛刻程度。例如，齿轮油分为工业开式齿轮油、工业闭式齿轮油、车辆齿轮油。车辆齿轮油又分普通车辆齿轮油、中负荷车辆齿轮油和重负荷车辆齿轮油等。

（3）产品的使用对象　主要是指机械的种类和结构特点。例如，内燃机油分为汽油机油、二冲程汽油机油和柴油机油等。

（4）具体分类　国际上鉴定润滑油较权威的部门有API（美国石油协会）、ACEA（欧洲汽车制造商协会），还有ILSAC（国际润滑油标准暨认证委员会）、JASO〔日本汽车标准组织，由SAE（美国汽车工程师协会）日本分会所组成〕。

① 内燃机油。内燃机油（L-E）一般都有API标识，主要在美国地区销售的以API车

用机油的标准来说可分为两大类。一类是商业用油（Commercial Oil），如中大型卡车、巴士、工程车等所用的机油，这些车辆大都以柴油作为燃料，以 C 字头来代表，例如 CA、CB、CC、CD、CE、CF、CG、CH 和 CI。另一类是一般加油站（Service Station）所售的机油，通常使用于轿车且是汽油引擎的小型车辆上（不包含二行程机车），以 S 字头为代表，例如 SA、SB、SC、SD、SE、SF、SG、SH、SI。（注：S 代表汽油发动机油，C 代表柴油发动机油。第二个英文字母代表等级，越往后面，等级越高。例如，SB 要比 SA 级别高，SC 要比 SB 级别高。）

② 齿轮油。用于润滑齿轮传动装置包括蜗轮蜗杆副的润滑油称为齿轮油（L-C）。按 GB 7631.7—1989 的规定，齿轮油分为工业闭式齿轮油、工业开式齿轮油和车辆齿轮油。

③ 液压油。用于流体静压（液压传动）系统中的工作介质称为液压油，而用作流体动压（液力传动）系统中的工作介质则称为液力传动油，通常将二者统称为液压油（L-H）。液压油与发动机油相比较，除具有发动机油的基本性能外，还具有良好的抗乳化性、抗磨性、水解安定性、可滤性、抗泡性和空气释放性。

④ 其他油。

润滑油的具体分类方法在本章第三节到第五节的内容中会详细加以介绍。

# 第二节　润滑油的基本性质及检测方法

润滑油是一种技术密集型产品，是复杂的碳氢化合物的混合物，而其真正的使用性能又是复杂的物理或化学变化过程的综合效应。润滑油的基本性质包括物理性质和化学性质，润滑油的性能检测包括物理性能检测、化学性能检测和台架试验检测等几个方面。

**一、物理性质及其检测方法**

每一类油品都有其共同的一般物理性质，表明该产品的内在质量。对于润滑油来讲，其一般物理性质如下。

1. 外观（色度）

对于基础油来说，油品的颜色往往可以反映其精制程度和稳定性。一般精制程度越高，其烃的氧化物和硫化物脱除得越干净，颜色就越浅。黏度越大，油品的颜色也越深。一般直馏产品安定性较好、含胶质少、颜色浅。裂化产品由于含有不饱和烃和非烃类化合物，性质不稳定，在储运和使用过程中易氧化生成胶状物质，颜色变深。但是不同的原油所生产的基础油，即使精制的条件相同，其透明度和颜色也可能是不同的。所以不能仅凭颜色的深浅判别基础油的精制深度。

对于成品润滑油，由于各添加剂公司采用的技术不同，添加剂产品的颜色深浅不同，颜色作为判断基础油精制程度高低的指标已失去了它原来的意义。因此，大多数润滑油已无颜色的要求，只要能满足使用要求，颜色深浅都可以。

润滑油颜色的测定一般采用《石油产品颜色测定法》[GB/T 6540—1986（1991）]。该实验是将试样注入到试样容器中，用一个标准光源从 0.5～8.0 值排列的玻璃圆片进行比较，以相等的色号为该试样的色号。如果找不到确切匹配的色号，而落在两个标准颜色之间，则报告两个颜色中较深的那个。数值越大，表明油品的颜色越深。

2. 黏度和黏度指数

黏度反映油品的内摩擦力，是表示油品流动性的一种指标。黏度的表示方法有动力黏度、运动黏度、恩氏黏度等。运动黏度的单位是 $mm^2/s$，采用低剪切的毛细管黏度计测量。

工业润滑油一般是测 40℃时的运动黏度，内燃机油和车辆齿轮油测其 100℃时的运动黏度。还有一种黏度为动力黏度，单位为 mPa·s，表示内燃机油和齿轮油的低温流动性能，测量温度由产品的规格指定，采用高剪切力的旋转黏度计测量。由于石油产品的黏度与温度有关，因此没有标注温度的黏度毫无意义。

运动黏度使用 GB/T 265—1988 的方法测定。测定步骤是在某一恒定的温度下，测定一定体积的液体在重力下流过一个标定好的玻璃毛细管黏度计的时间，黏度计的毛细管常数与流动时间的乘积，即为该温度下测定液体的运动黏度。在温度 $t$ 时的运动黏度用符号 $\nu_t$ 表示。

某一温度下液体的运动黏度和同温度下该液体的密度之积为该温度下该液体的动力黏度。在温度 $t$ 时的动力黏度用符号 $\eta_t$ 表示。

很多润滑油产品以其运动黏度为产品牌号。如冷冻机油、机械油、液压油是以 40℃运动黏度来划分。汽缸油则按 100℃的运动黏度来划分。

黏度是润滑油的重要质量指标之一，选用正确黏度的润滑油，可以保证发动机稳定可靠地工作。黏度增大，发动机的功率会降低，黏度太大，还会造成启动困难；黏度减小，难以在摩擦面上形成足够厚的油膜，造成机器的磨损。所以选用润滑油时，黏度不能过大，也不能过小。

黏度指数表示油品的黏度随温度变化的程度。黏度指数越高，表示油品的黏度受温度的影响越小，其黏温性能越好，反之越差。确定石油产品的黏度指数是选用两种标准油为基准，黏温性能特别好的油品的黏度指数规定为 100，特别差的规定为 0，分别测定标准油与试样在两个规定温度下的运动黏度，通过公式计算出该石油产品的黏度指数。

3. 密度

单位体积物质的质量称为密度。由于密度与温度有关，因此在表示物质密度时，必须注明该物质所处的温度。在 $t$℃的密度用 $\rho_t$ 表示，单位为 g/cm³ 或者 kg/m³；在标准温度 20℃下测的密度为标准密度，用 $\rho_{20}$ 表示。

用石油密度计测量润滑油的密度是最常用的方法。GB/T 1884—2000 的测定步骤是将试样处理至合适的温度，并转移到和试样温度大致一样的量筒中，再将合适的密度计垂直地放入试样中，待稳定后，读取石油密度计的读数，并记录试样的温度，然后按《石油计量表》（GB/T 1885—1998）换算为标准密度。

测量密度可以近似地评定石油产品的质量和化学组成情况。在储运过程中如果密度有明显的变化，可以判断油品中混入了其他的油品。

4. 闪点

油品的闪点是一个安全性能的指标，可以鉴定石油产品以及其他可燃液体发生火灾的危险性。闪点是指在规定条件下，加热石油产品所逸出的石油蒸气和空气形成的混合气与火焰接触发生瞬间闪火时的最低温度，单位为℃。

测量润滑油的闪点有闭口杯法［GB/T 261—1983（1991）］和开口杯法（GB/T 267—1988）。闭口杯法是将试样在连续搅拌下用缓慢恒定的速率加热，在规定的温度间隔，同时停止搅拌的情况下，将火焰引入杯内，引起试样表面混合气燃烧的最低温度，作为试样的闭口闪点。开口杯法是将试样注入坩埚中规定的刻线，首先迅速地升高试样的温度，然后缓慢升温，当接近闪点时，恒速升温，在规定的温度间隔，用一小的点火器火焰匀速地通过试样表面，以点火器火焰使试样表面的蒸气发生点火的最低温度作为油品的开口闪点。

润滑油是做开口闪点还是做闭口闪点,在产品标准上都有明确的规定,是由它的使用状况决定的。一般的润滑油在非密封机件或温度不高的条件下使用,所含的轻质组分较少,在使用的过程中又易蒸发扩散,不至于造成着火或者爆炸,因此采用开口杯法。对在密封、高温条件下使用的航空润滑油、电气用油等就要求测量闭口闪点。

闪点的高低可以表示石油产品的蒸发性,可以判断其馏分组成的轻重。石油产品馏分组成越轻,闪点就越低;馏分组成越重,闪点就越高。润滑油的闪点越低,在高温下的蒸发损失越多,黏度会变大,影响它的润滑性能。

对于某些润滑油来说,常采用同时测开、闭口闪点来判断是否混有低沸点成分,同一油品的开口闪点比闭口闪点高 20~30℃。如果超出的范围太大,说明润滑油中混入了轻组分。

5. 凝点和倾点

凝点和倾点是表示润滑油低温流动性的指标。

油品的凝点是指油品在试验规定的条件下,冷却至液面不移动时的最高温度,单位为℃。由于油品的凝固过程是一个渐变过程,所以凝点的高低和测定条件有关。凝点的测定方法是 GB/T 510—1983(1991)。该方法是将试样装入规定的试管中,按规定条件预热、冷却。当石油产品在冷浴中达到预期的温度时,将试管倾斜 45°经过 1min,观察液面是否移动,然后按规定调整试验温度。经重复试验,直至找到某试验温度下倾斜 45°液面不动,提高 2℃后液面又移动,则液面不移动的温度为油品的凝点。

油品的倾点是指在试验规定的条件下冷却时,油品能够流动的最低温度,单位为℃。试验方法是 GB/T 3535—1983(1991)。该方法是将试样经预热后,在规定的速度下冷却,从高于预期倾点 9~12℃开始每隔 3℃检查一次试样的流动性,直到试管保持水平位置 5s 而试样无流动显示时,则取试样温度计上显示的读数加 3℃,作为试样的倾点。

测定凝点和倾点对于润滑油的输送、存储和低温下的使用都有着重要的意义,主要表现在两个方面。一方面,倾点或者凝点可以作为低温时选用润滑油的依据。在低温地区要有足够低的凝点和倾点,否则油品失去了流动性,就不能保证机械的正常启动和运转。另一方面,有些油品的牌号是根据凝点来划分的,例如柴油和变压器油,−10 号变压器油的凝点就要求不高于−10℃。

油品的其他物理性能还有酸值、碱值和中和值、水分、机械杂质、灰分和硫酸盐灰分、残炭等。

**二、化学性质及其检测方法**

1. 氧化安定性

石油产品抵抗由于空气(或氧气)的作用而引起其性质发生永久性改变的能力,叫做油品的氧化安定性。润滑油的氧化安定性是反映润滑油在实际使用、储存和运输中氧化变质或老化倾向的重要特性。油品在储存和使用过程中,经常与空气接触而起氧化反应,温度的升高和金属的催化会加深油品的氧化。润滑油发生氧化后油品颜色变深,黏度增大,酸性物质增多并产生沉淀。这些无疑会对润滑油的使用带来一系列不良影响,如腐蚀金属、堵塞油路等。对内燃机油来说,还会在活塞表面生成漆膜,黏结活塞环,导致汽缸的磨损或活塞的损坏。因此,这个项目是润滑油品必须控制的质量指标之一,对长期循环使用的汽轮机油、变压器油、内燃机油以及与大量压缩空气接触的空气压缩机油等,有更重要的意义。通常油品中均加有一定数量的抗氧剂,以增加其抗氧化能力,延长使用寿命。

润滑油氧化安定性的测定方法有多种，其原理基本相同，一般都是向试样中直接通入氧气或净化干燥的空气，在金属等催化剂的作用下，在规定温度下经历规定的时间观察试样的沉淀或测定沉淀值、测定试样的酸值或黏度等指标的变化。试验条件因油品而异，氧化设备也因油品而不同，测定时应尽量模拟油品使用的状况。

2. 热安定性

热安定性表示油品的耐高温能力，也就是润滑油对热分解的抵抗能力，即热分解温度。

一些高质量的抗磨液压油和压缩机油等都提出了热安定性的要求，尤其是发动机润滑油，对热安定性要求更高。首先，发动机在高温时，润滑油本身的碳氢化合物与空气及 NO、$NO_2$ 和 $SO_2$ 发生氧化反应生成醇、醛、酮、酸等含氧化合物。其次，如果高温发动机的冷却效果不好，发动机在较高温度运行时，润滑油易挥发，增加润滑油的消耗；而且汽缸活塞工作条件恶劣，在其高温表面下油膜受往复运动、机械高载荷不均匀和爆发冲程时高剪切速率的影响，其承压面侧应力很大，油膜被破坏和氧化。润滑油在高温条件下氧化过程非常激烈，零件表面的薄层润滑油中一部分轻馏分被蒸发，另一部分在金属催化下深度氧化，最后生成缩聚物，沉积在零件表面形成漆膜。曲轴箱中油温虽然低一些，但由于润滑油受到强烈的搅动和飞溅，与氧接触面很大，氧化作用相当激烈，使油内的可溶物和不溶物增多，沉积在活塞槽内和吸附燃气中的碳化物，进一步焦化，形成漆膜，漆膜有较大的危害，使汽缸磨损加剧。现代高性能的发动机，热负荷很高，如有的增压柴油机需向活塞内腔喷射润滑油来降低其温度，这就对润滑油的氧化安定性提出了更高的要求。综上所述，发动机润滑油更要具有良好的热氧化安定性。

油品的热安定性主要取决于基础油的组成，很多分解温度较低的添加剂往往对油品安定性有不利影响；抗氧剂也不能明显地改善油品的热安定性。

润滑油热氧化安定性按照 SH/T 0259—1992 标准试验方法进行，该方法主要适用于测定润滑油的热氧化安定性，试验过程使用的主要仪器为漆状物形成器、空气压缩机、钢饼、钢质蒸发皿等。

润滑油热氧化安定性的测定过程是：称取一定量的试样滴入温度恒定为（250±1）℃的钢质蒸发皿中，使油品薄层在有空气存在下受热，进而在金属表面氧化裂解，生成低沸点的气态产物和相对分子质量较大的漆状物，随着试验时间的持续，生成的气态产品蒸发跑掉了，另一部分重质油品成分则生成叠合产物——漆状物。当工作馏分组成和漆状物组成的质量分数达到 50% 时，所需的时间即为润滑油热氧化安定性的试验结果，以 min 表示。

3. 油性和极压性

油性是指润滑剂介于运动着的润滑面之间，具有降低摩擦作用的性质，改善这种性质的添加剂叫油性剂。油性剂对边界润滑状态甚为重要，因为这时运动的金属表面上油性剂分子定向吸附（化学吸附或物理吸附）形成油性剂膜，能防止金属直接接触和降低摩擦。

润滑剂的极压性能，是在摩擦面接触压力非常高、油膜容易产生破裂的极高压力的润滑条件下，防止烧结、熔焊等摩擦面损伤的性能，有时也叫承载能力、抗胶合性或油膜强度等。改善极压性必须依靠极压添加剂。极压剂主要为含有化学性活泼的元素硫、磷、氯的有机化合物。当齿面在高压接触时，表面之间的凹凸相啮合，将产生局部高温（可达几百摄氏度乃至上千摄氏度），此时齿轮油中的极压剂与金属表面起化学反应，形成剪切强度小、熔点低的固体铁膜，把金属表面隔开，阻止金属间发生胶合。齿轮油的油性和极压性很重要，是保证齿轮正常运转的基本使用性能。对齿轮油来说，特别是双曲线齿轮油和重负荷极压工业齿轮油、蜗轮蜗杆用油，极压性是最主要的基本性能。

润滑油的油性采用《润滑剂承载能力测定法（四球法）》（GB/T 3142）测定。测定步骤为：在四球机中四个钢球按等边四面体排列着，上球在 1400～1500r/min 下旋转，下面三球用油盒固定在一起，通过杠杆或液压系统由下而上对钢球施加负荷。在试验过程中四个钢球的接触点都浸没在润滑剂中，每次试验时间为 10s，试验后测量油盒内任何的磨痕直径。按规定的程序反复试验，直到求出代表润滑剂承载能力的评定指标。

润滑剂的极压性能采用《润滑剂极压性能测定法（四球法）》（GB/T 12583—1998）测定，其方法概要是：四球机的一个顶球在施加负荷的条件下对着油盒内的三个静止球旋转，油盒内的试样浸没三个试验钢球，主轴转速为 1760r/min，试样温度为 18～35℃，按该标准的规定逐级加负荷，做一系列的 10s 试验直至发生烧结，烧结点以前做十次试验。如果最大无卡咬负荷和烧结点之间的试验不足十次，且最大无卡咬之前的磨痕直径不大于相应补偿线上磨斑直径的 5% 范围内，则这部分的试验不必去做，其校正负荷可查表得到，这时可假定最大无卡咬负荷及其以前所产生的磨痕直径与补偿直径相等，总的推测到十次试验即可。

4. 腐蚀和锈蚀

油品应该具有抗金属腐蚀和防锈蚀作用，在工业润滑油标准中，这两个项目通常都是必测项目。由于油品的氧化或添加剂的作用，常常会造成钢和其他有色金属的腐蚀。腐蚀试验一般是将打磨好的紫铜条放入油中，在 100℃ 下放置 3h，然后观察铜的变化。润滑油的腐蚀有多种不同测定方法，依据产品性质不同主要有以下几种。

《石油产品铜片腐蚀试验法》（GB/T 5096）是目前工业润滑油最主要的腐蚀性测定法，该方法与 ASTM D 130—1983 方法等效。试验方法概要是：把一块已磨光好的铜片浸没在一定量的试样中，并按产品标准要求加热到指定的温度，保持一定的时间。待试验周期结束时，取出铜片，在洗涤后与标准色板进行比较，确定腐蚀级别。工业润滑油常用的试验条件为 100℃（或 120℃）、3h。

《润滑油腐蚀试验方法》（SH/T 1095）用于试验润滑油对金属片的腐蚀性。除另行规定，金属片材料为铜或钢。其试验原理与 GB/T 5096 方法基本相同，其主要的差别在于两个方面：一方面，试验结果只根据试片的颜色变化判断合格或不合格；另一方面，试验金属片不限于铜片。

《发动机润滑油腐蚀度测定法》（GB/T 391—1988）用于测定内燃机油对轴瓦（铅铜合金等）的腐蚀度。该方法是模拟黏附在金属片表面上的热润滑油薄膜与周围空气中的氧定期接触时所引起的金属腐蚀现象。铅片在热到 140℃ 的试油中，经 50h 试验后，依金属片的质量变化确定油的腐蚀程度，以 $g/cm^3$ 表示。

《航空润滑油铅腐蚀度测定方法》（GJB 497—1988）是在铜催化剂存在的条件下，于 163℃±1℃ 的温度下，1h 后测定铅片单位面积的质量变化。

高温航空润滑油还要求按 GJB 496—1988 进行试验，将铜片和银片分别浸入试样中，置于 232℃ 下 50h 后，测定其质量损失。航空发动机油对金属的腐蚀性，除了进行上述腐蚀试验外，还要结合氧化试验，测定润滑油在强氧化条件下对铅、铜、镁、铝、银等金属的腐蚀性能。

汽车制动液对金属的腐蚀性，除了应按 GB/T 5096 进行 100℃、3h 的铜腐蚀试验外，还须进行叠片腐蚀试验。将马口铁、10 号钢、LY12 铝、HT200 铸铁、H62 黄铜、T2 紫铜等六种金属试片按一定顺序连接在一起，在100℃下试验120h，试验结束后测定试片的质量变化。

锈蚀试验采用《加抑制剂矿物润滑油在水存在下防锈性能实验法》（GB/T 11143—1989）测定。该方法为：在水和水汽作用下，钢表面会产生锈蚀，将30mL蒸馏水或人工海水加入到300mL试油中，混合后把圆柱形的试验钢棒全部浸入在其中，在60℃下进行搅拌，通常试验周期为24h，试验周期结束后观察试验钢棒锈蚀的痕迹和锈蚀的程度。

5. 抗泡性

抗泡性是润滑油的一项重要性能指标。润滑油在运转过程中，由于有空气存在，常会产生泡沫，尤其是当油品中含有具有表面活性的添加剂时，则更容易产生泡沫，而且泡沫还不易消失。润滑油使用中产生泡沫会使油膜破坏，使摩擦面发生烧结或增加磨损，并促进润滑油氧化变质，还会使润滑系统气阻，影响润滑油循环。在实际使用中，润滑油会受到发动机动力所产生的不同方向的剪切搅动作用力，使空气进入到润滑油中并形成气泡。过多的气泡会严重降低润滑油的密封作用；破坏润滑油膜的完整性，使油膜强度减弱；增加油品氧化变质的速率；在负压作用下，泡沫还会阻碍润滑油在发动机的润滑油路中传送，使供油中断，损坏发动机。

抗泡性表示油品通入空气或搅拌时发泡体积的大小以及消泡的快慢等性能。在石油产品标准中，抗泡性分别在24℃±0.5℃、93℃±0.5℃条件下按《饱和食盐水试验》（GB/T 12579）方法测定，泡沫稳定性的大小用体积（mL）来表示，其值越小，表明润滑油的抗泡性越好。其方法概要是：试样在24℃时，用恒定流速的空气吹气5min，然后静置10min。在试验周期结束时，分别测定试样中泡沫的体积。取第二份试样，在93.5℃下进行试验，当泡沫消失后，再在24℃下进行重复试验。

6. 水解安定性

水解安定性是含添加剂的润滑油的重要性能。添加剂多为活性或极性化合物，容易吸水、发生水化或水解，造成添加剂离析沉淀或分解乳化变质。尤其是一些抗磨性能添加剂和清净分散性添加剂，遇水更易变质水解，导致分解、沉淀和腐蚀机件等。水解安定性表征油品在水和金属（主要是铜）作用下的稳定性，当油品酸值较高或含有遇水易分解成酸性物质的添加剂时，常会使此项指标不合格。

水解安定性采用《液压液水解安定性测定法(玻璃瓶法)》（SH/T 0301—1993）测定，该标准适用于矿油型和合成型液压液。方法概要是：将试样、水和铜片一起密封在耐压玻璃瓶内，然后将其放在93℃±0.5℃的油品水解安定性试验箱内，按头尾颠倒方式旋转48h后，将油水混合物过滤，测定不溶物，再将油、水分离，分别测定油的黏度、酸值、水层总酸度和铜片质量变化。

7. 抗乳化性能

工业润滑油在使用中常常不可避免地会混入一些冷却水，如果润滑油的抗乳化性不好，它将与混入的水形成乳化液，使水不易从循环油箱的底部放出，从而可能造成润滑不良。因此，抗乳化性是工业润滑油的一项很重要的理化性能。一般油品是将40mL试油与40mL蒸馏水在一定温度下剧烈搅拌一定时间，然后观察油层、水层、乳化层分离成40mL、37mL、3mL的时间；工业齿轮油是将试油与水混合，在一定温度和6000r/min下搅拌5min，放置5h，再测油、水和乳化层的体积（mL）。

目前被广泛采用的抗乳化性测定方法有两种。一种方法是《石油和合成液抗乳化性能测定法》（GB/T 7305—2003），与ASTM D 1401—1967（1977）等效，该方法适用于测定油、合成液与水分离的能力。它适用于测定 40℃时运动黏度为 $30\sim100mm^2/s$ 的油品，试验温度为 54℃±1℃。它可用于黏度大于 $100mm^2/s$ 的油品，但试验温度为 82℃±1℃，其他试验温度也可以采用，例如 25℃。当所测试的合成液的密度大于水时，试验步骤不变，但这时水可能浮在乳化层或合成液上面。另一种方法是《润滑油抗乳化法》（GB/T 8022—2003），该方法与 ASTM D 2711—1974（1979）方法等同采用。该方法适用于测定中、高黏度润滑油与水互相分离的能力，对易受水污染和可能遇到泵送及循环湍流而产生油包水型乳化液的润滑油的抗乳化性能的测定具有指导意义。汽轮机油的抗乳化能力通常按 SH/T 34009—1987 方法进行，将 20mL 试样在 90℃左右与水蒸气乳化，然后把乳化液置于约 94℃的恒温浴中，测定分离出 20mL 油所需的时间。这个方法完全模拟汽轮机油的工作条件，是测定汽轮机油抗乳化性的专用方法。

8. 电气性能

电气性能主要针对电器用绝缘油的特殊用途而设定。电器用绝缘油的功能并不是起润滑作用，而是主要要求其具有电气性能。电器用绝缘油一般包括变压器油、电缆油和电容器油等，它们主要用于变压器、互感器、开关设备、整流器、电缆和电容器中的绝缘作用。此类油品可以单独或与固体绝缘材料在一起，既作为电器绝缘介质，又作为传导电器设备热能的导热介质，主要起到冷却和绝缘作用。电器用绝缘油的电气性能好坏主要由绝缘击穿电压和介质损耗因数来表征。

绝缘击穿电压是评定绝缘油的电气性能指标之一，用于判断绝缘油被水和其他悬浮物污染程度以及对注入设备前油品干燥和过滤程度的检验。一般新油品绝缘击穿电压为 $30\sim50kV$，若经过处理，注入设备前油的绝缘击穿电压可达 50kV 以上。其测量方法是《绝缘油击穿电压测定法》（GB/T 507—2002），方法概要是：向置于规定设备中的被测试样上施加按一定速率连续升压的交变电场，直至试样被击穿时的电压。其电器设备由调压器、步进变压器、切换系统和限能仪组成，这些设备可在系统中以集成方式使用。首先处理和调试好电极和试样杯，试样在倒入试样杯前，轻轻摇动翻转盛有试样的容器数次，以使试样中的杂质尽可能分布均匀而又不形成气泡，避免试样与空气接触，试验前应倒掉试样杯中原来的绝缘油，立即用待测试样清洗杯壁、电极及其他各部分，再缓慢倒入试样，并避免生成气泡，将试样杯放入测量仪上，如使用搅拌应打开搅拌器，测量并记录试样温度。第一次加压在装好试样并检查电极间无可见气泡 5min 之后进行，在电极间按（2.0±0.2）kV/s 的速率缓慢加压至试样被击穿，击穿电压为电路自动断开（产生恒定电弧）或手动断开（可闻或可见放电）的最大电压值，记录击穿电压值。达到击穿电压至少暂停 2min 后，再进行加压，重复 6 次，计算 6 次击穿电压的平均值。注意电极间不要有气泡，若使用搅拌，在整个试验过程中应一直保持。

介质损耗因数是评定绝缘油的电气性能指标之一，特别是当油品变质或被污染时对介质损耗因数的影响更为灵敏。新油中极性物质较少，所以介质损耗因数较小，一般在 $0.001\sim0.0001$ 范围内。若油品因氧化或过热生成酸性物质或油泥以及混入其他杂质时，介质损耗因数会明显地增加，运行油介质损耗因数较大时必须采取处理措施。绝缘油的介质损耗因数用介质损耗角的正切值来表示，介质损耗角是外施交流电压与它里面通过的电流之间的相角和余角。介质损耗因数很大程度上取决于试验条件，特别是温度和施加电压的频率。测量结果与以下因素有关：杂质、样品（取样和保存）、温度、电场强度。试验过程首先是清洗电极杯，把样品加热到超过要求的试验温度 $5\sim10℃$，将试样注入电极杯，装好电极杯，把它放入符合试验温度的试验箱中接好电路，并保证 15min

之内达到温度平衡。在内电极与所要求的试验温度之差不大于±1℃时开始测量介质损耗因数。测量完后立即倒出第一份试样，将第二份试样注入电极杯进行测量，操作过程同第一次（但不必再清洗电极杯）。两次读数之间的差别不应大于0.0001加上两个值中较大值的25％。

油品的其他化学性能指标还有空气释放值、橡胶密封性、剪切安定性、溶解能力、挥发性、防锈性能等。

# 第三节　车辆润滑油的选用

如果把发动机比作是汽车的"心脏"的话，润滑油就是汽车的"血液"。在汽车、内燃机车、摩托车等车辆发动机上使用的润滑油称为内燃机油。内燃机油又称发动机油、马达油，通常分为汽油机油、柴油机油、汽柴油机通用油、船用内燃机油和气体燃料发动机油等，是以石油或合成基础油为原料，经加工精制并加入各种功能的添加剂调和而成的。内燃机油可以降低发动机的摩擦磨损，保证发动机正常运转，主要起到润滑、冷却、清洗、密封和防腐蚀的作用。

汽车上使用的润滑油除了内燃机油外，还包括车辆齿轮油、汽车防冻液、汽车制动液、减震器油等。

## 一、汽车汽油机油

汽油机是以汽油为燃料，在汽缸外的汽化器中与空气混合形成可燃性混合气体进入汽缸压缩后通过火花塞点火燃烧膨胀做功，推动曲轴旋转的发动机。这种发动机转速高，一般可达到7000r/min，质量小、噪声小、容易启动、制造成本低，常用在轻型汽车、小型飞机和小型农业机械上。汽油机一般采用往复活塞式结构，在实际应用中，为了增大功率和减小震动，常把四个、六个或更多的汽缸组合在一起。汽油机油是用来润滑汽油发动机缸壁与活塞、曲轴、连杆、凸轮轴与轴瓦、挺杆与摇臂等部位的润滑油。

### 1. 汽油机油的组成

汽油机油由基础油和添加剂两部分组成，基础油是基础，添加剂是关键。基础油大多采用矿物润滑油基础油，添加剂则有金属清净剂、抗氧防腐剂、除锈剂、无灰分散剂和黏度指数改进剂等。汽油机油添加某些具有特殊功能的化学品能改善汽油机油的品质，不仅能减低发动机的磨损，延长发动机的使用寿命，使得活塞及燃烧室较为清洁，润滑油路和细滤器上的沉积物少，而且能节约燃料，延长更换汽油机油的使用里程。

### 2. 汽油机油的分类

汽油机油有两种分类：质量分类和黏度分类。

(1) 质量分类　现在世界上影响最大的汽油机油分类为美国石油协会（API）分类，API分类依据润滑油的质量将汽油机油分类，我国也参照此分类制定了自己的分类。汽油机油规格从1930年的SA发展到目前的SN，分别是SA、SB、SC、SD、SE、SF、SG、SH、SJ、SL、SM、SN，其中SI空缺是为了避免与国际单位制的缩写SI混淆。各种汽油机油的具体使用说明见表6-3。

(2) 黏度分类　黏度等级标准采用含字母W的低温黏度级号（0、5W、10W、15W、20W、25W）和不含W的黏度等级。含W的以最大低温黏度、最高边界泵送温度以及100℃时最小运动黏度划分；不含W的仅以100℃时的运动黏度级号（20、30、40、50、60）表示。表6-4为内燃机油黏度分类。

表 6-3　汽油发动机润滑油质量分类

| API 分类 | 使　用　说　明 |
|---|---|
| SA（废除） | 适用于较老式、缓和条件下操作的发动机。不可用于 1930 年以后生产的车辆发动机 |
| SB（废除） | 低载荷汽油机使用，比 SA 增加了抗氧化和抗磨损能力。不可用于 1963 年以后生产的车辆发动机 |
| SC | 比 SB 增加了抗高低温沉积物、抗磨、防锈、抗腐蚀能力。用于 1964~1967 年的轿车和卡车的汽油发动机 |
| SD | 比 SC 级油具有好的抗高温沉积、抗磨损、防锈蚀和耐腐蚀性能。用于 1968~1971 年的轿车和卡车的发动机 |
| SE | 比 SD 具有更好的发动机保护功能。用于 1972~1979 年生产的车辆发动机 |
| SF | 比 SE 有更好的抗磨损、抗氧化性能。用于 1980 年以来生产的车辆发动机 |
| SG | 具有防沉积、抗氧化、抗磨、防锈、抗腐蚀性能。用于目前的客车、货车和轻型卡车 |
| SH | 比 SG 性能全面提高，用于推荐使用 SG 级油及较早的车辆。此类油 1992 年接受，取代 SG |
| SJ | 性能与 SH 相同，但 SJ 增加了 GM 过滤实验、150℃抗泡、高温沉积、凝胶指数等实验，磷含量从 SH 的 0.12% 降至 0.10%。适用于排放要求更严格的车辆。1996 年接受 |
| SL | 比 SJ 的氧化稳定性更强，高温沉积物更少，机油消耗更低，且具有节省燃油的优势。2000 年接受 |
| SM | 具有更好的抗氧化性和沉积物控制能力、更佳的抗磨损保护能力和更好的低温流动性。2004 年通过 |
| SN | 燃料经济性及保持性、催化剂相容性、整体性能提高。2010 年通过 |

表 6-4　内燃机油黏度分类 （GB/T 14906—1994）

| 黏度等级号 | 低温黏度/mPa·s | 边界泵送温度/℃ | 100℃运动黏度/(mm²/s) |
|---|---|---|---|
| 0W | ≤3250(−30℃) | ≤−35 | ≥3.8 |
| 5W | ≤3500(−25℃) | ≤−30 | ≥3.8 |
| 10W | ≤3500(−20℃) | ≤−25 | ≥4.1 |
| 15W | ≤3500(−15℃) | ≤−20 | ≥5.6 |
| 20W | ≤4500(−10℃) | ≤−15 | ≥5.6 |
| 25W | ≤6000(−5℃) | ≤−10 | ≥9.3 |
| 20 | — | | 5.6~<9.3 |
| 30 | — | | 9.3~<12.5 |
| 40 | — | | 12.5~<16.3 |
| 50 | — | | 16.3~<21.9 |
| 60 | — | | 21.9~<26.1 |

3. 汽油机油的选用

（1）黏度选择　可以按照所在的地理位置和当地气候选择合适的黏度和黏度指数，使油品既能有足够的高温黏度来保证发动机在运转时的密封和润滑，又能有足够小的黏度来保证低温启动性能。同时还要考虑汽油机的新旧，新汽油机的配合间隙小，要选低黏度油，旧汽油机的配合间隙大，要选高黏度油。表 6-5 为汽油机油黏度等级选择标准。

表 6-5　汽油机油黏度等级选择标准

| 黏度级别 | 环境温度/℃ | 黏度级别 | 环境温度/℃ |
|---|---|---|---|
| 5W | −30~−10 | 5W-30 | −30~16 |
| 10W | −20~−5 | 10W-30 | −20~30 |
| 20 | −10~30 | 10W-40 | −20~40 |
| 30 | 5~30 | 15W-40 | −15~40 |
| 40 | 10~40 | 5W-50 | −30~50 |
| 50 | 10~50 | 20W-50 | −10~50 |

（2）品种选择　一般来说，发动机的压缩比在 7 左右，并装有曲轴箱正压通风装置，可选择 SD 级以上质量级别的汽油机油；发动机的压缩比大于 10，由于发动机的功率大、体积小，工作条件苛刻，可选择 SF、SG、SH 级以上的汽油机油。总的来说，发动机的工作条件越苛刻，选用的汽油机油级别越高。要严格按汽油机和润滑油的产品说明资料选用合适的润滑油。

### 4. 汽油机油的更换

汽油机油在使用过程中受到高温、氧气、燃料燃烧副产物、水及其他污染物的作用而逐渐降解老化，油中的添加剂不断消耗，使油的清净分散性和抗磨性逐渐下降，沉积物增加，降解后产生的酸性物质对金属的腐蚀性增加，不再适合润滑，此时就需要换油。这个过程是缓慢发生的，之间有一个拐点，在拐点之前换油较为合理。我国的汽油机油换油期一般为 5000～15000km，随着润滑油质量的提高，换油期也不断地延长。

汽油机油使用一段时期后就不能再使用了，这主要是因为：一方面，油中积累了污染物。污染物主要是指道路灰尘和沙土、磨损的金属颗粒。另一方面，油品本身发生化学变质和混入了燃烧后的燃烧副产物。污染物和燃烧后的副产物（水、酸和其他污染物）经过活塞环进入曲轴箱内，由于温度和金属催化的作用，油品会发生化学变化，如果再加上冷却系统泄漏和其他方面对油品的污染，以及上述物质互相作用形成的油泥、漆膜和腐蚀性物质，就会引起发动机的磨损和故障。定期地更换机油、滤芯和空气滤清器能保持油中污染物减少，从而延长发动机的寿命。

按照我国的国家标准 GB/T 8028—1994，车用汽油机油的指标达到表 6-6 中的任意一条，就应该换油。

**表 6-6　国内汽车用汽油机油换油指标**

| 项　　目 | 换油指标 | 实验方法 |
|---|---|---|
| 运动黏度变化率[①]（100℃） | ＞±25% | GB/T 265 法 |
| 水分 | ＞0.2% | GB/T 260 法 |
| 闪点（开口）/℃ | 单级，＜165；多级，＜150 | GB/T 267 法 |
| 酸值增加值（以 KOH 计）/(mg/g) | ＞2.0 | GB/T 7304 法 |
| 铁含量/(μg/g) | ＞250(SC)，＞200(SD)，＞150(SE) | SH/T 0197 法 |
| 正戊烷不溶物 | ＞1.5%(SC,SD)，＞2.0%(SE) | GB/T 8926A 法 |

① 运动黏度变化率 $\eta$（%）按下式计算：

$$\eta = (\nu_1 - \nu_2)/\nu_2 \times 100\%$$

式中，$\nu_1$ 为使用中汽油机油的黏度测定值，$mm^2/s$；$\nu_2$ 为使用前汽油机油的黏度测定值，$mm^2/s$。

汽油机油在使用过程中，可以通过对使用过的油进行分析评价，找到油品变质的原因，从而进行整改。例如油品的 TBN 迅速降低，引起 TBN 降低的原因可能是使用了高硫燃料或油品氧化生成了酸性物质，或者是二者皆有，采用的改进办法是尽可能地使用低硫原料、用高 TBN 的机油换油、减少高温操作。

### 二、汽车柴油机油

柴油发动机是利用密闭的空间压缩产生高热，使空气的温度超过了柴油的自燃点，柴油经高压喷油嘴进入汽缸，经压缩后自燃，因此柴油发动机无需点火系统。与汽油机相比，柴油机的热效率高，油耗低，$CO_2$ 的排放量也低，被称为"绿色发动机"。柴油机油是用于以柴油为原料的发动机的润滑油。

### 1. 柴油机油的组成

柴油机油和汽油机油一样，也是由基础油和添加剂组成。由于柴油发动机转速低、负荷大，润滑压力大，所加的添加剂的种类、数量都与汽油机油不一样，二者不能混用。至于市面上有一种既可用于汽油机又可用于柴油机的通用型机油，其性能满足两类发动机的机油级别的重叠值，所以也标明适用的机油级别范围，并不能适用所有汽车。

2. 柴油机油的分类

国际上柴油机油分类主要是美国石油协会（API）和欧洲汽车制造商协会（ACEA）分类，因 API 分类已被世界各国所公认和广泛采用，我国也参照该种润滑油的分类方法制定了 GB/T 7631.3—1995。随着汽车发动机的性能和润滑油的生产水平的不断提高，这种性能的分类也在不断改进。表 6-7 为柴油机油的 API 分类标准及每一种柴油机油的特性和使用场合。

表 6-7　柴油机油分类

| API 分类 | 特性和使用场合 |
| --- | --- |
| CA（废除） | 用于优质燃料、轻中负荷下运行的柴油机及要求使用 API CA 级油的发动机，有时也用于运行条件温和的汽油机。具有一定的高温清洁性和抗氧防腐性 |
| CB（废除） | 用于燃料质量较低、轻中负荷下的发动机及要求使用 API CB 级油的发动机，有时也用于运行条件温和的汽油机。具有控制发动机高温沉积物和轴承腐蚀的性能 |
| CC | 用于在中及重负荷下运行的非增压、低增压或增压式柴油机，并包括一些重负荷汽油机。对于柴油机具有控制高温沉积物和轴瓦腐蚀的性能，对于汽油机具有控制锈蚀、腐蚀和高温沉积物的性能，并可替代 CA、CB 级柴油机油 |
| CD | 用于需要高效控制磨损及沉积物或使用包括高硫燃料的非增压、低增压及增压式柴油机以及国外要求使用 API CD 级油的柴油机。具有控制轴承腐蚀和高温沉积物的性能，并可代替 CC 级油 |
| CD-Ⅱ | 用于要求高效控制磨损和沉积物的重负荷二冲程柴油机以及要求使用 API CD-Ⅱ 级油的发动机，同时也满足 CD 级油性能的要求 |
| CE | 用于在低速高负荷和高速高负荷条件下运行的低增压和增压式重负荷柴油机以及要求使用 API CE 级油的发动机，同时也满足 CD 级油的要求 |
| CF-4 | 用于高速四冲程柴油机以及要求使用 API CF-4 级油的柴油机。在油耗和活塞沉积物控制方面性能优于 CE 并可替代 CE，此种油品特别适用于高速公路上行驶的重负荷卡车 |
| CG-4 | 适用于 1994 型重负荷柴油机，燃烧低硫燃料，满足美国 1994 年排放标准 |
| CH-4 | 适用于 1998 型重负荷柴油机，燃烧高或低硫燃料并满足美国 1998 年排放标准 |
| CI-4 | 为满足 2004 年排放法规而开发，此排放法规最终提前到 2002 年 10 月开始执行，此法规是 EMA（环境管理会计）和 EPA［（美国）环境保护局］就闭环排放达成协议的产物 |

3. 柴油机油的质量标准

CA、CB 级柴油机油在我国已经废除。CC 级油比 CA、CB 级油有更高的性能，适用于中等负荷的非增压和低增压柴油机。CD 级油主要用于重负荷条件下工作的增压柴油机，要求油品有很好的防止高温沉积、抗腐蚀和抗氧化能力，适用于燃烧各种质量柴油的发动机。

4. 柴油机油的选用

（1）质量等级选择　根据柴油机的热状况选用柴油机油的质量等级。柴油机的热状况是影响机油质量变化的重要因素。柴油机的负荷越高，工作温度越高，增压比越大，柴油机油结焦和氧化变质的倾向越大。柴油机的热状况一般可用强化系数和增压比以及顶环槽温度来表示。

$$强化系数\ K = p_c C_m Z$$

式中，$p_c$ 为活塞平均有效压力，MPa；$C_m$ 为活塞平均速度，m/s；$Z$ 为冲程系数（四冲程机系数为 0.5，二冲程机系数为 1.0）。

$$增压比\ \pi_k = p_k / p_0$$

式中，$p_k$ 为增压器压力；$p_0$ 为标准大气压。

柴油机油按强化系数 $K$ 不同可以分为三类。

① $K$ 小于 30 为普通柴油机，其上部活塞环的温度即为顶环槽温度，一般为 230℃，可用 CA 柴油机油；

② $K$ 在 30～50，增压比小于 1.4，上部活塞环的温度在 230～250℃，可选用 CC 级柴油机油；

③ $K$ 大于 50，中、高增压比，增压比在 1.42 或 2 以上，上部活塞环温度高于 250℃，宜选用 CD 级或更高质量等级的柴油机油。

此外，柴油机油的选择还要根据车型、发动机工况、发动机油容量以及柴油质量来决定。

（2）黏度选择　柴油机油的黏度选择和汽油机油一样，根据使用的环境和汽车的发动机状况来选择。一般在寒冷和严寒地区应选用多级油。

5. 柴油机油的更换

（1）柴油机油的换油期　我国柴油机油的换油期一般为 6000～20000km，挖掘机、推土机的换油期为 200～300h，中小型船用的发动机组柴油机油的换油期为 400～900h。

（2）柴油机油换油指标　表 6-8 为柴油机油换油指标。当运行中的柴油机油任何一项指标达到换油标准时，应更换新油。

表 6-8　柴油机油换油指标

| 项　目 | 换油指标 | | 试验方法 |
| --- | --- | --- | --- |
| | CC、SD/CC、SE/CC | CD、SF/CD | |
| 运动黏度变化率(100℃) | ＞±25% | | GB/T 11137 和 GB/T 7067 中 3.2 法 |
| 碱值(以 KOH 计)/(mg/g) | ＜新油的 50% | | SH/T 0251 法 |
| 正戊烷不溶物(质量分数) | ＞3.0%<br>＞1.5%① | | GB/T 8926B 法 |
| 铁含量/(μg/g) | ＞200<br>＞100① | ＞150<br>＞100① | SH/T 0197 法或 SH/T 0077 法 |
| 酸值增加值(以 KOH 计)/(mg/g) | 2.0 | | GB/T 7304 法 |
| 闪点(开口)/℃ | 单级油，＜180；多级油，＜160 | | GB/T 3536 法 |
| 水分 | ＞0.2% | | GB/T 260 法 |

① 适合于固定式柴油机。

柴油机油的推荐换油期里程是在无油品分析手段时采取的一种办法。换油期里程和换油期是在产品试验后或参照同类产品确定的，它是以发动机安全运行为目的，并考虑到不同工作条件和恶劣环境等情况，因此有较大的安全系数，偏于保守。有关专家发现，有的车辆换油期可以比推荐换油期延长 1～2 倍，因此根据汽车厂家推荐时机换油有时会带来一定的浪费。比较经济、合理的换油方法是按质换油，即根据在用油品的某些指标变化程度来确定换油时间。

### 三、汽柴油机通用油

汽柴油机通用油，即一种内燃机油既可以用于汽油机的润滑，也可以用于柴油机的润滑。汽柴油机通用润滑油特别适用于车队。我国已研制生产的有 SC/CC、SD/CC、SE/CC、SF/CD 等质量级别的通用润滑油；每一质量级的通用油，还可以有不同的黏度级别，如 30 号 SC/CC、SC/CC 10W/30、SF/CD 10W/40 等。

多级的汽柴油机通用润滑油，既可以用于汽油机和柴油机的润滑，同时还可以四季通用；单级的汽柴油机通用润滑油则不能四季通用。

润滑油工业是我国的支柱产业，与国家的宏观经济和各行业的发展息息相关。近年来，冶金、钢铁、汽车、铁路、机械制造、纺织等众多行业迅速发展，从而推动润滑油的性能不断更新、提高，产品不断升级换代。润滑油的发展也向国际标准靠拢，淘汰落后产品，目前内燃机油（包括汽油机油和柴油机油）中 B 级以下的油品已取消，产品也从低级油向高级油、单级油向多级油、一般型向节能环保型发展。

### 四、车辆齿轮油

发动机主要通过变速器、后桥齿轮将动力传至车轮。汽车齿轮油用于机械式变速器、驱动桥和转向器的齿轮、轴承等零件的润滑，齿轮油在齿轮传动装置中，主要作用是减少摩擦、降低磨损、冷却零部件，同时也起到缓和震动、减少冲击、防止锈蚀及清洗摩擦副表面的脏物的作用。

齿轮是一种重要的传动机构，用于传递运动和动力。由于几何形状不同，齿轮啮合的方式也不同，润滑油膜的形成有显著的区别。正齿轮、伞齿轮、斜齿轮、人字齿轮和螺旋伞齿轮容易在齿面上形成润滑油膜。蜗轮蜗杆齿面相对滑动速度大，摩擦热大，较难解决润滑问题，必须使用高黏度并含有摩擦改进剂和抗磨剂的齿轮油。双曲线齿轮体积较小、传动的动力大、齿面的相对滑动速度大、齿面上难以形成润滑油膜，是最难润滑的摩擦副之一，须使用加有高活性极压剂的齿轮油。近代汽车的后桥传动装置多采用双曲线齿轮，须使用双曲线齿轮油，即重负荷车辆齿轮油。重负荷车辆齿轮油是润滑性能要求最高的汽车齿轮润滑材料。

#### 1. 车辆齿轮油的分类

（1）黏度分类　按美国汽车工程师协会（SAE）黏度分类，车辆齿轮油黏度可分为 7 类：70W、75W、80W、85W、90、140 和 250。各规格车辆齿轮油的性质如表 6-9 所示。

表 6-9　SAE 齿轮油黏度分类

| SAE 黏度等级 | 黏度达 150Pa·s 时的最高温度/℃ | 100℃运动黏度/(mm²/s) | |
|---|---|---|---|
| | | 最小值 | 最大值 |
| 70W | −55 | 4.1 | — |
| 75W | −40 | 4.1 | — |
| 80W | −26 | 7.0 | — |
| 85W | −12 | 11.0 | — |
| 90 | — | 13.5 | <24.0 |
| 140 | — | 24.0 | <41.0 |
| 250 | — | 41.0 | — |

带尾缀 W 的为冬季齿轮油，它是按照齿轮黏度达到 150Pa·s 的最高温度和 100℃时的最小运动黏度两项指标划分的；不带尾缀 W 的为夏季齿轮油，它是根据 100℃时的运动黏

度范围划分的。另外，还有多级油，如 80W/90、85W/90 等。我国的车辆齿轮油没有 70W
这个牌号。

（2）质量分类　按 API 使用性能分类，依据工作条件的苛刻程度，齿轮油可分为 GL-1～
GL-5 等五个等级，如表 6-10 所示。

表 6-10　API 齿轮油分类

| API 分类 | 使　用　说　明 | 性能分档 | 润滑油类型 |
|---|---|---|---|
| GL-1 | 不能满足汽车齿轮要求，不能用在汽车上 | 普通 | 直馏或残馏油 |
| GL-2 | 不能满足汽车齿轮要求，除特殊情况外不能用在汽车上 | 蜗轮用 | 含油性剂，直馏或残馏油 |
| GL-3 | 变速箱、转向器齿轮及条件缓和的差速器齿轮用 | 中等极压性 | 含硫、磷、氯等化合物或含锌化合物等极压剂与直馏或残馏油的混合物 |
| GL-4 | 差速器齿轮、变速箱齿轮及转向器齿轮用 | 通用强极压性 |  |
| GL-5 | 工作条件特别苛刻的差速器齿轮及后桥齿轮用 | 强极压性 |  |

**2. 车辆齿轮油的组成**

车辆齿轮油由基础油和添加剂组成。基础油主要为矿物润滑油基础油，也有少部分用
合成润滑油基础油。基础油提供润滑、冷却、清洗、减轻震动和噪声的作用，同时也是添
加剂的载体。基础油决定了车辆齿轮油的流变性、黏温性、闪点和抗氧化安定性等性质。
低黏度的车辆齿轮油基础油由低黏度的矿物基础油或者合成基础油构成，对低温黏度有很
高的要求；配制高黏度的车辆齿轮油，须用较多光亮油作基础油。添加剂的作用是增强基
础油原有的某些性能或赋予基础油原来不具备的新的性能。车辆齿轮油中主要添加了极压
剂、防腐剂、摩擦改进剂、抗氧化剂、清净分散剂、增黏剂和抗泡剂等添加剂。添加剂决
定了车辆齿轮油的极压性能以及抗氧化、抗泡沫、防锈、防腐和抗乳化性能。有些润滑油
的性能靠基础油和添加剂一起决定。例如，基础油本身性质就非常稳定，具有很好的抗氧
化能力，在调和的时候就可以不加或者少加抗氧剂，只要能满足使用要求就可以。

**3. 车辆齿轮油的性能**

车辆传动装置中的齿轮在工作过程中受力非常复杂，特别是双曲线齿轮，齿面载荷非
常高，冲击载荷更高，且齿面要以很高的速度滑移，产生强烈的摩擦，使得齿面的局部温
度骤升，很容易出现烧结、熔焊等损伤。除此之外，车辆齿轮传动装置中的温度较高，一
般为 60～70℃，一些小汽车的准双曲线齿轮差速器温度可以达到 120℃。所以车辆齿轮油
不仅要有适当的黏度、好的黏温性能，还应有好的极压性能。

车辆齿轮在正常运转条件下，齿面应该处于弹性流体润滑状态。齿轮油的黏度对承载
能力有很大的影响。油的黏度高，弹性流体动力润滑膜厚度大，齿轮的承载能力高。实验
表明，SAE140 齿轮油比 SAE90 齿轮油引起的磨损小。油的黏度不能太高，黏度太高，摩
擦产生的热量排不出去，结果会使得油温过高，齿轮的整体和齿面温度也会增高，温度太
高，油膜会遭到破坏，失去润滑作用。车辆齿轮油的黏度要求能满足最低温度下车辆不用
预热可以正常起步，最高工作温度是可以保证齿轮的可靠润滑。

车辆齿轮油的极压性主要由摩擦改进剂和极压剂来提高，它们都是在接触表面上起作
用的添加剂，发挥功效的第一步是在表面上吸附。它们的分子中含有氯、硫、磷等元素的
化合物，这些化合物在摩擦表面的温度达到足够高时，便与齿轮表面的金属发生化学反应，
生成氯化铁、硫化铁、磷化铁薄膜，此固态膜的临界剪切强度低于基本金属，摩擦副滑动
运动就在固态膜上进行，从而防止金属表面出现擦伤。

车辆齿轮油的其他性能主要有热氧化安定性、腐蚀性、抗泡性和存储安定性等。热氧

化安定性是指油品受热分解和生成沉淀的性质。车辆齿轮油中因为较多地添加了极压剂，容易引起金属的腐蚀和锈蚀，所以必须加入一些防腐蚀剂来平衡它的腐蚀性。齿轮运转时会将气泡带入到润滑油中形成泡沫，泡沫不仅破坏油膜，而且导热性差，对汽车有百害而无一利，所以要加入抗泡剂对泡沫进行消除。存储安定性指油品在存储过程中稳定性的大小，有无油品与添加剂分层，反应生成不溶物的倾向。

4. 车辆齿轮油的选用

车辆齿轮油的正确选用对于保证齿轮装置的正常工作至关重要，用油不当会发生各种故障。一般来讲，进口汽车及引进生产线生产的汽车后桥需使用重负荷车辆齿轮油，手动变速箱用中负荷车辆齿轮油；使用螺旋伞齿轮的国产汽车后桥使用普通车辆齿轮油或中负荷车辆齿轮油，手动变速箱使用普通车辆齿轮油；使用双曲线齿轮后桥的国产汽车后桥使用中或重负荷车辆齿轮油，手动变速箱使用中负荷车辆齿轮油。国产中、高档车辆齿轮油可以满足进口和国产汽车的需求。

中、高档车辆齿轮油由适宜精制深度的基础油和高质量的添加剂组成，各种添加剂的用量经过平衡，通过了各种严格的实验室试验和后桥齿轮台架试验。中、高档车辆齿轮油具有适当的黏度、优良的抗磨极压性、热氧化安定性、防锈蚀性、抗泡性和存储安定性。使用中、高档车辆齿轮油可有效地保护齿轮，延长齿轮装置的寿命。

5. 车辆齿轮油的换油期

车辆齿轮油在使用过程中逐渐老化，理化性质和使用性能发生变化，到了一定的时期，就需要更换。有条件的可以对换油指标（运动黏度变化率、水分、酸值增加值、正戊烷不溶物、铁含量）进行化验，有一项不合格就需要更换。没有化验条件的根据推荐的里程数更换车辆齿轮油，中、高档车辆齿轮油的寿命可达 50000～60000km。

必须正确地选用车辆齿轮油，切不可贪图便宜使用低档齿轮油。原因有两个方面：一方面，现代的车辆齿轮油已经成为齿轮装置的结构材料，在齿轮设计时必须进行齿轮强度的计算，齿轮油的黏度和承载能力是重要的参数。不使用推荐油而随意使用低档油，会降低齿轮的寿命。另一方面，中、高档油的价格虽然比低档的贵，但其使用寿命长，还可以节约燃料、保养和修理的费用，综合考虑，比低档油经济。

**五、汽车防冻液**

汽车防冻液也叫汽车冷冻液，是汽车发动机冷却系统内的工作介质。发动机正常工作时可燃气体在汽缸内的燃烧温度可达 1800～2000℃，此时与汽缸紧密接触的气门、汽缸盖、活塞等，因为吸收了热量温度也会很高。这时候如不进行有效地冷却，机件间的配合间隙会因为受热膨胀而破坏，活塞会因为膨胀而卡死在汽缸里，造成"拉缸"，甚至融化在汽缸里。高温还会使润滑油黏度降低、氧化变质、结焦而失去润滑作用，从而磨损零件。防冻液的作用就是把多余的热量散发出去，使发动机保持在一个合适的温度范围内，保证汽车的正常运行。同时，汽车防冻液还要保证汽车随时可以启动；要保证在严寒的冬季（室外温度达－40℃）水箱及冷却系统的管线不被冻裂，防冻液在此温度下就不能结冰或凝固，以免发生体积膨胀。汽车防冻液应具有冷却、防腐蚀、防垢和防冻的作用。

1. 汽车防冻液的分类

依据组成不同，汽车防冻液可分为乙二醇-水防冻液、酒精-水防冻液和甘油-水防冻液，下面逐一介绍。

（1）乙二醇-水防冻液　乙二醇是一种无色无味的液体，沸点为 197.4℃，冰点为－11.5℃。

乙二醇能与水以任意比例混合，混合后冰点显著降低，其降低的程度在一定范围内随乙二醇的含量增加而下降。当乙二醇的含量为68％时，冰点可降至－68℃，超过这个极限，冰点反而要上升。乙二醇防冻液在使用中易生成酸性物质，对金属有腐蚀作用，因此应加入适量的磷酸氢二钠等防腐蚀剂。乙二醇有毒，但由于其沸点高，不会产生蒸气被人体吸入而中毒。乙二醇的吸水性强，要密闭存储，防止因吸水而溢出。乙二醇的沸点比水高，所以先蒸发损失的为水，当防冻液缺水时，只要加入纯净水就可以了。当防冻液里没有混入石油产品时，可以进行回收，经过滤、沉淀、补水、加入防腐剂，就可以继续使用，一般可以使用3～5年。

（2）酒精-水防冻液　酒精（即指乙醇）的沸点为78.3℃，冰点为－114℃，可以与水以任意比例混合，组成不同冰点的防冻液。酒精的含量越高，冰点越低。酒精是易燃品，当酒精的浓度达到40％以上时，就容易产生酒精蒸气而着火。酒精-水防冻液的酒精含量控制在40％以下，防冻液的冰点为－30℃左右。

酒精-水防冻液具有流动性好、散热快、取材方便和价格便宜等优点；缺点是易着火，蒸发损失大，酒精蒸发后会导致冰点上升，不宜在高原使用，在平原使用时要及时检测酒精浓度并及时补充。

（3）甘油-水防冻液　甘油-水防冻液的优点是不易挥发和着火，对金属的腐蚀也小；缺点是甘油降低冰点的效率低，配制同一冰点的防冻液时，比乙二醇、酒精的消耗量大，因此甘油-水防冻液的实际应用较少。

**2. 汽车防冻液的性能**

（1）对金属不产生腐蚀和锈蚀　发动机的冷却系统是由铸铁、铸铝、紫铜、黄铜、钢和焊锡等金属制成的，这些金属在高温下与冷却水接触会发生腐蚀和锈蚀，而防冻液不仅不能产生腐蚀，还应该具有防腐和除锈的功能。现代汽车的发动机的冷却系统大多采用铸铝和铝合金件，所以要求防冻液的防腐蚀性的重点要转向对铝的防腐蚀。

（2）高的沸点和低的冰点　水的沸点为100℃，而优质的防冻液的沸点应该在110℃以上，这样在夏季使用防冻液就比较不容易"开锅"。水的冰点是0℃，而防冻液的冰点可以根据乙二醇与水混合的比例来调节。例如40％的乙二醇，冰点可以达到－25℃；50％的乙二醇，冰点可以到达－35℃。所以说用乙二醇、甘油、水和防腐剂调和的防冻液可以保证汽车在高温和低温下发动机都能正常地工作。

（3）不产生水垢　用水来冷却水箱有一个最为头疼的水垢问题，水垢附着在水箱和水套的金属表面，会使得散热越来越差，除垢也比较困难。优质的防冻液采用去离子软化水为原料，并加入了防垢添加剂，不会对水箱产生水垢。

**3. 汽车防冻液的牌号**

依据防冻液的冰点不同，汽车防冻液主要有六种牌号：－25号、－30号、－35号、－40号、－45号、－50号。

**4. 汽车防冻液的选择**

汽车防冻液的冰点是其最重要的指标，是防冻液能不能防冻的重要条件。一般选择产品的牌号低于本地区最低温度10℃即可。结合北方地区的气候特点，加上设备的使用情况，选用－40号汽车防冻液就能满足使用要求。

**5. 汽车防冻液的更换**

汽车防冻液一般2年或者30000km更换一次。

**6. 汽车防冻液在使用中应该注意的问题**

① 防冻液有毒，必须存储于原装的容器中。使用时不能把不同牌号的防冻液加在一起，以免产生腐蚀、沉淀等现象，不同厂家相同牌号的防冻液也不能混加。

② 加注防冻液以前，一定要对水箱进行彻底的清洗。因为防冻液中加有除垢剂，如果不清洗水箱就加入防冻液，除下的水垢就会混合在防冻液里，使得防冻液变黏稠，冰点上升，甚至变色、变味，严重时还会阻塞水管、水道。

③ 禁止直接加注防冻液母液。乙二醇的浓度并不是越高越好，直接加注了母液，不仅不能满足对冰点的要求，还会出现防冻液变质、变色、黏度增大、散热不好等现象，所以加注母液时，一定要根据使用温度，按照要求用软化水进行调配。

④ 防冻液的膨胀系数大，加注时不要过满。

## 六、汽车制动液

汽车制动液又称刹车油、刹车液，由基础油或基础液以及各种添加剂组成，是用于汽车液压制动系统中传递压力，使车轮制动器实现制动作用的一种功能性液体。汽车制动液的质量状况直接关系到车辆的行驶安全，如果使用的制动液质量低劣，则会因发生高温气阻、低温制动迟缓而导致汽车制动故障或制动失灵，引起交通事故。

1. 汽车制动液的分类

就原料来源而言，汽车制动液可分为醇型制动液、矿物油型制动液和合成型制动液三类。

(1) 醇型制动液　醇型制动液是由低碳醇类和蓖麻油配制而成，价格低廉，但由于高、低温性能均差，容易引发交通事故，我国自 1990 年 5 月起就已淘汰。

(2) 矿物油型制动液　矿物油型制动液是以深度脱蜡的精制柴油馏分作为基础油，加入增黏剂、抗氧化剂和防锈剂等调和而成。此类制动液温度适应性较醇型制动液好，可在 -50～150℃ 的温度范围内使用，但由于其对天然橡胶有溶胀作用，故在使用矿物油型制动液以前应将制动系统的所有皮碗、软管更换成耐油橡胶制品，以免受到腐蚀而使制动失灵。

(3) 合成型制动液　合成型制动液通常是以乙二醇醚、二乙二醇醚、三乙二醇醚、水溶性聚酯、聚醚和硅油等为溶剂加入润滑剂和添加剂组成。其工作温度范围宽，黏温性好，对橡胶和金属的腐蚀作用均很小，故适合于高速、大功率、重负荷和制动频繁的汽车使用，是目前使用最多、最广的一种制动液。

2. 汽车制动液的性能

汽车在使用过程中，有两方面因素会引起汽车制动液的温度升高：一是发动机罩内的热量传递，二是在刹车过程中的摩擦发热。汽车制动液的正常工作温度为 70～90℃，大型载重车的制动系统工作温度高达 120℃，而在下坡或频繁制动时，温度则可达 150℃。随着汽车性能的提高，对汽车制动液的各项指标要求越来越高。

(1) 良好的高温抗气阻性　制动液使用频繁容易受热，受热汽化会产生气阻现象。气阻是在制动系统中由于气泡的出现而引起的一种有害现象，它会造成制动无力甚至刹车失灵。制动液指标中的平衡回流沸点就是用来评价制动液的高温气阻性能的。平衡回流沸点是指在规定试验条件下测得的制动液的沸腾温度。平衡回流沸点越高，制动液的高温性能有可能越好，但并不是所有平衡回流沸点高的制动液一定具有优良的高温性能，只有在平衡回流沸点和湿平衡回流沸点都高的情况下，制动液才具有良好的高温性能。

(2) 良好的低温启动性　运动黏度是液体石油产品的主要性能指标之一。为了保证制动液在使用过程中当温度升高到一定程度时，仍能保证其具有良好的润滑和密封性能，同时防止在高温条件下的渗漏，标准要求 100℃运动黏度应不小于 1.5mm²/s。—40℃低温运动黏度是汽车制动液的重要低温性能指标，它反映产品在低温条件下的流动性大小，该指标直接关系到车辆在低温条件下的制动性能。低温黏度越小，制动越灵敏；低温黏度越大，制动就越迟缓，甚至导致制动失灵。

（3）良好的金属保护性　制动液中的组分不应对制动系统中的金属零部件产生腐蚀，要求有良好的金属保护性。

（4）良好的橡胶相容性　在汽车制动系统中，为了保证制动液不渗漏并传递制动能量，必须使用多种橡胶零部件，而制动液会直接与这些橡胶零部件相接触。为了保证这些橡胶件正常工作，不引起过度的软化、溶胀、溶解、固化和收缩，要求制动液具有良好的橡胶适应性能。

（5）良好的抗氧化性　制动液在常温条件下比较稳定，但受高温和金属催化等因素的影响，会促使其氧化变质，因此要求制动液具有优良的抗氧化性。抗氧化性决定了制动液在储存和使用过程中是否容易氧化变质，是决定制动液储存期和使用寿命的重要因素。抗氧化性越好，则越不易氧化变质，储存期和使用期就越长。

3. 汽车制动液的选用

① 选用制动液时，首先要看标签和使用说明，看是什么类型，有无质量指标和质量标准，没有这些内容的汽车制动液将不能使用或者应慎用。

② 醇型制动液的工作范围窄，对温度变化的适应力差，换油周期短，大功率、高速、重负荷、制动频繁的汽车不适合选用醇型制动液。

③ 如果汽车制动系统的橡胶零件是耐油型的，可以选矿物油型制动液。矿物油型制动液不受地区、季节、车型的限制，且润滑性能好、换油期长、无腐蚀作用。

④ 合成制动液的品种型号多，颜色丰富，选用时必须注意质量指标中的使用温度范围、高低温下的黏度，并观察制动液有无沉淀和异味、是否透明。

⑤ 国内合成制动液分为 HZY3、HZY4 和 HZY5 三个标准，标准级别越高，安全性能越好。一般情况下，微型汽车、中低档汽车选用 HZY3 标准，中高档建议选用 HZY4 标准，当然中低档车选用 HZY4 也没有问题，而且更好。HZY5 一般适用于军工方面，民用较少，适用于沙漠等苛刻条件。

4. 汽车制动液的更换周期

汽车制动液应每年更换一次。

5. 汽车制动液在使用中应该注意的问题

① 长时间使用后制动液里会含有少量的水，会腐蚀制动系统，给行车带来隐患。更换制动液时应该避免液体的污染，保证其清洁性，不可与任何石油产品混合。

② 将存放制动液的容器盖拧紧，并置于干燥阴凉的地方存放。制动液中水分的存在不仅会降低制动液的沸点，还会使制动液抵御气阻的能力减小，所以尽量减少制动液吸收水分的可能性。

③ 制动液都是由有机溶剂制成的，易挥发、易燃，使用时一定要注意远离火源。

**七、减震器油**

1. 减震器油的作用

汽车的底盘上都有减震器，用于降低因路面不平而造成的车身震动，改善汽车乘坐的平稳性和舒适性，其中液力减震器应用较广泛。汽车行驶在凹凸不平的路面上时，车架和车桥作相对往复运动，液力减震器的活塞在缸筒中也作往复运动，把减震器油反复地从一个内腔通过一些窄小的孔流向另一个内腔，此时孔壁及液体的摩擦和液体内的分子摩擦成为震动的阻尼力，使车架的震动降低，震动阻尼变为热能使油温升高，而由车辆行驶的迎面风把油冷却下来。

汽车的减震系统在汽车的使用中起着非常重要的作用，减震器的好坏与减震器油有着直接的关系。汽车减震器油是一种一次性使用油品。当前国内外的汽车减震器油有矿物型和硅油型两种，前者较后者经济。

2. 减震器油的主要性能

（1）优良的抗氧化性能　由于减震器把震动的能量转化成热能，使油温升高，有的高达 150℃以上，因此减震器油在工作过程中需不断地升温降温，氧化条件苛刻。而减震器油为一次性用品，有的汽车使用到报废也不用更换减震器，所以要求减震器油有良好的抗氧化性能。

（2）优异的低温流动性　减震器油应具有优秀的低温流动性，以确保在低温状态下，汽车的减震系统能正常工作。

（3）优秀的黏温性能　油品的黏度随温度变化，减震器油不断地升温降温，若黏度随着温度的升高变化太大，油通过小孔的阻力忽高忽低，减震功能就很不平稳，所以要求减震器油有好的黏温性能。

（4）良好的极压抗磨性能　减震器油应具有良好的极压抗磨性能，以便在启动和停止减震出现边界润滑状态时形成极压膜。

（5）良好的防锈性和橡胶相容性　减震器油大多采用高精制深度的低黏度矿物基础油，也有的采用合成基础油，加上类似抗磨液压油的各种添加剂，并加有强抗氧组分，同时应有改善黏度指数的抗剪切性能好的黏度指数改进剂。减震器油没有通用的规格标准，大多由汽车减震器制造厂自行实验后提出要求。

# 第四节　工业设备润滑油的选用

工业生产用设备即工业企业生产车间、辅助车间和实验室等部门使用的设备。按适用范围的不同，工业设备可分为通用设备和专用设备。通用设备有压缩机、汽轮机、减速机、电动机、泵和机床等；专用设备包括矿冶设备、轻工设备、石化设备、电力设备等。工业设备润滑油是各种通用和专用设备所用润滑油的总称。

按润滑剂的使用方式不同，润滑系统分为分散润滑系统和集中润滑系统两类，这两类又进一步分为全损耗和循环润滑两种。全损耗系统是指润滑剂被动力设备送至润滑点后，不再回收循环利用，常用于润滑剂回收困难或无需回收的场所。循环润滑系统的润滑剂送至润滑点进行润滑后，又回流到油箱再循环使用。这种润滑一般是由标准的成套润滑油站提供，它所需要的设备包括油泵及驱油装置、分配器、管路及阀门、滤油器、油箱、冷却器、热交换器、控制装置及仪表、指示、报警检测装置等。

工业润滑油主要包括以下几类：液压系统用油、工业齿轮油、压缩机油、轴承油、汽轮机油等。此外，还包括织布机油、造纸机油、食品机械油、电器绝缘油和固定式发动机油等专用油。

## 一、液压油

在生产过程中能量传递主要有机械传动、电力传动、气压传动和液力传动，由于液力传动具有很多优点，因此在机床、冶金、机械、汽车、船舶、农业机械、建筑工程机械、石油化工及航空宇宙机械等方面得到广泛应用。液压油在液压设备中不仅起到传递能量的作用，还担负着润滑机械、减少机器的摩擦与磨损、防止机器生锈和腐蚀的任务，当然还承担润滑油密封、冷却和清洗等基本任务。

1. 液压油的分类

(1) 品种分类　液压油是工业润滑油的一大类，占 40%～50%。它可以是石油型的，也可以是水型和其他有机物组成的。根据用途和特性不同，液压油分为矿物油型液压油、合成烃液压油和抗燃液压油等类型。国内还有一些不属于标准分类范畴的专用液压油，如航空液压油、舰用液压油、抗银液压油、清净液压油和可生物降解液压油等。由于液压技术的复杂性和多样性，使得液压油的品种繁多，各国制定的规格也不相同。我国液压油分类采用国际标准《润滑剂、工业润滑油和有关产品分类》（ISO 6743/4），制定了《液压系统用油分类标准》（GB 7631.2—1987）。

(2) 黏度分类　国际上一般通用 ISO（国际标准化组织）关于工业润滑油的黏度分级，级别的划分是以 40℃运动黏度的某一中心值为黏度牌号，其黏度范围是中心值的±10%，共分为 10、15、22、32、46、68、100 和 150 八个黏度等级，见表 6-11。

表 6-11　液压油黏度等级（牌号）

| 黏度等级 | 40℃运动黏度/(mm²/s) | 黏度等级 | 40℃运动黏度/(mm²/s) |
|---|---|---|---|
| 10 | 9.0～11.0 | 46 | 41.4～50.6 |
| 15 | 13.5～16.5 | 68 | 61.2～74.8 |
| 22 | 19.8～24.2 | 100 | 90.0～110 |
| 32 | 28.8～35.2 | 150 | 135～165 |

2. 液压油的品种介绍

在 GB/T 7631.2—1987 分类中的 HH、HL、HM、HR、HV、HG 液压油均属矿油型液压油。这类油的品种多，使用量约占液压油总量的 85% 以上，汽车与工程机械液压系统常用的液压油也多属这类。以下分别介绍其规格、性能及其应用。

(1) HH 液压油　HH 液压油是一种不添加任何添加剂的精制矿物油。这种油虽然在分类中，但是由于其安定性差、易起泡，已不再生产。

(2) HL 液压油　HL 液压油是由精制深度较高的中性油作为基础油，加入抗氧剂和防锈添加剂制成，该油具有良好的防锈性和氧化安定性。HL 液压油在一般机床的液压箱、主轴箱和齿轮箱中使用时，能减少机床润滑部位摩擦副的磨损，降低温升、防止设备锈蚀，延长机床加工精度的保持性、使用时间。该产品具有较好的橡胶密封适应性，其最高使用温度为 80℃。

(3) HM 液压油　HM 液压油是从 HL 液压油的基础上发展而来的抗磨液压油，它不仅有良好的防锈性和氧化安定性，在抗磨性能方面也比较突出。使用抗磨液压油的高压油泵，寿命比使用 HL 液压油的长。抗磨液压油的配制比较复杂，除加防锈剂和抗氧剂外，还加有抗磨添加剂、极压添加剂、金属减活剂、破乳化剂和抗泡添加剂。

抗磨液压油根据添加剂类型可分为有灰型和无灰型。有灰型指以二烷基二硫代磷酸锌为主的含金属抗磨液压油。无灰型抗磨液压油不含金属盐，它的极压剂是含硫化合物和含磷化合物。含锌的抗磨液压油，对钢-钢摩擦副来说，抗磨性能特别优秀，但对于含有铜和银部件的系统，含锌油有腐蚀作用。与含锌抗磨液压油相比，无灰抗磨液压油在水解安定性、破乳化性、油品的可滤性及氧化安定性方面有明显优势。无灰型和有灰型抗磨液压油各有优点，不能互相替代，各占据着一部分市场。

（4）HR 液压油　HR 液压油是一种在环境温度变化大的中、低压液压系统中使用的液压油，这种油使用面窄，用量少，又可用 L-HV 液压油代替，所以国内尚未开发。

（5）HG 液压油　HG 液压油是在 HM 液压油基础上添加抗黏滑剂（油性剂或减摩剂）构成的一类液压油。该油不仅具有优良的防锈、抗氧、抗磨性能，而且具有优良的抗黏滑性，在低速下爬坡性能很好，目前液压-导轨油属这一类产品。对于液压及导轨润滑为一个油路系统的精密机床，必须选用液压-导轨油。

（6）HV 液压油和 HS 液压油　HV 液压油和 HS 液压油是两个不同档次的低温液压油，HV 液压油用于寒区，HS 液压油用于严寒区。HV 液压油是采用深度脱蜡精制的矿物润滑油或与聚 α-烯烃合成油混合构成的低倾点基础油，添加防锈、抗氧、黏度指数改性剂和降凝剂等制成倾点不高于－36℃的低温液压油。

HS 液压油是以低温性能优良的聚 α-烯烃合成油为基础油，添加与 HV 液压油相似的添加剂制成的倾点低于－45℃的低温液压油。

以上的液压油均为易燃的烃类液压油。

（7）抗燃液压油　在冶金、玻璃制造、采矿和电力行业中，有些液压系统要接近明火或者在高温条件下使用，若采用矿物油作液压油时，如有泄漏或暴露在大气中就有可能着火或者发生火灾，影响到安全生产，这就需要使用抗燃液压油。这种液压油遇明火不燃烧（水基液压液），或者虽然能点着火，但一旦离开火源即自行熄灭，不会蔓延（如酯类液压液），能保证安全生产。

3. 液压油的性能

如果说油泵是整个液压系统的心脏，液压油就是系统的血液，负责把能量传递到系统的各个部位。液压系统能否可靠、有效而经济地工作，在一定程度上取决于液压油的性能。有的液压设备工况条件十分恶劣，如高温、潮湿、粉尘、水分等，这就对液压油提出了更高的要求，要求液压油必须具有以下特性。

（1）适宜的黏度和良好的黏温性能　黏度对系统的平稳工作有着重要影响。黏度过小时润滑表面容易产生磨损，泵容积效率降低，油温上升；黏度过大时，泵吸油困难，不仅会使得系统的压力降和功率损失增大，还在寒冷气候下难以启动，并可能产生气穴腐蚀。液压油必须有合适的黏度。一般情况下，液压油的 40℃黏度要求为 $11.0\sim60\mathrm{mm^2/s}$。由于系统所处的环境、不同的季节及启动前后油温的变化都会引起黏度发生变化，所以为了保证液压系统稳定工作，要求油品的黏度指数越大越好，一般的抗磨液压油黏度指数要求在 90 以上，低温液压油的黏度指数要求大于 130。

（2）优良的润滑性　在液压系统中，泵和油马达是主要的运动部件，在启动和停车时往往处于边界润滑状态。在这种情况下，若液压油的润滑性能不佳，抗磨性差，就会发生黏着磨损、磨粒磨损和疲劳磨损，造成泵和油马达性能降低，寿命降低，系统发生故障。液压油中通常加入极压剂和抗磨添加剂来提高油品的极压抗磨性能，但是极压剂的加入也会带来腐蚀等问题，这个问题需要加入防腐剂进行解决。

（3）良好的稳定性　液压油在使用过程中会氧化变质，产生油泥和酸性物质，会堵塞过滤器和小缝隙，腐蚀金属。液压油流经泵、阀节流口和缝隙时，要受到剧烈的剪切作用，导致油品中的大分子聚合物断裂，变成小分子，使黏度降低，当黏度降到一定程度的时候，油就不能使用了，所以要求油品有良好的抗剪切性能。良好的稳定性除了要求有良好的抗氧化性能和剪切性能外，还包括好的水解安定性、低温稳定性、抗腐蚀性、防锈性、抗乳化性和储存稳定性。在液压油稳定性中，任何一项性能若不能满足要求，则在使用中都会发生问题。

(4) 对密封材料、涂料等非金属材料有良好的适应性　液压传动借助处在密封容积内的液压能的传动操作工作部件，若液压油与密封材料的适应性不好，会使密封材料膨胀、软化或变硬失去密封性能，所以要求液压油与密封材料能相互适应，有良好的适应性。适应性指液压油对其接触的各种金属材料、非金属材料如橡胶、涂料、塑料等无侵蚀作用，同时这些材料也不会使油变质，彼此适应。

(5) 良好的抗泡性和空气释放性　液压油本身会溶解一部分氧，空气还会通过各种渠道进入液压油中，例如泵入口处密封不严或吸入管漏气。空气在液压油中以两种形式存在：一种是气泡（直径大于 1.0mm），另一种是雾沫状空气（直径小于 0.5mm）。液压油中含有空气一方面会使系统的效率降低，润滑条件恶化，系统能量传递不平衡，同时增加了油与空气的接触面积，加剧了油的氧化；另一方面，液压系统的压力由高变低时，大量的气泡会释放出来，使设备出现异常噪声、震动，甚至造成汽蚀，能量输出不稳定，还容易毁坏设备。

空气释放性是指液压油释放分散在其中的空气的能力；抗泡性能是指液压油产生泡沫的倾向及产生泡沫的稳定性。使用甲基硅油抗泡剂对油品表面泡沫的消除特别有效，但它却抑制了油中小气泡的上升和释放。近年来发展的非硅抗泡剂，不仅能消除油品表面气泡，而且对油中小气泡的上升和释放影响很小。

(6) 良好的清洁度　液压油中除了水和空气的污染，还有一种是固体颗粒物的污染。颗粒污染引起的失效模式又分为突然失效和渐发失效两种。突然失效是设备和元件在非预料的情况下，突发性地损坏或动作失灵。渐发失效是由磨损引起的，当小尺寸的颗粒进入摩擦副间隙或流体通道时，首先引起材料表面磨损，进一步造成磨损的链式反应，加速元件性能下降，最终导致元件失效。

液压油被颗粒污染的原因有可能是外来带入的颗粒，也有可能是由工作环境产生，表 6-12 列出了液压油被污染的原因。

表 6-12　液压油被污染的原因

| 外来原因 | 内在原因 |
| --- | --- |
| A. 经过油箱呼吸孔把大气中的尘埃带入 | A. 通过运动部件磨损产生的金属颗粒、粉末 |
| B. 运输、存储过程中混入 | B. 液压油化学变化产生的油泥、沉淀等 |
| C. 液压系统元件内存的 | C. 密封垫片与液压油不适用产生 |

对液压油污染颗粒的控制要从源头开始，首先液压油需要在洁净厂房里生产，检验合格后再进行灌装操作，储运过程中一定要防水和防尘。对于室外使用的液压设备，最好用防风雨帐篷，有条件的可安装干燥过滤器。液压系统中必须装有过滤装置及时清除污染颗粒，并定期检查清洗泵入口的粗滤器。

4. 液压油的选用

各种液压油有其特性，都有各自一定的适用范围。实践证明，必须正确、合理地选用液压油，这样才能提高液压设备运转的可靠性，防止事故的发生，延长液压设备元件的使用寿命。选用液压油主要依据工作环境和工况条件、设备类型、液压油的黏度。

(1) 根据工作环境和工况条件选择　选用液压油时，应该从工作压力、温度、工作环境、液压系统及元件的结构和材质、经济性几个方面综合考虑和判断。

工作压力主要对液压油的润滑抗磨性能提出要求。高压系统中处于边界摩擦状态的摩擦副，由于正压力加大、速度高而使摩擦磨损条件较为苛刻，必须选择润滑性能、极压抗磨性能良好的 HM 液压油。此外，还要根据液压系统的压力和油泵的压力进行选择，压力小于 8MPa 用 HL 液压油（叶片泵则用 L-HM 液压油）；压力为 8～16MPa 用 HL、HM、HV 液压油；压力大于 16MPa 用 HM、HV 液压油。液压系统的工作压力一般以主油泵的额定压力或最大压力为标准。

工作环境要考虑室内还是室外、地下还是水上、寒区还是沙漠地区等。工作温度以液压系统液压油在工作时的温度为主，工作温度在 −10～90℃ 用 HL、HM 液压油；低于 −10℃ 用 HR、HV、HS 液压油。环境温度和操作温度（没有冷却控温）的一般关系为：如果液压设备在车间厂房，正常温度比环境温度高 15～25℃；在室外，正常温度比环境温度高 25～38℃；热带室外日照，正常温度比环境温度高 40～50℃。表 6-13 给出了不同工作环境和工况条件下选择液压油的依据。

**表 6-13　根据工作环境和工况条件选择液压油**

| 环境/工况 | 系统压力 7.0MPa 以下，系统温度 50℃ 以下 | 系统压力 7.0～14.0MPa，系统温度 50℃ 以下 | 系统压力 7.0～14.0MPa，系统温度 50～80℃ | 系统压力 14.0MPa 以上，系统温度 80～100℃ |
|---|---|---|---|---|
| 室内固定液压设备 | HL | HL 或 HM | HM | HM |
| 露天寒区和严寒区 | HV 或 HS | HV 或 HS | HV 或 HS | HV 或 HS |
| 地下、水上 | HL | HL 或 HM | HL 或 HM | HM |
| 高温热源或旺火附近 | HFAE、HFAS | FHB、HFC | HFDR | HFDR |

难燃液压油主要适用于附近有高温热源和明火的场所。

（2）根据设备类型选择　　主要是根据摩擦副的材质和形式进行选择。如果摩擦副为钢-钢结构，可以选用含锌的 HM 液压油。含锌添加剂的液压油可以与铜、银发生化学反应，产生腐蚀磨损，因此不能用于摩擦副中含有铜、银金属的润滑。液压系统中如果含有铝元件，不能选用 pH 大于 8.5 的碱性液压油。选用液压油时还要考虑液压油与密封材料的适应性，见表 6-14。

**表 6-14　根据摩擦副的形式和材料选用液压油**

| 液压油 | 选用条件 |
|---|---|
| 含锌油 | 适用于压力大于 7MPa 的精密机床,大于 14MPa 的不含青铜件的液压系统、高压叶片系统 |
| 无灰油 | 适用于压力大于 15MPa 的叶片泵和大于 34MPa 的柱塞泵 |
| 清净油 | 适用于有电液伺服阀的系统 |
| 抗银油 | 适用于含银部件液压系统 |

一般的叶片泵可选用含锌型抗磨液压油，柱塞泵因为含铜而不能选用含锌液压油，当两种型号的泵同时存在于液压系统时，应选用符合 Denison HF-O 规格的油品。

对液压油抗磨性能要求由低到高的是齿轮泵、柱塞泵、叶片泵。齿轮泵可选用 HL 或 HM 油，叶片泵、柱塞泵一般选用 HM 油。凡是以叶片泵为主油泵的液压系统，不管压力大小选 HM 油为好。液压系统的精度越高，对清洁性的要求就越高，对清洁性的要求由高到低的顺序是柱塞泵、齿轮泵、叶片泵，其中柱塞泵对清洁性的要求最高。有电液伺服阀的闭环液压系统要求使用数控机床液压油，此种油可用高级 HM 和 HV 液压油代替。

（3）根据液压油的黏度选择 在液压油品种选定以后，还要根据启动温度、系统的工作温度和泵的类型选择黏度。黏度选得太大，液压损失大，系统效率低，油泵吸油困难；黏度过小，油泵内渗漏量大，容积损失增加，同样会使效率降低。必须针对系统、环境选择合适的黏度，使系统在容积效率和机械效率间求一个最佳平衡。建议在使用温度下最低黏度为 $13\,mm^2/s$，最高黏度为 $54\,mm^2/s$。表 6-15 给出了不同类型泵运行需要满足的黏度条件。

表 6-15 不同类型泵运行需要满足的黏度条件

| 泵的类型 | 最高黏度/$(mm^2/s)$ | 最低黏度/$(mm^2/s)$ |
| --- | --- | --- |
| 齿轮泵 | 2000 | 10～25 |
| 柱塞泵 | 1000 | 10～16 |
| 叶片泵 | 500～700 | 16～25 |

5. 液压油的更换

在大多数情况下，液压油可以使用多年，但是它怕脏、怕进水、怕高温等，需要对它进行精心的维护保养。在日常所接触到的工程液压机械事故中，因液压油引起的故障大约占同类事故的 80% 左右，这种状况反映出工程技术人员对液压油的重要性缺乏必要的认识，在日常工作中对液压油的管理抓得不紧。因此，提高认识，加强对液压油的管理，对确保液压机械的正常工作、提高施工效率具有现实意义。

当液压油中有其他油品混入，或由外界尘土、金属颗粒、锈蚀粒子、水等物质的混入引起液压油的污染时，液压油的使用寿命会急剧缩短。应当对运行中的液压油进行分析化验，换油指标中一项或者多项不合格，液压油就应当进行更换。

6. 液压油在使用中应该注意的问题

同种类、同黏度等级不同厂家生产的液压油不能混存、混用。要做一定的混存、混用实验后，再做决定。因为即使品种和黏度等级一样，不同厂家生产的产品在化学组成和添加剂的选用上也未必完全一样。

**二、工业齿轮油**

依靠连续啮合传递运动和动力的机械零件叫做齿轮。齿轮的种类很多，如直齿、斜齿、螺旋齿型锥齿轮、双曲线齿轮及蜗轮蜗杆等。齿轮机构是机械中最主要的一种传动机构，其传动功率范围大，传动效率较高，可传动任意两轴之间的运动和动力。

运动和动力的传递是在齿轮机构中每对啮合齿面的互相作用和相对运动中完成的，啮合齿面间必然产生摩擦。为了避免机件直接摩擦在齿轮工作面之间形成，需要在啮合齿面上加入润滑油，润滑油在齿面上形成吸附膜和反应膜，以降低摩擦系数和承受外载荷，延长齿轮的使用寿命。

1. 工业齿轮油的分类

工业齿轮油分为工业闭式齿轮油、工业开式齿轮油和蜗轮蜗杆油。

（1）工业闭式齿轮油 一般传动齿轮副都有密闭的齿轮箱，有的齿轮箱就是油箱，齿轮部分浸泡在油里；有的由油泵供油到齿轮中，润滑后流到油箱后回到油系统里。这类齿轮润滑油统称为闭式齿轮油，是应用最广、使用量最大的齿轮油。表 6-16 列出了工业闭式齿轮油的分类。

表 6-16　工业闭式齿轮油的分类

| 分类 | 现行名称 | 组成、特性和使用说明 |
|---|---|---|
| CKB | 工业齿轮油 | 精制矿物油中加入抗氧、防锈添加剂调和而成,适合一般闭式轻载荷齿轮的润滑 |
| CKC | 中载荷工业齿轮油 | 比 CKB 中多加了极压抗磨剂,所以有较好的抗磨性,适合于闭式中等载荷齿轮的润滑 |
| CKD | 重载荷工业齿轮油 | 比 CKC 有更好的挤压抗磨性和氧化安定性,适合于高温下的重载荷闭式齿轮的润滑 |
| CKE | 蜗轮蜗杆油 | 在精制矿物油或合成油中加入油性剂、防腐剂等添加剂调和而成,适用于蜗轮蜗杆的润滑,有较好的抗氧、防锈及润滑性能 |
| CKT | 低温中载荷工业齿轮油 | 比 CKC 有更好的低温、高温性能,适合于在高低温下的中载荷工业齿轮的润滑 |
| CKS | 合成烃齿轮油 | 由合成烃或半合成烃为基础油,加入各种功能添加剂调和而成,适合于高低温或温度变化大、有化学品的场所及其他特殊场合的闭式齿轮的润滑 |

（2）工业开式齿轮油　大量齿轮传动系统的齿轮副在齿轮箱内，还有一些齿轮传动在敞开的室外，它们一般是大型、低转速的齿轮传动装置，称为开式齿轮传动。由于转速低，油在齿面上的保持性十分重要。与闭式齿轮油相比，工业开式齿轮油有如下特点。

① 开式齿轮油的供油方式有油浴、注油和喷射，这就要求开式齿轮油要有一定的黏附性，且黏度较高。

② 为了达到黏附的目的，开式齿轮油除具有齿轮油的极压性能以外，其组成中必须要加入含有沥青或光亮油的成分；还要加入挥发性溶剂（对喷射供油系统），油喷到齿面后溶剂挥发，齿轮油附着在齿面上；此外还应含有固体润滑剂如石墨、二硫化钼等。

加沥青或固体润滑剂的齿轮油使齿轮外观又黑又脏，很难清洗；加挥发性溶剂的齿轮油则易燃，都有一定的缺点。表 6-17 列出了工业开式齿轮油的分类。

表 6-17　工业开式齿轮油的分类

| 分类 | 名称 | 组成、特性及使用说明 | 性能要求 |
|---|---|---|---|
| CKH | 普通开式齿轮油 | 精制油里加入抗氧防锈剂等调和而成,适合于一般载荷的开式和半封闭式齿轮的润滑 | |
| CKJ | 极压开式齿轮油 | 比 CKH 有较好的极压性能,适合于极压要求较高的开式或半封闭式齿轮的润滑 | OK 值不小于 200N,或 FZG 齿轮试验通过九级以上 |
| CKM | 溶剂稀释型开式齿轮油 | 有高黏度的 CKH 或 CKJ 加入挥发性溶剂调和而成,当溶剂挥发后,齿轮上会留下一层油膜,油膜应该具有一定的极压性能 | 油膜的 OK 值不小于 200N,或 FZG 齿轮试验通过九级以上 |

（3）蜗轮蜗杆油　各种减速机构的传动绝大多数采用蜗轮蜗杆组合，蜗轮蜗杆组合的优点是传动比大、噪声及震动小、体积小。蜗轮的材质一般是磷青铜，蜗杆一般由硬度很高的钢制成。与一般的齿轮润滑油相比，蜗轮蜗杆油的特点为如下两点。

① 蜗轮的材质里含有铜，一般的齿轮油使用的是含硫添加剂，而活性硫对铜有腐蚀作用，所以蜗轮蜗杆油的添加剂只能选不含硫的添加剂；

② 发生在蜗轮蜗杆处的摩擦主要是滑动摩擦，对油性要求高些，对极压性的要求较低。

2. 工业齿轮油的组成

由于矿物基础油的黏度范围宽，ISO 黏度级从 68 到 680，所以工业齿轮油的基础油大部分选用矿物基础油为基础油。近年来由于对延长寿命和节能的特殊要求，也有选合成油

聚 α-烯烃、PAG 为基础油的。添加剂主要有极压抗磨剂、油性剂、抗氧剂、抗泡剂、金属钝化剂和破乳剂等，开式齿轮油还加有沥青等黏附剂，蜗轮蜗杆油则不允许加入对铜有腐蚀的含硫添加剂，而油性剂的量要多一些。

**3. 工业齿轮油的性能**

工业齿轮油主要是在齿轮、蜗轮蜗杆互相啮合的齿面起润滑和冷却作用，同时还具有减少摩擦、降低磨损，有效地缓和冲击和震动、防止腐蚀和锈蚀、清洗摩擦面尘粒与污染物、改善抗胶合性，防止齿轮破裂、点蚀、胶合等功能。工业齿轮油在齿轮机构中的重要性决定了它必须具备以下性能特点。

(1) 合适的黏度和良好的黏温性能　工业齿轮油的牌号按照 40℃时的运动黏度划分。合适的黏度可以保证在弹性流体动压润滑状态下形成足够的油膜，使齿轮具有足够的承载能力，降低齿面磨损。黏度大，形成的油膜厚，抗负载能力就大一些。黏温性能好，表明在高温下油的黏度大，易形成油膜，承载能力高。

(2) 足够的极压抗磨性　工业齿轮油应该在齿轮系统高、低速和重载荷的情况下，迅速在齿面上形成边界吸附膜或者化学吸附膜，以防止齿面的磨损、擦伤和胶合。具有足够的极压抗磨性是齿轮油最重要的性质。

(3) 良好的氧化安定性和热安定性　由于齿轮的高速运转会产生大量的热而使油温升高，加快油的氧化速率，使油变质，失去原有的性质，因此在齿轮油里加入了抗氧剂，从而防止油品氧化变质。

(4) 良好的抗乳化性能　工业齿轮油在使用过程中不可避免地会接触到水，如果产生乳化现象，油和水会混到一起，就会使润滑油失去润滑的功能，引起齿面的磨损。因此要求润滑油有良好的抗乳化性能。

(5) 良好的抗泡性　齿轮油在循环流动和被搅动中，容易产生泡沫，如抗泡性不好，生成的泡沫不能很快消除，会影响到齿轮啮合处油膜的形成，还会因泡沫夹带使实际工作油量减少，影响散热功能。因此要求润滑油有良好的抗泡性。

(6) 良好的防锈防腐蚀性　在齿轮运转中，润滑油可能被氧化而形成油泥或胶质酸性物质，使齿轮生锈，特别是和冷凝水接触也容易生锈腐蚀，所以要求齿轮油有良好的防锈防腐蚀功能。

(7) 良好的抗剪切性　齿轮油的运转对齿轮油有剪切作用，使油的黏度变化。如果油中加入了黏度指数改性剂，黏度的变化会更大，因此要求齿轮油有良好的抗剪切性能。

**4. 工业齿轮油的选用**

(1) 品种选择

① 根据齿轮的线速度选择齿轮油黏度。速度高的选低黏度油，速度低的选高黏度油。见表 6-18。

表 6-18　闭式齿轮黏度选择

| 齿轮种类 | 节线速度/(m/s) | 黏度等级(40℃) |
|---|---|---|
| 直齿轮<br>斜齿轮<br>锥齿轮 | 0.5 | 460～1000 |
| | 1.3 | 320～680 |
| | 2.5 | 220～460 |
| | 5.0 | 150～320 |
| | 12.5 | 100～220 |
| | 25 | 68～150 |
| | 50 | 46～100 |

② 根据齿面接触应力选择齿轮油类型。见表 6-19。

③ 根据使用温度选择。油温高，油黏度应大。夏天用高黏度油，冬天用低黏度油。

④ 考虑齿轮润滑和轴承润滑是否同一系统，是滚动轴承还是滑动轴承，滑动轴承要求润滑油的黏度较低。

表 6-19　低速重载齿轮选油表

| 齿轮种类 | 润滑方式 | 齿面接触应力/MPa | | 推荐用油类型 | 使用工况 |
|---|---|---|---|---|---|
| 圆柱齿轮与圆锥齿轮 | 油浴润滑与循环润滑 | 传动齿轮,低于 350 | | 工业齿轮油 | 一般传动齿轮 |
| | | 动力齿轮 | 低负荷,350~500 | 工业齿轮油、中负荷工业齿轮油 | 一般齿轮或高温有冲击的齿轮 |
| | | | 中负荷,500~1100 | 中负荷工业齿轮油或重负荷工业齿轮油 | 高温有冲击的齿轮 |
| | | | 高负荷,高于 1100 | 重负荷工业齿轮油 | 高温有冲击、有水部位齿轮 |

一般来讲，齿轮油的质量等级应该就高不就低，高档油可以使用于低档场合，低档油不能用于高档场合。

（2）黏度选择　齿轮副的表面粗糙度与润滑油膜厚度成为一对矛盾，为保证流体动力膜或者弹性膜的形成，可以要求更光滑的齿面，使凸起高度小于油膜厚度，也可以要求更厚的油膜将稍大的凸起掩盖，两者都可以达到将摩擦齿面隔开的目的。根据齿轮线速度、环境温度确定黏度（牌号），速度越高，温度越低，选择的牌号越低。

5. 工业齿轮油的注意事项

（1）在使用中要加强过滤和去除水分　工业齿轮油使用条件复杂、苛刻。在使用时会因为磨损产生一些颗粒物质，还会混入一些水分和灰尘颗粒，它们的存在大大降低了润滑油的润滑能力，颗粒作为磨料还加剧了齿轮的磨损。所以在使用的过程中应及时把污染物除去。

（2）及时更换　工业齿轮油的使用者应该根据腐蚀、锈蚀、沉淀、油泥和黏度变化的情况决定是否换油。

（3）储运中的注意事项　工业齿轮油在运输、存储过程中应避免靠近火源和高温，避免水分和灰尘进入。

首次加油前，要对油箱及管线进行彻底的清洗，按规定加油，油量不够时，及时补充。

三、压缩机油

压缩机是一种用来压缩气体以提高气体压力或输送气体的机械。如今各类型和规格的压缩机正在石油化工、机械制造、土木建筑和交通运输等行业广泛应用。压缩机按照其压缩气体的方式不同可分为容积式和动力式两大类。

压缩机油主要用在往复活塞的气体压缩机、排送机和活塞泵的汽缸、活塞摩擦部位及进、排气阀等的润滑上，除自动给油润滑系统外，也可同时润滑压缩机的主轴承、连杆轴承和十字头、滑板等；对压缩机汽缸运动部件及排气阀的润滑，还起到防锈、防腐、密封和冷却的作用。对于回转式压缩机油，使用工况和润滑方式与往复式压缩机截然不同，除了对机件润滑、冷却、密封外，由于油雾经过机械碰撞和吸附介质后与气体分离，反复循环，油品极易被污染和老化，所以还突出地起冷却压缩机气体的作用。

1. 压缩机油的分类

空气压缩机油按压缩机的结构形式分为往复式空气压缩机油和回转式空气压缩机油两种，每种各分有轻、中、重负荷三个级别。表 6-20 给出了用油润滑的空气压缩机轻、中、重载荷的分类参考表。

表 6-20 用油润滑的空气压缩机轻、中、重载荷的分类参考表

| 压缩机类型 | 载荷 | 油品 | 操作条件 | |
|---|---|---|---|---|
| （汽缸润滑）往复式空气压缩机 | 轻 | DAA | 间断运转和连续运转 | 每次运转周期之间有足够的时间进行冷却，压缩机开、停频繁，排气量反复变化<br>排气压力≤1MPa；排气温度≤160℃；级压力比<3∶1<br>排气压力>1MPa；排气温度>160℃；级压力比≤3∶1 |
| | 中 | DAB | 间断运转和连续运转 | 每次运转周期之间有足够的时间进行冷却<br>排气压力≤1MPa；排气温度>160℃；级压力比<3∶1<br>排气压力>1MPa；排气温度140～160℃；级压力比>3∶1 |
| | 重 | DAC | 间断运转和连续运转 | 达到中载荷使用条件，若使用 L-DAB 后在压缩机的排气系统剧烈形成炭沉积物，则应选用 L-DAC |
| （油冷式）回转式空气压缩机 | 轻 | DAG | | 排气压力<0.8MPa；排气及气/油温度<90℃<br>缓和操作条件下，排气压力>0.8MPa |
| | 中 | DAH | | 排气压力 0.8～1.5MPa；排气及气/油温度<100℃<br>排气压力<0.8MPa；排气及气/油温度 100～110℃ |
| | 重 | DAJ | | 排气压力<0.8MPa；排气及气/油温度>110℃<br>排气压力 0.8～1.5MPa；排气及气/油温度≥110℃<br>排气压力>1.5MPa |

**2. 压缩机油的组成**

压缩机油是由基础油和添加剂按照一定的比例调和而成。

（1）基础油 基础油在压缩机油中占 95% 以上的比例，因此基础油的优劣关系到压缩机油的质量水平，而基础油的质量与基础油生产的加工工艺和精制深度有很大关系。精制深度较深的基础油，其中重质芳烃含量和胶质含量少、残炭值低，对添加剂的感受性好。基础油的质量高，在压缩机中的积炭倾向小，油水分离好，使用的寿命就长一些。

合成油型基础油主要有合成聚 α-烯烃和有机酯等，这些合成的基础油氧化安定性好、积炭少、使用寿命长，可以用在一般矿物油不能达到条件的使用场所。

（2）添加剂 多数矿物油基压缩机油含有抗氧剂、防锈剂、金属钝化剂和抗泡剂等。有特殊要求的压缩机油还含有油性剂、极压抗磨剂、清净分散剂及减少压缩气体中带油的添加剂。

**3. 压缩机油的性能**

空气压缩机油主要用于压缩机汽缸运动部件及排气阀的润滑，并起防锈、防腐、密封和冷却作用。由于空气压缩机一直处于高压、高温及有冷凝水存在的环境中，因此空气压缩机油应具有优良的高温氧化安定性、低的积炭倾向性、适宜的黏度和黏温性能、良好的油水分离性和防锈防腐性等。

**4. 压缩机油的选用**

（1）质量选用 根据压缩机油的设计类型、环境条件、操作负荷选择压缩机油的类型。一般情况下，长期高温环境（>30℃）下，选用 L-DAB 油，高速水冷或低压、小压缩比的压缩机可选用低黏度压缩机油。

① 空冷活塞式轴输出功率小于 20kW，选用 32、46、100 号（环境温度低于－10℃可选 32 号）DAA，DAB，DAC 空气压缩机油；

② 水冷活塞式选用 68 或 100 号 DAA 空气压缩机油；

③ 滴油回转式选 100、150、220 号 DAB 或 DAC 空气压缩机油；

④ 喷油回转式选 32 号 DAG、DAH 或 DAJ 空气压缩机油。

（2）黏度选用　压缩机油黏度选择主要考虑排气压力，其次兼顾压力比和排气温度。见表 6-21 和表 6-22。

表 6-21　压缩机油传动机构黏度的选用

| 活塞力/kN | 冬季用压缩机油 | 夏季用压缩机油 |
| --- | --- | --- |
| ≤35 | 32 号、46 号 | 46 号、68 号 |
| >35 | 32 号、46 号 | 68 号 |

表 6-22　压缩机汽缸部位黏度的选用

| 排气压力/MPa | 冬季用压缩机油 | 夏季用压缩机油 |
| --- | --- | --- |
| ≤1 | 46 号、68 号 | 68 号、100 号 |
| 1～10 | 68 号、100 号 | 100 号、150 号 |
| 10～40 | 100 号、150 号 | 150 号、220 号 |

（3）根据介质选用压缩机油品种　在氧气压缩机里，氧会使矿物型润滑油剧烈氧化而引起压缩机的燃烧和爆炸，因此应避免采用油润滑。在氯气压缩机里，氯会和烃基润滑油反应生成氯化氢，氯化氢会对金属产生强烈的腐蚀作用，因此一般采用无油润滑或固体润滑。对于压缩高纯乙烯压缩机，为了防止润滑油混入到气体里而影响到气体的品质，通常也不采用矿物润滑油。在一般空气、惰性气体、烃类气体、氮、氢等气体压缩机中，广泛采用矿物油型压缩机油。

5. 压缩机油的更换和存储

（1）压缩机油的更换　一般情况下，运行中的压缩机油应定期取样，观察油品颜色和清洁度，定期分析油品黏度、酸值、正戊烷不溶物等理化性能。出现下列情况之一者应考虑换油：①油品已发绿，色号加深 4 级；②酸值（以 KOH 计）超过 0.5mg/g；③黏度变化超过 ±15%；④正戊烷不溶物超过 0.5%。

（2）压缩机油的存储　压缩机油在存放时，应置于阴凉通风处，勿暴晒，防止混入水分、机械杂质。不要与其他油品混用，若必须与其他厂家的产品混用，先做相容性试验，试验通过才能使用。

（3）压缩机因润滑油选用不当或质量不好而引起的事故

① 和凝缩液排放有关的疏水器动作不良导致滑阀启动不灵。

② 汽缸和活塞环的磨损、烧结，引发最危险的事故是排气管的着火、爆炸。

③ 积炭引起的炭的着火、爆炸。事故产生的主要原因是：选油不当、给油量过大或油中混入了杂质或水，加速了油的氧化；被压缩的气体不安全。

**四、轴承油**

转动轴承大致分为滑动轴承和滚动轴承两种。滑动轴承从负荷方向分为轴颈轴承和推力轴承；从润滑方法和支撑负荷方式分为动压轴承和静压轴承。滚动轴承分为球型、柱型和锥型。滑动轴承通常使用润滑油润滑，滚动轴承常用润滑脂润滑。

按照润滑方法的不同，滑动轴承可分为静压润滑和动压润滑。静压润滑是靠系统的油泵压力使油进入润滑点，由于可以靠外来的压力形成油楔，油膜较厚，因而可以避免启动时产生干摩擦，磨损较小。动压润滑是靠轴的转动使用润滑油产生的油楔力形成流体力学动压油膜，这种润滑方式特别适合单机运转，产生的流体动压力可达到 9.8～19.6MPa。动压润滑轴承的轴颈与轴承工作表面间被油膜完全分隔开。为达此状态，轴颈必须有足够的转速、足够的供油量，润滑油必须有足够的黏度，轴颈与工作表面间有适当的间隙。轴承油广泛适用于各种机械中，如内燃机、汽轮发动机、轧钢机、通用机械的各种速度和负荷下的轴承。

油膜轴承也是一种动压润滑的滑动轴承，主要用于大型高速轧机的轧辊。

在现代的钢铁联合企业中，轴承油的消耗量占润滑油总消耗量的22%，且主要用于滑动轴承润滑。轴承油在系统中主要起减少摩擦和磨损、延长疲劳寿命、排出摩擦热冷却的作用。

1. 轴承油的分类

轴承油的分类在润滑剂和有关产品（L类）的分类F组，见表6-23。

表6-23　轴承油的分类在润滑剂和有关产品（L类）的分类F组（GB/T 7631.4—1989）

| 产品符号 | 具体应用 | 典型应用 | 备　注 |
| --- | --- | --- | --- |
| FC | 主轴、轴承和有关离合器 | 滑动或滚动轴承和有关离合器的压力，油浴和油雾润滑 | 离合器不应使用含抗磨或极压添加剂的油，防止腐蚀的危险 |
| FD | 主轴和轴承 | 滑动或滚动轴承和有关离合器的压力，油浴或油雾润滑 | |

2. 轴承油的组成

各种轴承油一般以精制或深度精制的矿物基础油为基础油加入各种添加剂组成。

3. 轴承油的性能

（1）静压轴承油　静压轴承油是通过外部压力油把主轴支撑起来的，在任何转速下，轴颈和轴承均有一层油膜，处于流体润滑状态，不发生金属接触。所以静压轴承油对油的润滑性能、极压性能没有要求，但要求油不易挥发、有好的氧化性能和黏附性能。

（2）油膜轴承油　轧机油膜轴承润滑的使用特点决定了油膜轴承油必须有好的黏温性能、好的抗乳化性能、好的抗磨和极压性能、好的抗氧化性能以及好的防锈、抗泡性能。

4. 轴承油的选用

（1）滚动轴承油的选用　滚动轴承常用的润滑方式主要有润滑油润滑和润滑脂润滑两种，也有用固体润滑剂的。要根据轴承的负荷条件、运转速度、温度等条件因素来选择轴承的润滑方式。表6-24给出了选用轴承用润滑油和润滑脂的一般原则。

表6-24　选用轴承用润滑油和润滑脂的一般原则

| 影响因素 | 脂润滑 | 油润滑 |
| --- | --- | --- |
| 温度 | 温度超过120℃，要用特殊润滑脂 | 油池温度超过90℃或轴承温度超过200℃时，可以用特殊润滑油 |
| 速度系数(dn)值 | <400000 | 500000～1000000 |
| 载荷 | 低到中等 | 各种负荷 |
| 轴承形式 | 不用于不对称的球面滚子止推轴承 | 用于各种轴承 |
| 辅助设备 | 基本不需要 | 需要较复杂的密封和供油装置 |
| 长时间不需要维护的地方 | 可用，但要考虑使用温度和条件 | 不可用 |
| 集中供油 | 要选用工作锥入度大的润滑脂 | 可用 |
| 最低转矩损失 | 如适当填装，比油的损失低 | 为了获得低功率损失，应采用有清洗泵或油雾装置的循环系统 |
| 外部污染 | 正确地使用可以防止污染物的侵入 | 可用，但要采用有防护、过滤装置的循环系统 |

确定使用何种润滑类型，除了要考虑轴承装配在何种设备上以外，还要考虑轴承和什么样的摩擦副在同一个润滑系统内。滚动轴承选择润滑油需要考虑滚动轴承的工作参数、工作环境、润滑条件、轴承的结构和类型等。

滚动轴承的类型不同，选用的黏度等级也不一样。一般来讲，对于径向轴承，可以选用一般的润滑油；而对推力轴承，要选用高黏度的极压抗磨润滑油。如果径向轴承规定了黏度，那么推力轴承所选用的润滑油等级要比径向轴承高1～2个等级。

（2）滑动轴承油的选择　滑动润滑对挤压性能的要求不高，可根据工作条件选取不同黏度的润滑油。滑动轴承适用的润滑油黏度见表6-25。

表 6-25　滑动轴承适用的润滑油黏度

| 负荷<br>/(N/cm²) | 转数/(r/min) | 适用黏度(40℃)①/(mm²/s) | | |
|---|---|---|---|---|
| | | 循环、油浴、飞溅油环、油链 | 滴油，手浇 | |
| | | | 良好设计、正确维护和润滑 | 有冲击负荷或维护不良 |
| 300 以下 | 50 以下 | 130～190 | 130～220 | 150～320 |
| | 50～100 | 90～140 | 100～180 | 120～260 |
| | 100～500 | 60～80 | 60～100 | 90～180 |
| | 500～1000 | 50～70 | 50～80 | 70～120 |
| | 1000～3000 | 25～50 | 30～60 | 40～80 |
| | 3000～5000 | 15～30 | — | — |
| | 5000 以上 | 7～20 | — | — |
| 300～750 | 50 以下 | 260～350 | 280～390 | 320～460 |
| | 50～100 | 160～270 | 180～320 | 240～400 |
| | 100～250 | 130～190 | 140～220 | 200～300 |
| | 250～500 | 90～160 | 120～180 | 180～220 |
| | 500～750 | 80～100 | 90～120 | 120～190 |

① 使用温度为－10～60℃。

# 第五节　金属加工润滑油的选用

在润滑油的总量中，虽然金属加工液占的比例不大，但品种繁多，应用技术也最复杂。金属加工液的主要功能有四种：一是减少摩擦磨损、改变摩擦状态、加快切削速度、延长刀具和模具的寿命；二是防锈，短期内可防止工件与水接触而生锈；三是冷却，把切削和塑性变形所产生的热量带出去；四是冲走切屑，起到清洗的作用。

## 一、金属切削液

金属切削液是金属切削加工的重要配套材料。在金属加工的过程中，为了降低切削时的切削力及刀具与工件之间的摩擦，及时带走切削区内产生的热量以降低切削温度，减少刀具磨损，提高刀具使用寿命，从而提高工作效率，改善工件表面的粗糙度，保证加工精度，达到最佳经济效益，一般都使用金属加工液。金属切削液有润滑、防锈、冷却和清洗等四方面的主要作用。

不同类型的金属切削液表现的效果也不一样。油基切削液的润滑效果突出，防锈性好，但冷却效果差，高温时易产生烟雾，易着火；水基切削液的冷却效果好，但润滑、防锈方面效果差，易生菌腐败，使用期短；合成切削液的各方面效果都不错。

1. 金属切削液的分类

国际标准化组织（ISO）于 1986 年通过 ISO 6743/7，按油基、水基将加工液分为 MH 和 MA 两大类，我国于 1989 年等效采用 ISO 6743/7—1986，制定了国家标准 GB 7631.5—1989，分别如表 6-26 所示。

表 6-26　切削液的分类（GB 7631.5—1989）

| 特殊应用 | 更具体的应用 | 产品类型和最终使用要求 | 符号 | 备注 |
|---|---|---|---|---|
| 用于切削、研磨或放电等金属除去工艺；用于冲压、深拉、压延、强力旋压、拉拔、冷锻和热锻、挤压、模压、冷轧等金属成型工艺 | 首先要求润滑性的加工工艺 | 具有抗腐蚀性的液体 | MHA | 使用这些未经稀释的液体具有抗氧性，在特殊成型加工中可加入填充剂 |
| | | 具有减磨性的 MHA 型液体 | MHB | |
| | | 具有极压性（EP）、无化学活性的 MHA 型液体 | MHC | |
| | | 具有极压性（EP）、有化学活性的 MHA 型液体 | MHD | |
| | | 具有极压性（EP）、无化学活性的 MHB 型液体 | MHE | |
| | | 具有极压性（EP）、有化学活性的 MHB 型液体 | MHF | |
| | | 用于单独使用或用 MHA 液体稀释的脂、膏和蜡 | MHG | 对于特殊用途可以加入填充剂 |
| | | 皂、粉末、固体润滑剂等或其他混合物 | MHH | 此类产品不需要稀释 |
| 用于切削、研磨等金属除去工艺；用于冲压、深拉、压延、旋压、线材拉拔、冷锻和热锻、挤压、模压等金属成型工艺 | 首先要求冷却性能的加工工艺 | 与水混合的浓缩物，具有防锈性的乳化液 | MAA | |
| | | 具有减磨性的 MAA 型浓缩液 | MAB | |
| | | 具有极压性（EP）的 MAA 型浓缩液 | MAC | |
| | | 具有极压性（EP）的 MAB 型浓缩液 | MAD | |
| | | 与水混合的浓缩物，具有防锈性的半透明乳化液（微乳化液） | MAE | 使用时，这类乳化液会变成不透明 |
| | | 具有减磨性和（或）极压性的 MAE 浓缩液 | MAF | |
| | | 与水混合的浓缩物，具有防锈性的透明溶液 | MAG | |
| | | 具有减磨性和（或）极压性的 MAG 型浓缩液 | MAH | 对于特殊用途可加入填充剂 |
| | | 润滑脂和膏与水的混合物 | MAL | |

（1）油基切削液　油基切削液包括矿物润滑油、动植物油、普通复合切削液和极压切削油。油基切削液的润滑性能好，冷却效果较差。慢速切削要求切削油的润滑性好，一般来讲，切削速度低于 30m/min 时使用切削油。

油基切削油使用的添加剂有极压剂、抗磨添加剂、抗泡剂，有的切削油还含有抗雾剂和防锈剂等。极压剂一般使用硫化物和氯化物等，可以使刀具与切削面不产生磨损。抗磨添加剂如硫磷锌类，可以降低刀具和模具的磨损，从而延长使用寿命。切削油中的脂肪有的是动植物脂肪，较便宜但易氧化，时间长会出现"黄袍"现象，有的用脂肪酸的酯，较贵但是性能好。

（2）水基切削液　水基切削液分为乳化液、合成切削液和半合成切削液三类。乳化液把油的润滑性和水的冷却性结合起来，同时具有较好的润滑冷却性能，因此对于生成大量热的高速低压力的金属切削加工很有效。与油基切削液相比，乳化液的优点在于较大的散热性、清洗性，用水稀释使用带来的经济性，有利于操作者的安全与卫生。除了特别难加工的材料外，乳化液可以使用在所有轻、中负荷的切削加工及部分重负荷的切削加工。乳化液的缺点是容易使细菌、霉菌繁殖，使乳化液中的有效组分发生化学分解而发臭、变质，所以都加入了毒性小的有机杀菌剂。

水基金属加工液的作用主要是冷却，极压性能是次要的，一般乳化液中加有乳化剂（全合成液不需要）、防锈剂、螯合剂、抗泡剂、极压剂、防霉剂和碱性调节剂。这些添加剂在乳化液中要有油溶性，而在合成液中要有水溶性。乳化剂种类繁多，一般是平衡后复合使用。

2. 金属切削液的性能

对于油基切削液和水基切削液的性能比较，主要从切削性（一次性能）、作业性（二次性能）、管理性和经济性四方面进行，见表 6-27。

**表 6-27　油基切削液和水基切削液的综合性能比较**

| 项　目 | | 油基切削液 | 水基切削液 |
|---|---|---|---|
| 一次性能（切削性） | 工具寿命 | 长 | 一般 |
| | 产品光洁度 | 好 | 稍差 |
| | 抗烧结能力 | 强 | 较弱 |
| | 冷却性 | 一般 | 很好 |
| 二次性能（作业性） | 机床及工件的防锈性能 | 较好 | 较差 |
| | 冒烟和发火性能 | 有 | 无 |
| | 切削去除、分离 | 较差 | 较好 |
| | 使用寿命 | 长 | 一般 |
| | 对皮肤的刺激 | 强 | 小 |
| 管理性 | 作业环境清洁卫生 | 差 | 好 |
| | 使用时易管理程度 | 简单 | 复杂 |
| | 废液处理 | 易 | 较难 |
| | 腐败、劣化 | 易 | 较难 |
| 经济性 | 切削液费用 | 高 | 低 |
| | 切削液管理费用 | 低 | 高 |
| | 废液处理费用 | 低 | 高 |
| | 机床保养费用 | 低 | 高 |

3. 常见的金属切削液

（1）硫化切削油　硫化切削油的基础油选用精制润滑油，添加相应的功能添加剂调和而成。硫化切削油是一种棕色黏稠液体，主要用于金属加工过程中的冷却和润滑，能有效地提高加工工件的精度和表面光洁度，对于延长刀具的使用寿命也有良好的作用，可用在高负荷、低转速的金属加工操作如插齿、滚齿等工序以及切削面小的操作如铣齿、螺纹等切削加工过程中的冷却、润滑和洗漆等。硫化切削油含有一定量的硫，所以具有一定的极压性能和非常好的切削性能，既可以用在机床加工上，也可以用于加工条件苛刻、硬度较高的金属。

（2）不锈钢切削油　不锈钢切削油采用高度精制矿物油和活性硫氯化脂肪等多种添加剂复配而成，具有良好的润滑、冷却、防锈性；对各种难加工材料有优良的加工性；可提高加工工件的加工精度和光洁度，并且可以延长刀具的使用时间；适用于不锈钢、钛合金钢、钢铁等各种材料的切削加工工艺,如车、铣、钻、镗、铰、衍磨、辊光、攻丝和雕刻等。

4. 金属切削液的选用

金属加工液的通用性较低,往往出现这种情况,同一加工设备在某厂用某一加工液可以满足要求,而在另一加工厂同一加工设备用同一加工液就会出现问题,需要对配方进行适当调整。影响切削液选用的因素很多,但就一般情况而言,影响切削液选用的主要有加工工艺及相关条件(如加工方法、刀具、工件材料以及加工参数等)、对加工产品的质量要求、职业安全卫生、废液处理以及有关的法规方面的规定、经济性等。

选用金属切削液的基本步骤为如下两步。

① 根据工艺条件及要求,初步判断是选用水基还是油基切削液。一般来讲,使用高速钢刀具进行低速切削时用油基切削液;使用硬质合金刀具进行高速加工时使用水基切削液;对产品使用要求高、刀具复杂时用油基切削液;主要希望提高加工效率时用水基切削液;对于供液困难或切削液不易达到切削区时用油基切削液;其他情况下尽量用水基切削液。

② 确定了使用油基还是水基切削液后,再根据加工方法及条件、被加工材料以及对加工产品的质量要求来选用具体产品。

**二、热处理油**(淬火油)

在金属加工工艺中,总是希望毛坯加工时,金属的硬度和强度小些,减小加工难度,而在加工成产品的时候,希望产品有更高的硬度和强度,难以磨损,有更长的使用寿命。金属的热处理工艺就是在金属工件完成或者即将完成全部机械加工工艺后,通过改变金属的晶格组织状态从而提高表面硬度和强度的一个过程。

热处理工艺包括淬火、调质和回火等。在热处理工艺中,希望控制工件的冷却速率来得到较高的硬度和足够的淬硬深度,同时减小变形和防止开裂。为此目的,人们研究和开发了一系列的冷却介质来适应发展的要求,目前用得最多的还是淬火油,它占整个淬火介质的40%。

1. 热处理油的作用

热处理油的功能是将赤热的金属零件的热量快速带走,使之降到马氏体转变温度下获得更高硬度的马氏体组织和硬化深度,同时亦要兼顾零件的变形与开裂,因此热处理油的基本作用就是冷却作用。它的特点就是高温时冷却速率快,低温时冷却速率较慢,这一特性很适合合金钢不低于10.9级以上高强度紧固件的淬火要求。

2. 热处理油的分类

我国热处理油产品的分类如表6-28所示。

表6-28 我国热处理油产品的分类

| 类别 | 牌号 | 名 称 | 用 途 |
|---|---|---|---|
| 冷淬火油 | A | 普通淬火油 | 用于小尺寸及淬透性好的材料 |
| | B | 快速淬火油 | 用于中、大尺寸及外形复杂的零件 |
| | C | 超(快)速淬火油 | 用于大型及难淬透材料 |
| | D | 快速光亮淬火油 | 用于大型及淬透性差的材料在可控气氛下淬火 |
| | E | 1号真空淬火油 | 用于中型材料在真空状态下淬火 |
| | F | 2号真空淬火油 | 用于淬透性好的材料在真空状态下淬火 |
| 热淬火油 | A | 1号等温(分级)淬火油 | 用于120℃左右热油淬火 |
| | B | 2号等温(分级)淬火油 | 用于160℃左右热油淬火 |
| 回火油 | A | 1号回火油 | 用于150℃左右回火 |
| | B | 2号回火油 | 用于200℃左右回火 |

3. 几种专用热处理油的性质

（1）普通淬火油　普通淬火油是热处理通用的油品之一，具有相对较慢的冷却速率，是用石蜡基矿物润滑油基础油经精制后加入催冷剂和抗氧化剂等调制而成。在油温 80℃时其特性温度不低于 520℃，由 800℃冷却到 400℃的时间不大于 5.0s，通常用于淬透性能较好的铁合金。

（2）快速淬火油　为了适应热处理工艺的要求，提高 FAG 轴承零件热处理后的机械强度，需要采用冷却速率快的淬火油。快速淬火油是在精制石蜡基润滑油中加入催冷剂、清净剂和抗氧化添加剂等调配而成的。油温 80℃时其特性温度不低于 600℃，由 800℃冷却到 400℃的时间不大于 4.0s。快速淬火油可提高零件淬火后的表面硬度和淬硬深度，提高材料的力学性能，可用于 GCr15 钢制大中型、截面尺寸较大的轴承，以及渗碳、碳共渗的淬火冷却。

（3）超（快）速淬火油　超速淬火油具有相当快的冷却速率，比快速淬火油的冷却速率更快。该油是在精制石蜡基基础油中加入催冷剂、清净剂和抗氧化剂等调制而成的。油温在 80℃时其特性温度不低于 585℃，由 800℃冷却到 400℃的时间比快速淬火油更短。生产中主要用于截面较大又有较深淬硬层的轴承零件。

（4）真空淬火油　真空淬火油是用于真空条件下对加热零件进行淬火冷却的淬火油。其饱和蒸气压较低，并具有较好的光亮性和淬硬性。它是用石蜡基润滑油经溶剂脱脂、溶剂精制、白土处理及真空蒸馏、真空脱气，加入催冷剂、光亮剂和抗氧化剂等配制而成的，用于真空炉淬火冷却。真空热处理工艺可使工件不氧化、不脱碳、不增碳、减少变形，既提高了零件的寿命，又不污染空气。

（5）快速光亮淬火油　快速光亮淬火油是一种具有较强冷却能力的光亮淬火油。该油是由石蜡基原油生产的润滑油基础油经脱脂和精制后添加光亮剂、催冷剂和抗氧剂调配而成的。油温在 80℃时其特性温度不低于 600℃，从 800℃冷却到 400℃的时间不大于 4.5s，主要用于淬透性差的材料和较大尺寸零件在保护气氛下淬火。

（6）回火油　经过淬火后的零件一般都需要进行回火处理，目的是为了消除因淬火时产生的内应力，降低钢的淬火脆性，获得较好的韧度和强度。回火油是采用深度精制的高黏度、高闪点的润滑油为基础油，并添加高温复合抗氧剂、清净分散剂等调和而成的。

4. 热处理油的性能

（1）良好的冷却性能　冷却性能是淬火介质重要的性能，它的好坏直接影响到淬火零件的质量。良好的冷却性能可保证淬火后的零件具有一定的硬度和合格的金相组织，可以防止零件变形和开裂。

（2）高闪点和燃点　淬火时，油的温度会瞬时升高，如果油的闪点和燃点较低，可能发生着火现象。因此淬火油应具有较高的闪点和燃点。通常闪点应比使用油温高出 60～80℃。

（3）良好的热氧化安定性　淬火油长期在高温和连续作业的苛刻条件下使用，要求油品具有良好的抗氧化、抗热分解和抗老化等性能，以保证油品的冷却性能和使用寿命。

（4）低黏度　油品的黏度与它的附着量、携带损失和冷却性能有一定的关系。在保证油品冷却性能和闪点的前提下，油品的黏度应尽可能小，这样既可以减少携带损失，又便于工件清洗。

（5）水分含量低　油品中的过量水分会影响零件的热处理质量，造成零件软点、淬裂或变形，也可能造成油品飞溅，发生事故。因此一般规定淬火油中的含水量不超过 0.05%。

（6）淬火工件表面光亮的特性　淬火后工件表面光亮，可以减少二次加工费用或免去二次加工工序，降低生产成本、提高经济效益。

5. 热处理油的选用

（1）矿物油型淬火油　矿物油型淬火油主要用于钢铁材料。选用时要考虑淬硬后硬度值的高低，要求硬度越高，选用的淬火油冷却速率越快。还要考虑工件的材质和工件的截面积。含碳低的钢材难淬硬，应选用冷却速率快的淬火油；含碳量高的钢材易淬硬，淬火油的冷却速率可慢些。截面积越大的紧固件需选择冷却速率越大且对流阶段开始温度较低的淬火油，以保证零件的淬硬深度和心部硬度；反之，截面积较小的紧固件应选择对流开始温度较高、冷却速率较慢的淬火油。

（2）水基淬火液　与矿物油型淬火液相比，水基淬火液有很多优点。例如：车间内没有油烟、安全、不易燃烧；冷却速率可以根据浓度高低来调节，淬火后工件表面洁净，可以用水清洗；不但可以用于钢铁淬火，还可以用于铜、铝等有色金属。

# 第六节　商品润滑油的更换、混用和代用原则

润滑油使用一段时间后，由于本身的氧化以及使用过程中，外来因素的影响，会逐渐变质以至要报废更换，适时更换润滑油，对维护设备，节约油料都是很有意义的。

**一、润滑油的换油期**

1. 对于企业的主要和关键设备应根据在用润滑油的检验分析情况确定换油期

目前，确定润滑油的换油期比较科学可靠的方法，就是对使用中的润滑油进行定期检验分析，按规定要求抽取在用油样品检测其黏度、闪点、机械杂质、水分、酸值和腐蚀等理化指标，根据检验结果对照油品报废指标，来评定油品质量并确定是否换油。具体检验分析时，有以下几点注意事项。

① 油样要有代表性。要在油品经过长时间循环，润滑系统处于热运转状况取样，在补充新油以前取样。

② 采样工具和装油容器要清洁。

③ 要掌握新油的各项技术数据及润滑油补加数量等，以便对比并作出判断。

2. 对于一般机械设备（油箱容量比较少）可以采用目测诊断换油法确定换油期

对于一般机械设备所使用的润滑油，可以参考简易鉴别法通过目测诊断换油法是将在用油样，同品种同牌号的标准新油分别盛装在玻璃试管内，通过目视测定油样的色泽、气味、手感以及有无机械杂质等对比检查凭经验鉴别是否需要换油。

**二、商品润滑油的混用原则**

1. 一般情况下，应当尽量避免混用

因为设备用了混合油，如果出了毛病，要找原因就更困难了。另外，不同润滑油混合使用也就难以对油品质量进行确切的考查。

2. 在下列情况下，油品可以混用

① 同类产品质量基本相近，或高质量油混入低质量油仍按低质量油用于原使用的机器设备。

② 需要调整油品的黏度等理化性能，采用同一种油品不同牌号相互混用。

③ 不同类的油，如果知道两种对混的油品都是不加添加剂的，或其中一个是不加添加剂，或两油都加添加剂但相互不起反应的，一般也可以混用，只是混后对质量高的油品来

说质量会有所降低。

3. 对于不了解性能的油品，如果确实需要混用，要求在混用前作混用试验

油品混用实验可以采取拟混用的两种油以 1∶1 混合加温搅拌均匀，观察混合油有无异味或沉淀等异常现象，如果发现异味或沉淀生成，则不能混用。有条件的单位，最好测定混用前后润滑油的主要理化性能。

4. 对混用油的设备在运转中要加强巡检

随时观察油品的色泽、油温等使用情况，发现异常及时更换新油，以免设备磨损造成设备事故。

### 三、润滑油代用的一般原则及注意事项

#### 1. 国产润滑油代替国外润滑油的原则

在化工生产装置成套的由国外引进，其中有很多机械传动设备，随之带来的润滑油仅能满足试车时的用量，此后，除个别润滑油、脂的品种外，绝大部分用国产油代替。这是毫无疑义的，由于这些机械转动设备来自多个国家，润滑油品种和牌号繁杂，技术指标各不相同，这就给选择国产代用油品带来很大的麻烦。所以在选取国产润滑油代替进口油品时，要取进口润滑油油样全面剖析其组成和内在质量，进行各项理化指标分析及性能试验，根据油样的各项分析指标，尽量了解和掌握基础油种类，生产工艺及添加剂情况，选取国内相应的名牌企业生产的油品。国外润滑油、脂各项质量指标与国内油品相差大的，要经研究单位对国外油品进行全面分析，根据油样的各项分析指标进行研制和开发，更好地满足机械设备润滑要求，达到各零部件最佳润滑状态，提高设备的使用率和利用率，使生产装置安全稳定运行，为公司创造更大的效益。

#### 2. 进口设备润滑油代用途径

一是选取现成的国内成品油作为代用油；二是两种牌号的油品质量指标相差很大，国内没有相应的牌号所选择，需调和（包括加入添加剂）制成的油品作为代用油。如果以原用油为基准，选取的代用油，无疑是它和原用油的质量及使用性能越接近越好。关键是所指的"接近"，绝不是仅仅黏度等几个理化指标的相近，更重要的是指生产工艺、添加剂、使用性能等方面的接近。

#### 3. 润滑油代用时的注意事项

① 选取的代用油，首先要看润滑油基础油的组成和炼制工艺，在此基础上再考虑理化指标，尽量用同类油品或性能相近、添加剂类型相似的油品。

② 一般情况，采用黏度稍高一点的润滑油代替黏度较小的润滑油为好，但黏度不应超过规定用油黏度的 ±25%。对精密机械、液压设备用油，选用较小黏度的润滑油代替较大黏度的润滑油为好，但必须保证不泄漏。

③ 凡是工作温度变化大的机械，要选用黏度指数较高的油代替。在低温条件下工作的机械，要用凝点低于使用温度 10℃ 以下的油来代用，其代用油的质量指标应高于或接近被代用油的质量标准。对于高温工作的机械，则要考虑代用油的闪点要高一些，氧化安定性也要满足使用要求。

④ 用高档油代替低档油时，要特别注意可能带来的某些副作用。高档油中的添加剂在适当的条件下，化学反应活性大，产生了化学腐蚀，反而加速了机件表面的磨损，还要考虑密封件材质的耐腐蚀情况等。

⑤ 使用中要加强监测，随时掌握油品质量变化情况，油耗量，设备的摩擦、磨损、腐蚀、噪声、温升等情况，以便发现问题，及时采取措施。

**[ 知识拓展 ]**　　**商品润滑油的试验方法**

　　1. 模拟试验是首选评定方法

　　首先是模拟试验,该主要试验由以下几部分组成:反映车用清净分散和抗氧化的成焦板试验方法和热管试验方法;反映车用耐高温下氧化能力的多金属氧化试验方法和薄膜氧化试验方法;反映车用分散油泥能力的斑点试验方法;反映车用抗磨损水平的高温四球机磨损试验方法。

　　这些模拟试验只能简单地反映发动机的工作情况,无法模拟发动机在复杂情况和工作条件下特别是燃烧物对于油品性能的影响。另外,模拟试验方法一般采用比较强化或归纳化的试验条件。但是,强化会有失真实,因为在发动机的全过程操作中,各项综合因素结合在一起,影响着油品的抗氧、清净、分散和抗磨损能力,不可能在单项性能测评的模拟试验方法中如实测评出来,因此各项模拟试验方法及其评判指标基本上未反映在发动机油的规格标准中。

　　2. 台架试验反映问题更真实

　　为了真实反映油品的使用情况,同时也可以得到发动机制造部门的认可,又开发出了评价性能的台架试验。台架试验是把有代表性的发动机安装在试验室中,在认可或认定的控制条件下进行一定时间下的评定试验,并根据发动机厂商试验前大家协商定下的各项性能指标,等台架试验完成后加以判定,观察可试油品是否符合要求。假如其油品的各项判断指标均在限值范围以内,便可以认为该油品初步取得认可,取得该类型级别油品的合格证,原则上可以供应市场。

　　经过半个多世纪的实践,台架试验已成为车用的标准化规格试验,同时也是车用分类的依据。下面就以大部分企业引用的 SJ 级别的汽油机油技术指标进行简单介绍。

　　如果一个油品要想全面合格,仅仅靠一些简单的理化指标是远远不够的,重要的是必须满足相应的台架要求。这些台架在美国主要由 API、ASTM 和一些大的添加剂公司来完成,在欧洲主要由 ACEA 和一些大的添加剂公司来完成,在我国主要由中国石油化工科学研究院在消化和吸收 API 等的台架指标的基础上进行,目前我国尚不能进行 API CH-4、API CI-4 和 APISL 等的台架试验。当前,国内的复合剂主要来自世界上四大复合添加剂生产商:美国路博润、润英联、雪佛龙、乙基公司。在这四大添加剂公司中,大多将做过台架试验的产品介绍到中国,国内一些调和厂为了降低成本,可能引进了用电脑推算的台架、甚至没有台架的产品。选用这样的产品,油品质量难以保证。

　　3. 行车试验评定品质更直观

　　行车试验是真实反映性能的测试方法,将调和好的润滑油样品加入几辆车况相同的汽车中,在相同的路况中跑一定的路程,然后取出废油,化验其 TBN、TAN、铜含量、铁含量和硫含量等指标,与新油的各项指标进行对比,分析其老化情况,同时检查发动机的各相关部件,检查其磨损情况。这种办法真实地反映了在发动机中的功效,是检验优劣的最真实、最准确的评价办法。但是,行车试验的费用很高,试验内容还不可能按标准化的程序进行。

# 本 章 小 结

　　润滑油是汽车的"血液",同时也是工业设备运转的润滑剂以及金属加工设备正常运转的保证。与燃料油相比,润滑油的产量较小,但润滑油的种类较多且作用于设备的各个角落，因此，润滑油的合理选用非常重要。

　　本章首先介绍了商品润滑油的分类和商品润滑油的基本性质及其检测方法，以便让读者了解商品润滑油有哪些以及商品润滑油的性能如何评价。接着分别介绍了在车辆运转中使用的润滑油的分类、性能及选用原则，工业设备运转中使用的润滑油的分类、性能及选用原则，金属加工设备运转中使用的润滑油的分类、性能及选用原则，便于读者根据实际应用场合选择合适的润滑油。

# 习　　题

　　1. 分别对捷达柴油车和捷达汽油车进行调研，了解在捷达柴油车中用到了哪些润滑油，而在捷达汽油车中又用到了哪些润滑油。比较捷达柴油车和捷达汽油车中使用的润滑油有哪些是相同的，哪些是不同的。分析柴油车和汽油车对润滑油的使用要求有哪些相同之处、哪些不同之处。

　　2. 对目前我国进行的各种润滑油性质测定的台架试验进行分析，了解台架试验的可行性与具体实验方法。

　　3. 修理厂里有很多破坏了的齿轮，有的齿轮上有点蚀，也就是齿轮表面有很多大小麻坑；有的是磨损和擦伤，一般发生在齿顶部位，其方向与滑动方向相同；有的齿轮表面有波浪形或局部隆起；有的是齿断裂，断面粗糙成粒状或纤维状；还有的表面有划伤。试分析造成以上破坏的原因，如何整改？

　　4. 对金属加工行业进行考察，分析金属加工业用的淬火油对金属加工表面的影响。

　　5. 在生产使用中，金属切削液经常出现变质发臭、腐蚀产生泡沫、使用操作者皮肤过敏等问题。根据我们学过的知识，分析金属切削液在使用中出现上述问题的原因并指出应采用哪些相应的对策。

# 实　训　建　议

【实训项目】　考察柴油机油的使用

　　实训目的：到公交公司考察公共汽车的柴油机油使用情况。

　　考察项目：汽车生产厂家、柴油机牌号、汽车每天行驶的里程数、使用的润滑油牌号、换油期、换油前后润滑油数据的变化（没有数据可以取样在实验室做）、使用中有什么问题等。部分项目数据可记录于下表。

**公交车柴油机油在使用前后的质量变化表**

| 汽车 | 第一辆车 | | | 第二辆车 | | | 第三辆车 | | |
|---|---|---|---|---|---|---|---|---|---|
| 项目 | $\nu_{100℃}$ /(mm²/s) | TBN(以 KOH 计)/(mg/g) | Fe /(mg/kg) | $\nu_{100℃}$ /(mm²/s) | TBN(以 KOH 计)/(mg/g) | Fe /(mg/kg) | $\nu_{100℃}$ /(mm²/s) | TBN(以 KOH 计)/(mg/g) | Fe /(mg/kg) |
| 0 天 | | | | | | | | | |
| 90 天 | | | | | | | | | |
| 结论 | | | | | | | | | |

# 第七章　废润滑油再生

【知识目标】
1. 掌握废润滑油的组成和性质。
2. 掌握废润滑油的基本处置方法及危害。
3. 掌握几种常用的再生润滑油的单元操作原理、设备和影响因素。
4. 了解废润滑油再生的概念和意义。
5. 了解国内外再生润滑油的现状。
6. 了解几种废合成油的再生方法。
7. 了解再生润滑油的质量控制和污染分析方法。

【能力目标】
1. 会分析废润滑油的特点，根据废润滑油的特点会进行润滑油再生。
2. 会进行废润滑油再生的质量控制，分析废润滑油的质量指标。

 实例导入

　　某汽车修理厂每年客户汽车保养换下来的废机油达到 9000L，这些废机油的处理方法是先用一定的容器盛放，达到一定数量后采用掩埋的方法处理。这样不仅占用大量的容器，而且废机油散发出来的气味会危害到汽车修理厂员工的身心健康，掩埋后的废机油中的有害物质会渗透到土壤地下水中对环境造成污染。请你为该汽车修理厂制订一个废机油处理的方案。

## 第一节　认识废润滑油

　　润滑油在各种机械、设备使用过程中，由于受空气的氧化、热分解作用和杂质污染，其理化性能达到各自的换油指标，被换下来的油统称废润滑油（简称废油）。

**一、废润滑油的组成及危害**

1. 废油的来源

　　废润滑油是已经使用过的、全部或者部分地由矿物油或合成碳氢化合物（合成油）、储油罐内残余物、油和水的混合物以及乳浊液组成的半固体状或液状产品。

　　机械和设备工作时，油品由于长期与金属接触，处于高温状态、产品的相对不稳定性、机械配件产生异物以及氧化作用等诸多原因，矿物润滑油将逐渐失去其功能，老化变质，再加上摩擦部件上磨下来的金属粉末、呼吸作用及其他原因而进入油中的水分、从环境中侵入的杂质，这些不仅污染了润滑油，而且还能促进润滑油的氧化。润滑油颜色变深、酸值上升，并产生沉淀物、油泥、漆膜和硬漆膜，这些物质沉积在摩擦部件的表面、润滑油流通的孔道及滤清器上，降低乃至失去了其控制摩擦、减少磨损、冷却降温、密封隔离、减轻振动等功效，从而可能引起机器的各种故障。

2. 判断废油的标准

油品在系统工作中所产生的废旧杂质数量是不允许无限度增加的，当变质达到一定程度之后，油品就不能全部符合使用要求了，于是这种油就成为废油，需要加以更换。若不更换而继续使用，就会加快运动零件的磨损，并使设备发生故障而降低设备的使用寿命。如何判定油品是否是废油，这是个较为复杂的问题，因为使用条件和各种机械设备对油的要求不同，需要结合实际情况而定。国内外对各种机器都规定了换油期或换油标准，表 7-1仅列出一般的指标作为判定油品成为废油的参考标准。

表 7-1　油品判定为废油的指标

| 指标 | 机械杂质 | 含水量 | 酸值 | 黏度增大 | 炭渣值 | 灰分 | 含燃油量 |
|---|---|---|---|---|---|---|---|
| 参考值 | ≥2% | ≥2.5% | ≥1.5% | ≥25% | ≥2% | ≥0.2% | ≥10% |

3. 废润滑油的危害

(1) 污染水源　废弃润滑油不可溶解、降解缓慢并可能含有有毒化学物质和重金属元素，已经成为全球最主要的水体污染源。小量倒入下水道、空地土壤及垃圾箱中的废油，或者用于道路油化防尘的废润滑油，会随着污水、雨水进入到江河湖海中。进入水系的油对水有很强的污染力。

(2) 污染土壤　将废润滑油喷洒在容易扬起尘土的道路上，使尘土与油粘在一起，不易飞扬，可用于道路油化防尘。这些喷洒在道路上或丢弃在陆地上的废油，会留在道路附近或空地上，慢慢渗透在土壤中污染土壤，当然一部分会被微生物分解，但需要相当长的时间才能使污染的土壤自然净化。

(3) 污染空气　将废润滑油直接当作炉用燃料，或者将废润滑油与各种需要焚化处理的废物如含油渣滓等一起在焚化炉中焚化，或者是将废润滑油仅仅经过沉降离心脱水后去作燃料使用，燃烧这种油料会产生剧毒并释放多种致癌物质。这样的处理方法带来的问题是烟气中含有重金属（包括来自汽油中的铅及来自润滑油添加剂中的钡、钙、锌等）氧化物及燃烧不完全而生成的多环芳烃氧化物。

(4) 危害人类健康　许多润滑油中加有重金属盐添加剂，还有些加有含氯有机化合物、含硫有机化合物、含磷有机化合物、含硫磷有机化合物，有些含氯化合物是多环芳烃的氯取代物，这些含重金属、硫、磷、氯的化合物都属于有毒物。对于人类自身，废油中所含的致癌、致突变、致畸形物质及废酸、重金属等物质危害极大，有可能通过各种渠道危害人类。

**二、废润滑油的分类及性质**

废润滑油按来源分类，主要包括废内燃机油、废齿轮油、废液压油、废变压器油、废压缩机油、废汽轮机油和废热处理油等。

1. 废内燃机油

内燃机油是润滑油中销售量最大的品种，在发达国家一般占润滑油总量的 60% 以上，因而在废油中废内燃机油所占的比例也是最大的。但从回收率来看，废内燃机油并不高，因为许多自用的汽车换下来的废油都被扔掉或烧掉了。

在废内燃机油中，聚集了各种杂质。不过所有的杂质加起来也只是废油中的一小部分，废内燃机油的主体仍然是基础油。

(1) 废汽油机油　废汽油机油的特点是含有较多的铅，这是因为汽油为提高辛烷值而加有少量四乙基铅的缘故，铅化合物残留在汽缸内，被循环的汽油机油洗下来，进入曲轴箱中。

（2）废柴油机油　废柴油机油一般为墨黑液状，这是因为柴油机的工作温度较高、油变质较深，而且柴油燃烧不完全，容易产生烟粒子。这些烟粒子很容易随燃气泄漏入曲轴箱中，即使不泄漏，汽缸壁上的烟粒子也很易被循环的润滑油带入曲轴箱。

（3）废航空润滑油　活塞式航空发动机的工作条件是比较苛刻的，工作50h的废航空润滑油，质量已有明显的变化，废油与新油的对比见表7-2。

表 7-2　废 20 号航空润滑油与新油的对比

| 项　目 | | 新　油 | 工作 50h 后 |
|---|---|---|---|
| 性　质 | 黏度(100℃)/(mm²/s) | 21.05 | 20.06 |
| | 酸值(以 KOH 计)/(mg/g) | 0.02 | 0 |
| | 闪点(闭口)/℃ | 254 | 含汽油 1.24% |
| | 机械杂质(质量分数)/% | 0 | 0.056 |
| | 残炭(质量分数)/% | 0.29 | 0.80 |
| | 灰分(质量分数)/% | 0.001 | 0.18 |
| | 颜色(NPA 号) | 7 | 黑色 |
| 化学组成(质量分数)/% | 饱和烃 | 72 | 58.6 |
| | 环烷芳香烃 | 27 | 32.9 |
| | 溶于丙烷的胶质 | 0.8 | 0.7 |
| | 不溶于丙烷的胶质、沥青质 | 0.2 | 7.8 |

### 2. 废工业润滑油

（1）废机械油　机械油的用量仅次于内燃机油用量，它在工业城市及大企业中用量集中，便于回收处理，所以回收比例较高，是目前回收再生油中最多的。

机械油广泛用于各种机械的变速机、减速器、轴承、锭子、齿轮和蜗轮传动装置等的润滑，用于各种低负荷机械。机械油一般工作在常温或稍高一点的温度，不接触蒸汽、燃气、热空气，工作条件比较缓和，油氧化变质的速率较慢，废油中主要是含有水杂质，酸值略有升高。有些机械油在较高的温度（70～80℃）下操作，因而废油中氧化产物较多，含有油泥或沉淀物，酸值和皂化值都比较高，颜色显著变深。用于淬火的机械油，由于工作温度高，氧化变质是比较快的。

（2）废汽轮机油　汽轮机油除主要用于蒸汽轮机的轴承润滑及冷却外，还用于汽轮机的控制系统，水轮机、发电机轴承等机械设备。

为了保持高速转动的轴承不致升温过高，中等功率汽轮机的每个轴承所通过的油量达到40L/min；汽轮机的油槽容量大小不一，从0.5t到10t不等，所以汽轮机油循环很快，一般每小时循环6～8次，有些功率较小的汽轮机每小时循环15～24次。一般油槽内的油温保持在45～50℃，泵送入冷却器后，冷至35～37℃，经过轴承后重新热至45～50℃。虽然整个系统的工作温度并不高，但由于循环速度快及水的存在，油的氧化作用还是显著的。

汽轮机油在机器中运行时，由于种种原因会被各种外来杂质污染。外来杂质中首要的是水，水主要是油箱的呼吸作用及温度的循环变化，自油箱空气中凝缩下来的，这种水积累也可能在轴封区发生。凝缩下来的水滴在空气存在下能很快使汽轮机中的铁生锈，生锈位置常在轴承回油线、轴承区、齿轮箱处。在轴承回油线中生成的锈是极细小的粒子，在汽轮机油中不沉降，随油循环到整个系统。水、空气及锈的存在，加速了汽轮机油的氧化，并能引起轴承金属的腐蚀。

（3）废液压油 许多工业机械设备中都有液压系统，而其工作温度和压力大不相同，所以液压油的品种很多，主要包括合成油型、醇溶液型和矿物油型等。

因液压系统的工作压力高，泄漏是普遍性问题，许多废液压油都是因系统泄漏从地面的低位槽或下水道隔油池中回收回来的。这些油基本上还没能氧化变质，主要是含有机械杂质及水，较大的问题往往是混入了其他机器漏出来的油。

（4）废压缩机油 压缩机汽缸和排气口的温度相当高。一般在绝热压缩时随着压力上升及气体体积的收缩，气体的温度大幅度上升。例如，当常压下 20℃ 的空气被压缩至 0.35MPa（表压）时，温度就上升到 177℃，被压缩至 0.39MPa（表压）时，温度上升到 188℃。

在空气压缩机中，特别是在高压空气压缩机中，润滑油在汽缸壁及排出口管线中受到强烈的氧化。附着在排气管内壁上的油，在排气管连接去压缩机出口的部位，很容易变成硬漆膜然后逐渐炭化，结果在压缩机的高压出口管线及冷却器中沉积成厚厚的焦炭层，甚至引起燃烧和爆炸。所以压缩机油应有良好的抗氧化安定性和较低的残炭值。国外有的压缩机油是将航空润滑油与机械油调配的，有时也直接使用航空润滑油，因为航空润滑油有较深的精制深度。

3. 废电气绝缘油

电气绝缘油包括变压器油、油开关油和电缆油等品种，其产量的 90% 以上是变压器油，因此以变压器油为例进行阐述说明。

变压器油不同于一般润滑油，它不起润滑作用，而是作为液体电介质充填在电气设备中。其首要的作用是绝缘，兼有散热的作用，特别是在大型变压器中，因为变压器不可避免地有能量损耗，例如铜线圈中的电阻将一部分电能变成热能，铁芯中的涡流也把一部分电能变成热能。变压器越大，这一部分电量损耗变成的热能也就越多，因此大型变压器中的散热很重要。

变压器运行温度一般为 60~80℃，使用时间可达 20~30 年。在大型变压器中，即使已有很好设计的散热手段，变压器油的温度仍然经常在 65~70℃，有时甚至达到 90℃。在热和电场的作用下，油与氧气接触逐渐被氧化生成各种氧化物及醇、酸等，最后形成不溶性胶质、油泥沉淀析出。这些酸性物质对变压器内部部件产生腐蚀作用，破坏其绝缘性能，造成散热困难，发生局部过热，严重时可使线器短路烧毁。

变压器有呼吸作用，即使是密闭的变压器，如果稍有缝隙，也避免不了呼吸作用，从而使外界空气中的水分或多或少进入变压器油中，微量的溶解水会使油品耐电压大大下降。油开关中的变压器油，由于电弧的作用会产生一些游离碳，对耐电压有影响，所以除绝缘之外，还兼有消弧的作用，能使电路切断时产生的电弧迅速消失。

**三、废润滑油的处理**

1. 废润滑油处理方法

针对更换后的废润滑油，目前有以下几种处置方法：丢弃、道路油化、焚烧和作为脱模油、废润滑油经脱重金属后作为燃料、再生成为润滑油。如果废润滑油没有得到妥善处理，残存在土壤、空气或水体中，对人类、生物和整个环境都将造成致命的危害。

将废润滑油经化学方法脱去重金属后作为燃料，或使其再生为润滑油两种措施不失为废油利用的有效手段，在技术上也均可行。但废油中杂质（包括变质物在内）的总量通常在 1%~25% 范围内，其余 99%~75% 都是好成分，只要经过适当的工艺处理，质量完全可以达到新油的标准。因此，从资源保护及利用的角度看，将废润滑油除去变质成分及外来污染物后成为再生润滑油具有更好的经济性。

2. 国外废润滑油再生的发展历程

废润滑油再生是指将废油经过适当的工艺处理或精制，除去变质的组分和混入的杂质，根据需要，加入适量的添加剂，使其达到一定种类新油标准的过程。

20 世纪初，世界上一些国家竞相开展废润滑油再生以来，润滑油再生的发展，经历了一段漫长曲折的过程。

20 世纪 20 年代，再生技术由简易再生发展到以白土精制为主要手段的阶段。这期间，再生技术发展较快，当时美国和德国都已有工业规模再生装置。20 世纪 40 年代，以白土净化为主要手段的再生油工艺，无法适应废油的新特点，逐步被硫酸-白土精制工艺所取代。20 世纪 50 年代后，随着石油工业的发展，润滑油生产的规模越来越大，工业化程度越来越高，对质量的控制也越来越严。新油质量的提高，给废油再生带来了困难，再生油的发展速度变得缓慢了。20 世纪 70 年代，环境污染的问题日益引起人们的重视，废油再生工作的意义又从环境保护角度被重新评价，从而获得了新的发展。1975 年 6 月欧洲共同体发布命令，规定全部废润滑油都必须回收再生。

20 世纪 80 年代报道的最大废油再生厂每年处理量在 10 万吨左右，20 世纪 90 年代报道的最大废油再生厂已达年处理量 30 万吨。这一方面是因为规模越大，劳动生产率越高，成本也就越低；另一方面是因为规模越大，越有利于采用现代化的生产设备与生产技术，越容易满足环境保护的要求。

3. 国内废润滑油再生的发展历程

20 世纪 40 年代，中国就已开始应用再生废润滑油工艺。但由于我国的废油再生开展比较晚，解放前只有少数设备简陋、工艺落后的小工厂。再生系统是在全国解放后才逐步建立发展起来的。20 世纪 70 年代废油再生加工状况相对稳定，形成以蒸馏-酸洗-白土精制路线和酸洗-带土蒸馏精制为主的工艺，基本上形成一种以中国石化销售公司下属厂为骨干的全面废油再生系统。而各用油行业，如油田、钢铁、机械、铁道、化工、林业等也有 50 多套废油再生装置。全国废油再生装置的总处理能力达到 20 万吨/年左右，其中最大的是上海润滑油厂，处理能力达 1.5 万吨/年。

在发展废油再生无污染工艺方面，我国也进行了许多工作。20 世纪 80 年代后期，已有两种无污染废油再炼制工艺在专业再生厂工业化应用成功。一种是蒸馏-萃取-白土工艺，萃取使用乙醇作溶剂。由于乙醇的萃取能力很弱（溶解能力差），因此只在淮南石油加工厂使用。另一种是高温白土工艺，是将蒸馏与白土处理合并在同一工序中，为达到必要的精制效果，需要较高的白土精制温度，现在有三个厂采用此工艺。

目前，我国作为仅次于美国和俄罗斯的世界第三大润滑油消费国，每年产生的废润滑油数量巨大，废油的回收利用将是我国环保与节能所面临的现实问题。

随着关注环境与发展的呼声日益高涨，全社会环保意识不断提高，工业废弃油品回收处理与综合利用技术在我国得到了不断拓展与创新。

# 第二节　废润滑油再生工艺

国际上将润滑油再生工艺流程分为再净化、再精制、再炼制三类。再净化（Reclamation），包括沉降、离心、过滤、絮凝等处理步骤，可一个或几个步骤联用，主要目的是脱去废油中的水、一般悬浊的机械杂质和以胶体状态稳定分散的机械杂质。再精制（Reprocessing），是在再净化的基础上增加化学精制或吸附精制等，例如在脱水分或絮凝之后，再白土精制或硫酸-白土精制，或化学脱金属、化学破乳等，生产金属加工液、非苛刻条件下使用的润滑油、脱模油、清洁的燃料、清洁的道路油等。再炼制（Refining），包括蒸馏在内的再生工艺流程，例如蒸馏-白土精制、蒸馏-酸洗-白土精制等，生产符合天然油基础油质量要求的再生基础油，调制各种低、中、高档油品，质量与从天然油中生产的油品相近。

## 一、沉降、离心分离和过滤

沉降、离心、过滤是脱除润滑油中的水分与机械杂质（以下简称机杂）最常用的方法，或作为再净化工艺的主要部分，或作为各种再生工艺的第一个步骤。

### 1. 沉降

（1）沉降速度　沉降是废油再生中普遍采用的预处理方法，是从油中除去水分和机杂的最简单、最便宜的方法。沉降效果的好坏，直接影响下一步的蒸馏、硫酸精制的操作。沉降过程是利用机械杂质、水分与油具有不同密度而沉降的原理，当废油处于静止状态时，油中悬浮状态的机杂颗粒和水便会随时间的增长而逐渐成为沉淀沉降出来，进行分离。

当油中悬浮的机杂颗粒及水滴的直径在 $0.05 \sim 10 \mu m$ 时，沉降速度服从斯托克斯定律。

$$W = \frac{D^2}{18}(d_1 - d_2)\frac{g}{\eta} \tag{7-1}$$

式中，$W$ 为颗粒及水滴的沉降速度，m/s；$D$ 为颗粒及水滴的直径，m；$d_1$ 为颗粒及水滴的密度，$kg/m^3$；$d_2$ 为油的密度，$kg/m^3$；$\eta$ 为油在沉降温度时的动力黏度，Pa·s；$g$ 为重力加速度，$m/s^2$。

由式(7-1)可以看出，沉降速度 $W$ 与颗粒的直径及机械杂质的密度成正比，与油的密度和黏度成反比。$W$ 与 $\eta$ 成反比的关系在设计沉降装置中获得了广泛的应用。对于一定黏度和密度的润滑油品来讲，降低黏度的最好办法，就是提高沉降时的温度，从而加快沉降速度。

目前沉降的方式大体上有两种，即加温沉降和常温自然沉降，常温自然沉降又有油池和油罐两种形式。对于低黏度的润滑油，由于其颜色一般都很浅，加温时颜色变深明显，且常温下脱水杂的速度也不会太慢，应该采用常温下沉降的方法。一般情况下，自然沉降只适用于气温在15℃以上的地区和季节。对于高黏度的润滑油，宜使用加温沉降，以缩短沉降时间。但加温也不是越高越好，首先应避免加温到100℃以上，因为不仅油在100℃以上容易氧化变色，而且油中的水接近100℃时即开始沸腾汽化，汽化产生的热对流破坏沉降过程的正常进行，轻则将沉在下部的水杂翻起，重则使油溢出。用敞口容器加热到100℃以上蒸发脱水，往往加热时间很长，油色明显变深，这是不可取的。一般对于比较黏稠的油，加温也以70℃左右为宜，因为油的黏度在80℃以下随温度变化幅度较大，而在80℃以上则随温度变化幅度减小，油的自动氧化速率明显增加，一般是油温每升高 $10 \sim 15$ ℃时氧化率增加一倍，150℃时油的氧化速率为20℃氧化速率的一万倍，而150℃时的沉降速度仅比20℃时提高80倍。由此可见，若将油加温到90℃以上的温度，从加快沉降速度方面获得的好处有限，而在油的氧化变质上蒙受的损失很大，得不偿失。

表 7-3 中所列数据为温度对柴油机油沉降速度的影响，这是在高0.4m的圆筒形桶中作出的数据。考虑到将油温升高到100℃时，油中水分便可能沸腾，油中可能引起泡沫，因此沉降温度在80℃左右为宜。被加热了的油沉降过程应在停止加热后进行。这是为了避免发

生热的对流作用而滞缓沉降。

表 7-3　温度对柴油机油沉降速度的影响

| 与桶底的距离/mm | 在下列温度下沉降 6h 后,沉降下来的机械杂质含量(质量分数)/% | | | |
| --- | --- | --- | --- | --- |
| | 40℃ | 60℃ | 80℃ | 100℃ |
| 200 | 0.34 | 0.56 | 0.74 | 0.89 |
| 20 | 0.91 | 2.03 | 2.94 | 3.08 |

由表 7-3 可看出,随着沉降温度的升高,罐底附近的油中机械杂质含量上升,说明沉降速度随温度上升而上升。但在 80℃ 以上时,罐底油中的机械杂质上升幅度不大,所以一般 80~90℃ 是沉降时加温的上限。

(2)沉降时间　沉降时间的长短根据油的品种、加热温度、污染程度和设备条件等而异(见表 7-4),也与沉降罐的高度有关。沉降时间通常掌握在 24~48h,自然沉降的时间一般为 3~15d。

表 7-4　废油沉降时间参考表

| 沉降温度 | 废　　油 | |
| --- | --- | --- |
| | 全损耗系统用油 | 汽轮机油、普通液压油 |
| 70~80℃ | 8~10h | 6~8h |
| 60~70℃ | 10~12h | 8~10h |
| 50~60℃ | 12~16h | 10~12h |
| 夏季常温(30℃左右) | 8~10d | 7~8d |
| 春季、秋季常温(10℃左右) | 15~20d | 12~15d |

在相同温度下沉降,柴油机油中机械杂质含量与沉降时间的关系见表 7-5。为了避免搅动沉降槽中的油,在沉降时最好不要向槽中加注废油。

表 7-5　柴油机油沉降时间的影响

| 与桶底的距离/mm | 油在 80℃ 沉降下列时间后的机械杂质含量(质量分数)/% | | | | |
| --- | --- | --- | --- | --- | --- |
| | 1h | 3h | 6h | 12h | 18h |
| 240 | 0.14 | 0.09 | 0.03 | 0.00 | 0.00 |
| 180 | 0.15 | 0.11 | 0.07 | 0.00 | 0.00 |
| 120 | 0.18 | 0.16 | 0.11 | 0.03 | 0.00 |
| 60 | 0.19 | 0.23 | 0.23 | 0.19 | 0.00 |
| 0 | 0.21 | 0.33 | 0.50 | 0.73 | 0.92 |

从表 7-5 中的数据可看出,罐越高,机械杂质全部沉降所需的时间就越长。柴油机油仅仅在 0.24m 的高度也需要 18h 才能完成沉降过程,所以对于黏稠油品,宜用直径大、高度小的沉降罐。沉降中,上层油中的杂质含量逐渐减少,下层含量逐渐增加,这不仅与油温有关,而且与沉降时间有关。

在沉降时,待冷却到 30~40℃ 后,由沉降槽的锥形底中将水分和污物放出,并取油试样置于玻璃片上,在光线下检验,如果在玻璃上的薄油层中发现浑浊或其他机械杂质的颗粒时,则必须重新将油加热到 80~90℃,并继续进行沉降。

(3)沉降罐　沉降是每一种废油再生过程中首先必须经过的第一个步骤,其他再生设备在结构上和加热方法上大部分与沉降罐相类似,掌握了沉降罐的结构原理,对其他再生设备的结构就比较容易了解了。

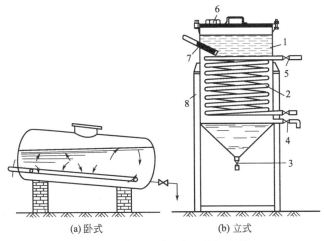

图 7-1　清除杂质和水用的沉降罐

1—罐体；2—蒸汽盘管；3—排污管；4—放油阀；5—水蒸气阀；6—灌油口；7—温度计；8—支架

　　沉降罐用钢板焊接而成，分为卧式和立式两种，卧式沉降快，立式占地面积小，节约钢材，其结构如图 7-1 所示。卧式安放时宜略倾斜，有排污阀的一端在下。立式常采用圆柱形罐，有锥底，锥度一般为 30°～60°，锥尖设排污阀。沉降罐一般用水蒸气盘管加热，油在热至沉降温度后开始沉降。在整个沉降过程中，沉降罐只应在开始时一次加热，待转入静置沉降后，即使油温下降也不得中途加热，因中途加热产生的热对流将破坏已取得的沉降效果。沉降罐必须有盖，而且应以保温材料包裹起来使其具有良好的保温效果，否则在热沉降的过程中，由于罐壁散热及油被空气冷却而产生的环流，也会破坏沉降的效果。

　　（4）加热设备　沉降罐通常都装有加热设备，因为沉降的快慢与油的黏度有关，而油的黏度又随温度的升高而减小，加热会加快沉降速度，缩短沉降时间。对于加热方式的选择，可根据厂矿的动力条件来决定，一般有蒸汽加热、电加热、火炉加热、热水加热等方法。

　　采用蒸汽加热，加热均匀，同时还可防止使油发生过热现象，是加热方法中最好的一种。其主要结构是在沉降罐内通入用钢管做成的蒸汽蛇形管，管的长度和口径大小由罐内装油的容量及加热温度确定。带有蒸汽加热的沉降装置如图 7-2 所示。

　　热水加热设备的结构十分简单，只需在沉降槽的外面加上热水套来进行加热。此种方式安全可靠，比较容易操作管理。火炉加热的优点是结构简单，成本低廉，可用木材、煤、天然气等进行加热，中小型厂矿可采用此方法。用火炉加热时，应注意防火安全，单独设在防火隔墙内，或者在露天场地上进行。电炉加热是把沉降罐内通入电阻加热器，并与油和罐体绝缘，其优点是加热速度快、油温高，但耗电量大，不经济，且不够安全，很少采用。

　　2. 离心分离

　　（1）分离原理　离心分离也是按油、水和机械杂质的密度差进行分离的方法，可以说是沉降的另一种形式。沉降是靠重力进行分离，离心则是靠高速旋转的离心机产生的离心力来进行分离。

　　离心分离机的旋转鼓及油、水分、杂质在锥形盘间运动和分离的情况如图 7-3 和图 7-4 所示。图 7-3 是将废油置于旋转区域中，机械颗粒杂质由旋转中心向边缘方向运动，获得相应的加速度。图 7-4 是离心分离机转鼓的几个锥形盘。如图 7-3 所示，含水分和杂质的废

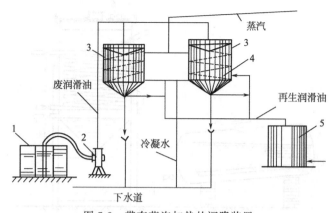

图 7-2　带有蒸汽加热的沉降装置
1—油罐；2—泵；3—沉降罐；4—蒸汽蛇形管；5—储罐

油从转鼓中心管 1 进入分离机转鼓，通过集合锥形盘上的孔眼，进入集合锥形盘，油沿盘间的空隙走到转鼓内腔，再经环状油道 5 离开转鼓，水分和杂质在离心力的作用下，沿盘间空隙走到转鼓外壁处，经环状水道 4 离开转鼓。

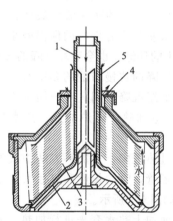

图 7-3　离心分离机旋转鼓截面图
1—转鼓中心管；2—转鼓底；3—油孔道；
4—环状水道；5—环状油道

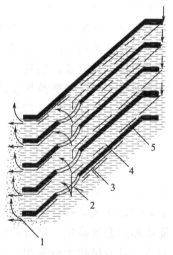

图 7-4　锥形盘分离示意图
1—水分和杂质；2—进盘通道及油水分离区；3—杂质
与水的流层；4—清洁油层；5—离盘的清洁油

　　作用于废油的每一个组成部分上的离心力的大小与该部分的质量成正比。固体颗粒或水粒的质量越大，则作用于这个颗粒上的离心力越大，此类颗粒也越易与油分离。

　　离心力大小与转速的平方成正比。因此，当离心机以 7000～8000r/min 高速旋转时，可以很快地将油中水及机械杂质分离出去。例如，当物体质量为 1kg 和旋转半径为 0.1m 时，在转速为 1000r/min 下的离心力为 1096N，在转速为 4000r/min 下的离心力为 17544N，在转速为 20000r/min 下的离心力为 438600N。水分和机械杂质的分离速度与离心力成正比，可见高速离心能很迅速地分离水分和机械杂质。因而在转速 20000r/min 时的分离速度为转速 1000r/min 时的 400 倍。离心分离机多数是叠片式的，国内叠片式离心净油机的转速达到 5000r/min 以上。日本生产的离心式净油机，有的采用了转筒型的，转数在

15000r/min 以上，分离效果较好。

废油温度对离心分离速度的影响与沉降分离时相同。油的黏度及油与杂质的密度差都影响分离速度，它们又都与油温有关，因此对黏稠油也宜适当加温，一般加温至 70℃左右。

（2）分离方法　在离心分离的实际应用中，使用分离机和离心机两种设备。分离机一般直径较大，转速较低；离心机一般直径较小，转速较高。一般分离机在 3000～8500r/min 下操作，离心机在 15000～40000r/min 下操作。

分离机有两种操作方法，一种叫澄清法，另一种叫清洗法，可根据废油中杂质的特点选择不同的方法。澄清法适用于从废油中分离固体杂质、油泥、炭粒及少量的水，当废油中机械杂质质量分数小于 0.3%时，由废油中除去杂质，或者当废油中水分的质量分数低于 0.3%时，从废油中除去水分。此时不需要连续引出水分和杂质，分离出来的固体物逐渐聚集于转鼓的储污器中，定期予以清除。清洗法是将废油在分离机中分离成两个密度不同的液相，连续地离开分离机的一种方法。该法适于分离废油中水分含量（质量分数，下同）超过 0.3%的污油和从油中除去水分与部分杂质的场合。绝缘油一般都用澄清法，含机械杂质及少量水分（0.1%～0.3%）的汽轮机油也用澄清法。含水多的汽轮机油则使用清洗法。澄清法操作与清洗法操作相比，分离机的生产效率高 20%～30%。

分离机的工作效率与废油中存在的水量有很大的关系，随着油中含水量的下降而下降。为了除去油中最后所剩的痕迹量的水，需要多次的离心分离。

离心机的操作也有两种——澄清法及分离法，适用于转子结构不同的离心机和处理不同的原料。

在上流式离心机澄清法转子中再生废油的示意图如图 7-5 所示。含悬浮机械杂质的废油从下部进口 1 进入澄清法转子中，在转子中受到离心力的作用，固体杂质先沉积在转子内壁上，形成圆筒状堆积层，清液则自转子中心上升，自顶部的清液出口 3 流出。继续送入含机械杂质废油，至转子内壁上的机械杂质堆积层快接近上出口为止。机械杂质脱除的程度取决于转速及在离心机内的停留时间，较低的转速需要较长的时间。

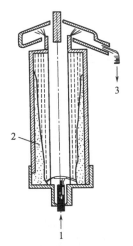

图 7-5　在澄清法转子中再生废油

1—悬浊液入口；2—固定粒子沉积层；3—清液出口

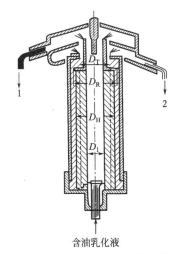

图 7-6　在分离法转子中分离乳化液

1—轻组分出口；2—重组分出口

在上流式离心机分离法转子中处理废油的情况如图 7-6 所示。先在旋转着的转子中充入重组分，充入进行至重组分的环状层的内表面直径等于调整环的内径 $D_T$ 为止，然后向转子中送入要分离的含废油的乳化液，在离心力的作用下，乳化液分离为轻组分液及重组分液，并在两液体之间形成界面。轻组分层在重组分层的表面上形成第二个圆筒形层（直径为 $D_R$），轻组分的收集带来了转子内两组分界面的扰动，然后扰动转变为占有新位置的分界面，相应某直径 $D_1$。轻组分从转子上部靠近旋转轴的上孔中流出，重组分则同时从靠近外圈的上孔中流出，分别经各自的孔道走向各自的出口。

在上流式离心机转子中分离乳化液的可能性取决于两相的密度比 $\rho_T/\rho_M$ 及转子的结构特点，乳化液分离的程度取决于转动速度及停留时间。

同一台离心机在同一转速下操作时，处理量越大，分去水分的程度也越差。一个含机械杂质 1.36％的废油样品离心处理时，其处理量与处理过的油中机械杂质含量的关系见表 7-6。

**表 7-6　离心机处理量与处理后油中机械杂质的含量关系**

| 处理量/(L/h) | 处理过的油中机械杂质的含量(质量分数)/% |
| --- | --- |
| 130 | 0.252 |
| 80 | 0.075 |
| 12 | 0.049 |

离心分离消耗的能量要比自由沉降高得多，但离心机比沉降罐小得多，有占地少、效率高和设备紧凑等优点。采用离心分离法能够实现连续沉降，这是一般沉降装置所不具有的优点。但是离心分离设备较复杂，造价高，还要消耗动力，所以使用受到限制。

离心分离用得最多的是在涡轮发电机、涡轮压缩机、大型柴油机等的润滑油循环系统中的连续脱水，此外还用于变压器油的脱机械杂质以及轮船上的就地处理废润滑油。

3. 过滤

（1）过滤原理　利用过滤介质两边压力差，使油液从过滤介质过滤层的微孔中穿过，将机械杂质颗粒与油分开的过程，称为过滤。过滤能除去油品中的固体杂质，尤其是混入油中的一些与油本身密度接近的颗粒、纤维状物质，利用沉降甚至离心办法很难除去，但只要选用适当规格的过滤介质，就能很容易地将其除去。

如果不考虑过滤开始时的极短的一段时间，过滤介质为两层组成，一层为原始的过滤材料（滤纸和滤布），另一层为过滤开始的瞬间便被阻留在过滤材料层上生成的而且不断增长的沉淀物。由于过滤层上沉淀物的特性多种多样，因此过滤过程看起来很简单，实际上则属于不能精确计算的各种过程之一。

所有过滤介质都可视为复杂的毛细管通道网，由纵横交错的许多毛细管孔道组成。液体就是通过这些毛细管通道而过滤的。

过滤废油时要注意过滤温度的选择，因为过滤速度与油在过滤时的黏度成反比，为了得到必要的过滤速度，常常在加热之下过滤。一般仅变压器油及轻质机械油可以在常温下过滤，但变压器油及 10 号机械油也常常在 40℃左右过滤。20 号及 30 号机械油在 60～70℃过滤，40～50 号机械油及 10 号汽油机油宜在 90～100℃过滤，而 14 号柴油机油及更黏稠的油应在 110℃或更高的温度过滤。但即使过滤很黏的油，如过热汽缸油，也不宜将温度升到 140℃以上，一方面是为了避免油品明显氧化，另一方面是因为有机过滤介质在高温下很快老化变脆而损坏。

过滤温度是指润滑油在进入过滤器或过滤机以前的温度。小型过滤器自身吸热较少，实际过滤温度与油的加热温度差不多；而过滤机由于体积较大，本身有相当大的热容量，在热油进机之前是冷机，故开始过滤时要从热油中吸收许多热量，使实际过滤温度大大低于油的加热温度，即使在达到正常运行状态后，一般也要低于热油温度。

对含有大量固体杂质的黏稠油而言，在过滤前要先用清洁的热油来预热过滤机。由于清洁的热油能保持较快的通过速度，能较快供给滤机升温所需的热量，在滤机温度升上来后再切换含大量固体杂质的脏油。否则，热污油直接进入凉滤机，污油温度立即下降，滤机也没热起来，于是过滤速度很慢，滤出的油少，补充进滤机的热油也不可能多，带进滤机的热量也就不可能多，滤机更热不上去，只能处于过滤缓慢的状态，往往还会因滤速太慢而不得不停下来。

（2）过滤材料　过滤材料的选择以待除去的机械杂质的特性为依据，机械杂质的颗粒越细，则过滤材料应越紧密。某些过滤材料只能将粗大的固体机械杂质滤出，而另一些过滤材料却能把沥青胶质状物质及其类似的杂质滤去。通常按下列特征将过滤材料分类。

① 过滤材料的孔道平均直径小于开始过滤时流体中所带固体粒子的直径，从开始过滤时起，通过的就只有纯液体。属于这类过滤材料的有滤纸、厚纸板、紧密的织物、动物皮革等。

② 过滤材料的孔道平均直径大于流体中所带固体粒子的平均直径，过滤时流体通过孔道，固体粒子黏附于过滤介质孔道壁上。属于这类过滤材料的有毛毡、石棉纤维、毛纤维、棉纱等。虽然这类介质的孔道即使在强力压缩后也仍大于通过它的废油中的固体杂质，但由于纤维的黏附力，当油穿过这种介质并多次改变其运动方向时，便可把机械杂质黏附在这些纤维孔道中。

③ 过滤材料的平均孔道直径在开始过滤时大于固体粒子，但在孔道中填充了这些固体粒子之后，形成的孔小于固体粒子的直径。这类过滤介质的典型代表便是金属网。在过滤的初期，大部分的杂质都不能为金属网所滤出，滤出的液体是浑浊的，但是逐渐在金属网上生成的沉淀物慢慢变成了主要的过滤介质后，液体变清。

在废油的实际净制过程中，常常会遇到一些机械杂质，这些机械杂质是所有上述过滤材料都不能滤出的，油开关中的废油便属于这种情形。这种废油中含有颗粒大小与胶体物质相近的含碳物质，这种物质能够穿过实际上所用的一切过滤层。

如在过滤一些含碳粒子量达到2%～5%的柴油机废油时，机械杂质会逐渐将过滤元件中的孔隙堵塞，而降低滤油器的处理量，甚至使其完全停止工作。遇到此种情况时，便必须借助于助滤剂如白土等，将助滤剂与废油混合，便可使被压缩的沉淀获得必需的疏松性。

在酸-白土或酸-碱-白土的再生工艺中，如果酸洗后分渣不净，则白土处理后过滤时，过滤速度很慢，这时也必须加大白土量才能保证必需的过滤速度。

（3）过滤设备　目前有多种将废油压过过滤层的净化方法。在过滤过程中生成紧密的沉淀，且需要较高的压力将油液压过这种沉淀时，则必须采用泵或压缩空气。

废油再生采用的过滤器的种类及型号繁多，选用时应根据其工作条件、所要再生净化的油的种类、系统内油液的温度和压力等而定。同时还要考虑过滤材料的阻力大小、是否容易堵塞等问题。

① 简单过滤机。简单过滤机的结构如图7-7所示，它是由上、下两部分组成的。上部分有带蒸汽加热的沉降罐，下部分是滤油器。这种滤油器的结构如图7-8所示。过滤材料上由上、下两层栅网用螺钉固定并压紧在滤油器圆筒中间，而沉降罐和滤油器都装置在用角钢焊成的支架上。这种过滤机的优点是制造简单，一般厂矿都能制造；操作容易，只需一个人就可以看管。缺点是不能连续操作，处理量小，设备较为笨重。

操作过程如下：取下沉降罐的上盖，将废油倒入沉降罐中，并在沉降罐中由蒸汽蛇形管加热到70～80℃后，沉降3～8h，使水和机械杂质分离，沉降下来的水分和杂质污物由阀门 8 排出；再重新把油加热到 70～80℃，然后打开调节阀 2 使油依靠自重沿导管 3 自动流入滤油器 5 的底部。滤油器 5 下部被油注满后，由于液体静压力的作用，油被压向上通过过滤层（毛毡或滤布）的上部，被滤过的油便由排油阀 7 流入再生油桶中。

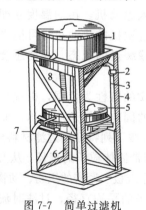

图 7-7　简单过滤机

1—沉降罐；2—调节阀；3—导管；4—铁架；
5—滤油器；6,8—沉降物排出阀；7—排油阀

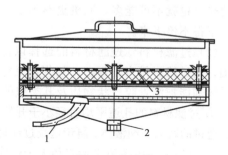

图 7-8　滤油器

1—进油管；2—排渣管；3—过滤层

② 压滤机。用于再生废油的压滤机有两种类型。一种是具有可切断的板框压滤机（如图 7-9 所示），由每一块滤框独立地滤油。这样，当某一滤框中的滤纸破裂时，便可将该滤框由流程中切断，而无需停止压滤机的操作，同时也不致将滤液弄污。含固体颗粒杂质的油从滤板、滤框的孔构成的通道进入滤机内各框中，油透过滤纸 3 和滤布 4 进入滤板 1 上的小沟槽，流到滤板下端，经放油阀 7 放出，机械杂质则留在滤框中形成滤饼。

在过滤之前，油应经过充分的沉降脱水，滤纸也应经过干燥。因为滤纸吸水润湿后结构改变，会降低油的流通能力，甚至中断过滤。

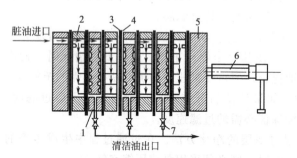

图 7-9　具有可切断的板框压滤机

1—滤板；2—滤框；3—滤纸；4—滤布；5—压紧板；
6—具有手柄的螺杆；7—放油阀

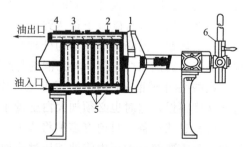

图 7-10　具有滤清油导出孔道的压滤机

1—压紧板；2—滤框；3—滤板；4—固定板；
5—过滤介质橡胶布、滤纸；6—旋转盘

过滤压力通常在 $(2～3)×10^5$ Pa。过滤含白土的高黏度油时，压力要高一些，需要 $(8～10)×10^5$ Pa。

另一种压滤机如图 7-10 所示，滤过的清洁油由共同的管道中流出，这个管道由各滤框和滤板所组成。其优点是可以在压力下将滤过的油送入位置高于压滤机的储器中去。

在装集压滤机前，必须将滤纸和橡胶滤布进行干燥。压滤机的具体装集方法如下：将滤板和滤布依次相间地借助卡板而放置在水平的导轨上。靠着固定板先放置一个滤框，后放置一个滤板，再放滤框，然后再放滤板，如此下去，并于每一滤板上都先套上滤布，然

后再放上滤纸。滤布上的开口应准确地与板上的开口吻合，并用通条检查开口是否吻合。旋转手柄，使压板将集合好的滤板和滤框压紧。

由于废油中的水分会使滤纸发胀，因此废油流经滤纸过滤时，油中不应含有水分。为了使压滤机能正常工作，必须先将废油仔细沉降以除去水分。

在特殊情况下，压滤机可用来破除那种用加热法不能破除的稳固乳化液，以及用来除去油中残存的极少量的水分，以便获得具有高的电介质强度的绝缘油。为此，必须使油通过铺有软滤纸的压滤机，由于这种滤纸具有很好的吸水性，能将油中的水分充分吸出。为了避免纸质纤维进入油中，在每个滤板中于滤纸后面应铺有一张紧密的多微孔的滤纸。

由于压滤机在滤框中具有暂时容纳污物杂质的空间，因此可以用来过滤各种各样的油；并且一般可安装在各种油再生装置的工艺流程中，特别是装在那些采用白土来接触处理废油的工艺流程中。

## 二、碱中和、水洗、破乳及薄膜过滤

### 1. 碱中和

碱中和是在专门的附有压缩空气或机械搅拌设备的碱洗罐中进行的，它既可用于硫酸精制之后中和酸性油，又可用在硫酸精制或其他精制之前作为预中和，也可单独作为精制手段使用。大多数废油的处理都不经过碱中和工序，只有处理变压器油、缝纫机油等轻质润滑油的废油时才经过这个工序。

最常用的无机碱是火碱（苛性钠、氢氧化钠、NaOH），也有使用纯碱（碳酸钠、苏打、$Na_2CO_3$）、磷酸钠（$Na_3PO_4$）及熟石灰{氢氧化钙[$Ca(OH)_2$]}的。虽然苛性钾、碳酸钾也可用，但因其价格较贵而一般不用。最便宜的无机碱是熟石灰，但因它在水中的溶解度小，所以要配成石灰乳来使用，石灰乳放置中沉淀分层，使用起来没有火碱液那么方便。

碱中和是离子反应，所以不宜用固体碱，而宜用碱溶液，使用作为强碱的苛性钠比使用作为弱碱的碳酸钠更为有效。碱与油中的环烷酸、羟基酸、脂肪酸、酚等有机酸性物质反应，生成盐或皂与水。如果被中和的是硫酸精制后的酸性油，则碱还与酸性油中的游离硫酸、磷酸、酸性硫酸酯反应，生成盐及水。如果使用的碱是弱酸的碱金属盐，如碳酸钠、磷酸钠，则生成盐及酸性盐，如碳酸氢钠、磷酸氢钠。

碱洗时的用碱量一般依废油中酸性物质的含量来确定，可根据酸性油的数量、酸值，按下式进行计算：

$$W = 0.072 \times \frac{qN}{c} \tag{7-2}$$

式中，$W$ 为所用碱溶液量，kg；$c$ 为碱溶液的质量分数，%；$N$ 为酸性油的酸值（以 KOH 计），mg/g；$q$ 为酸性油量，kg；0.072 为比例关系常数。

例如，某酸性油 1t，酸值（以 KOH 计）为 0.5mg/g，所用氢氧化钠溶液的质量分数为 5%，则中和所需氢氧化钠溶液的理论量为：

$$W = 0.072 \times \frac{1000 \times 0.5}{5} = 7.2 \text{（kg）}$$

为使中和反应完全，同时考虑被中和的酸中既有强酸也有弱酸，故实际用碱量应为理论量的 2～3 倍，即应使用 5% 氢氧化钠溶液 14.4～21.6kg，这相当于用固体氢氧化钠 0.72～1.08kg。

碱中和生成的盐及皂，大多能溶于废碱液中被除去。但由于分配定律，还有一部分溶在中和后的油中，需要后续的水洗或吸附剂处理来除去。

（1）碱液的浓度　当废油酸值较高时，宜采用较高浓度的碱液进行中和。如有的采用质量分数为30％的氢氧化钠溶液，对除去有机酸较彻底。但碱液浓度过高时，易使碱分离不净，在水洗时发生皂化，结果使有机酸重返油中。为防止皂化，常用质量分数为5％～10％的碱液。对易乳化的高黏度油，则将质量分数降到3％～5％，甚至降到1％左右。

（2）碱洗温度　在较低的温度下，浓碱液能抑制环烷酸皂的水解作用，有利于溶解皂类并除去，低温也有利于油的颜色。但浓碱、低温容易造成油品乳化，所以当乳化倾向明显时就要采用稀碱、高温。稀碱、高温较易发生皂类的水解反应，水解生成的有机酸会返溶到油中去。所以，究竟采用什么浓度和温度，要根据实际来选择。原则是在油不乳化的前提下尽量选用高浓度、低温度。碱洗的温度通常为60℃左右，对易乳化的油则升高到80～90℃。当废润滑油黏度较高时，碱洗的温度应适当提高，以利混合均匀。

（3）防止油品乳化　在碱洗过程中，若温度、浓度、搅拌等操作条件配合不当，很容易造成油品乳化。例如，油品黏度大，碱溶液浓度大，碱洗温度又很低，油中磺酸或环烷酸含量高时，就容易造成乳化。解决乳化问题，首先应立足于防止乳化的产生，因为待乳化后再进行破乳是件复杂而且很困难的工作。

如果碱洗时产生乳化，碱液与油形成一个外观上均一的乳状液，碱液完全分离不出来。如果发生部分乳化，则虽然沉降分层，上层为清油，下层则为浓乳状的乳化液。乳化液的数量远远超过加入的碱液量，使油的碱洗收率大为下降。无论是乳化还是部分乳化，都要对乳状液采取破乳措施。

为防止乳化，也有使用固体碱粉末来中和的。固体碱的中和效率很低，用量常达10％～20％。固体碱不能溶解皂类，生成的皂留在油中，所以同时还要用吸附剂（如白土）来除去生成的皂类。

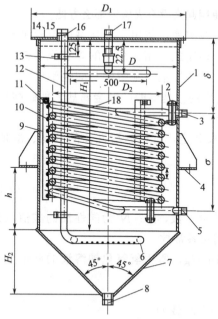

图7-11　碱洗罐的结构

1—外壳；2—法兰盘；3—进汽管；4—托架；5—排气管；6,8,12,17—压缩空气管；7—锥形管；9—支架；10—固定钩；11—固定支座；13—管卡子；14,15—固定盖和可拆盖；16—进油管；18—蒸汽蛇形管

如将固体碳酸钠粉末改用石灰乳进行中和，同样能够达到碱中和的目的。石灰乳中的钙以离子形态存在，故其中和效率远优于固体熟石灰，可以大大减少其用量。但其中和后很易形成乳化，难以分离。可升温沸腾脱水，再加少量白土助滤将固体石灰滤出，有良好的效果。

通常黏度大于0.01mm²/s（40℃）的废油不宜于采用碱中和，应送交专业回收单位处理。

碱中和一般搅拌强度不宜太高，以搅到刚均匀混合就可以了。搅拌时间10～20min已足够。轻度和短时间的搅拌是为了避免乳化，沉降速度一般很快。如果有乳化或部分乳化，则沉降时间要相当长，有时还要采取破乳的手段才能分离。正常时碱洗损失很小。分离出来的废碱液有颜色，但是透明或基本透明，其量也基本接近加入的碱液量。

（4）碱洗设备　碱洗罐常用带蒸汽加热盘管或夹套的锥底罐，锥尖设有排水阀，具有可密闭的盖及机械搅拌手段，以便在需要破乳时可在碱洗罐内直接升温到130℃。碱洗罐的结构如图7-11所示。

2. 水洗

水洗的作用，是为了除去废油中的水溶性物质、氧化生成的低分子酸或油中的游离碱等，也能絮凝下来一些悬浮的炭粒子。单独使用的水洗只有有限的提纯作用，只用于润滑油在使用中的处理，常用于处理汽轮机油以除去氧化产生的低分子有机酸。洗涤时一般用60℃左右的热水，用量为20%，沉降分离洗涤水之后，再用分离机分去残存的水。

用普通的自来水或硬水作洗涤用水时，水中含有的碱土金属离子、重金属离子易与有机酸反应，生成碱土金属盐类或皂，引起油包水型的乳化，因此最好用蒸汽冷凝水作洗涤用水，至少要用煮沸过的水。

一些低分子有机酸在水中与油中的分配系数见表7-7。从表中数据看出，当酸在油中的浓度较低时，酸在水中的溶解度为在油中的5～37倍；当酸在油中的浓度较高时，酸在水中的溶解度为在油中的2～280倍。可见水洗对脱除低分子有机酸是非常有效的，特别在酸的碳原子数不超过4的时候。汽轮机油在使用过程中，产生的水溶性酸很容易与金属反应而造成腐蚀，并且腐蚀的产物反过来加速汽轮机油的氧化变质速率。为解决此问题，将运行中的汽轮机油定期地用20%的热水（60℃）洗，然后用离心机将水分除去。这样不仅除去了水溶性酸，也将酸值降低了一些。用水洗的结果见表7-8。

表 7-7 低分子酸在油与水之间的分配系数

| 酸在油中的浓度/(mol/L) | 分配系数(水/油) | | | |
|---|---|---|---|---|
| | 甲 酸 | 乙 酸 | 丁 酸 | 戊 酸 |
| 0.01 | 11 | 37 | 26 | 5 |
| 0.05 | 65 | 140 | 17 | 3 |
| 0.10 | 98 | 280 | 10 | 2 |

表 7-8 汽轮机油的水洗

| 项 目 | 汽轮机油 M[西门斯-苏克尔特汽轮机 40(MW)] | | 汽轮机油 Л | | 汽轮机油 Л[JIM3汽轮机(50MW)] | |
|---|---|---|---|---|---|---|
| 洗涤油量/t | 11 | | 2.5 | | 5 | |
| 凝缩水量(质量分数)/% | 100 | | 20 | | 8 | |
| 搅拌时间/h | 12 | | 4 | | 5 | |
| 洗涤温度/℃ | 60～70 | | 50～60 | | 50～60 | |
| 油性质 | 洗前 | 洗后 | 洗前 | 洗后 | 洗前 | 洗后 |
| 水抽出反应 | 酸性 | 中性 | 酸性 | 中性 | 酸性 | 中性 |
| 酸值(以 KOH 计)/(mg/g) | 0.264 | 0.245 | 0.270 | 0.200 | 0.483 | 0.472 |
| 在轻汽油中(4:1)的溶解 | 不完全 | 完全 | — | | 不完全 | 完全 |

从表7-8中水抽出反应在水洗前为酸性，水洗后变为中性来看，水洗脱去低分子的水溶性酸还是相当有效的，其量可从酸值的降低看出。

水洗还用于碱洗后的脱碱。水洗脱碱时也是很容易乳化的，一般碱洗时乳化的油，水洗时也会乳化，有时水洗时乳化比碱洗时还严重，但大多是较碱洗时轻。这是由于碱中和时生成的磺酸盐不可能被碱液全部抽提出去，还会有少量留在油中，从而引起水洗时的乳化。

水洗的操作条件基本与碱洗相近，用水量为废润滑油量的20%左右。对于碱洗时已产生过乳化的油，在第一次水洗时要向水中加少量的无机酸，水洗时将磺酸钠转变为磺酸及钠盐，以防止水洗时的乳化。一般水洗2～3次，即可使油的水抽出物呈中性反应。

国外也曾用水洗及离心的方法，从废柴油机油中除去炭粒子，可将油中固体杂质的含量由 1.36% 降到 0.049%。近年又有专利报道，废压缩机油可水洗脱渣。水洗时吹二氧化碳搅拌，然后加入食盐（NaCl），再吹二氧化碳搅拌。

水洗设备通常为立式水洗罐，结构一般与碱洗罐相同。罐内设蒸汽加热盘管或夹层、空气搅拌管，底部设排水阀门。水洗油浑浊是因为有微量悬浮的微小水滴。若沉降较长时间仍不清亮，可短时间吹入空气或惰性气体以驱赶水分。

3. 乳化破乳

在碱洗或水洗时常会遇到乳化。油与水变成淡黄至深黄色的乳状液，有时是白色或灰色或黑色，与油乳化前的颜色有关。乳化液是一种分散体系。一种液体以微小的液滴分散在另一种不互溶的液体中，以液滴存在的液体称为分散相或内相，以整体存在的另一种液体称为外相或连续相。稳定的乳化体系的生成，与存在表面活性物质有关。表面活性物质一般在分子内有一个亲水基及一个亲油基，它定向排列于分散相的表面上，使得分散相液滴带有相同的电荷，互相排斥而不能形成大的液滴，于是乳化液就稳定。

乳化液有两种类型，一种叫"油中水"，另一种叫"水中油"。"水中油"型乳化液又叫亲水型乳化液，油是内相或分散相，水是外相或连续相。油以微小的带电荷的液滴分散在水中，液滴都带有负电荷，所以互相排斥，不会碰在一起合成大滴，形成稳定的乳化液。当油中存在磺酸钠、环烷酸钠、脂肪酸钠时容易产生这种乳化。在一般的酸碱精制中用碱中和酸性油时，产生的乳化常常是这种类型。

"油中水"型乳化液又叫憎水型乳化液，水是内相或分散相，油是外相或连续相，水以微小的带正电荷的液滴分散在油中。预碱洗时或用未脱离子的水洗涤时，较易产生这种类型的乳化。它的产生是由于在油水界面上存在有碱土金属的环烷酸盐或磺酸盐、胶质、沥青质等表面活性物质。

这两种类型的乳化很容易区别。将一滴乳化油滴在汽油中，另一滴乳化油滴在水中。如果是"水中油"（亲水型乳化），则在汽油中沉底，在水中分散；如果是"油中水"（憎水型乳化），则在汽油中破坏，在水中漂浮。

乳化液的破乳有两种方法，即热破乳和化学破乳。

热破乳的效率取决于温度，温度越高越有效。为使温度升到 100℃ 以上而不沸腾，需在密闭容器中于加压下升温。一般加热到 130℃，放置一定时间就可以破乳分层。乳化程度比较轻的可用热破乳解决。

对于乳化程度较严重的，往往需要化学破乳。化学破乳时也不是不需要加热，有时也要在加压下加热，主要是加入化学物质于乳化液中。化学破乳的工作原理是吸走或中和分散相液滴表面的电荷。

在分散相带负电荷的亲水型乳化液中，常加入具有阳离子的无机化合物，例如：含一价阳离子的盐酸、氯化钠；含二价阳离子的氯化钙、氯化镁、硫酸亚铁；含三价阳离子的氯化铁、硫酸铝。加入足够数量的阳离子化合物，就可在适当温度下破乳分层。

对于分散相带正电荷的憎水型乳化液，可加入无机酸（如硫酸）、磺酸（如十二烷基苯磺酸）或环烷酸钠。环烷酸钠本身是亲水型乳化剂，用它破乳时用量要适当，一般应通过试验来确定正确用量。如果用量过多，则会将憎水型乳化转变为亲水型乳化。

废油再生业还会遇到另一种乳化体系的破乳，那就是机械加工中使用过的废乳化液的破乳。在金属进行切削、压轧等加工时，由于产生大量的热，因此要求不仅要润滑刀具及轧辊，同时还要将加工产生的大量热量带走。油的比热容小，水的比热容大，水的润滑性不好而油的润滑性好，所以将二者配成乳化液就能满足润滑与冷却的双重需要。使用过的乳化液含有大量杂质，如果倾入下水道中，油与杂质会造成严重污染。这是现在污水排放标准所不允许的，所以乳化液虽然含油不多，也要再生。

乳化液再生的方法首先是使乳化液破坏并分层。回收油与油泥的混合物加以利用，并使分出的水相符合污水排放标准；或者将水相交给公共的污水处理场处理，此时就要达到工业废水标准才能交给污水处理场。

废油再生业可能遇到各种各样的乳化液或它与废油的混合物。对于用较老技术配制的乳化液或其他废油与乳化液的混合物，通过加入足够量的阳离子化合物就可以破乳；但对于用现代技术配制的有更好的硬水安定性的乳化液，原有的化学破乳方法遇到了困难，必须使用新的破乳方法。新法有两种，一种是酸-明矾法，另一种是聚合物法。

酸-明矾法是最普遍使用的处理废乳化液的化学方法，主要操作步骤如下：

① 将废乳化液或含废油的乳化液施以缓和的搅拌，在搅拌下加入适量的硫酸，使乳化液的 pH 值降到 2.5～3.0。典型的加入量是 300～500mg/L。

② 接着加入浓度为 50%～60% 的硫酸铝浓溶液，典型的加入量为 500～5000mg/L，加入量直接比例于被处理液体的硬水安定性。

③ 加完硫酸及硫酸铝后，反应至少 5min。

④ 缓缓加入质量分数为 50% 的氢氧化钠溶液，将被处理液体的 pH 值调节至 4.5～9.0，加入量应使废乳化液与硫酸铝、氢氧化钠生成的絮凝物最佳化。

⑤ 在达到理想的 pH 值后，继续搅拌至少 5min，然后停止搅拌，让液体静置足够的时间，以使絮凝物上升到表面上。如果开始的液体中油量太少或加硫酸铝过量，则絮凝物会沉降至底部。在絮凝时向罐中吹入微小的空气泡，有助于使含油絮凝物上升至表面，达到含油絮凝物与水相的分离，水相能符合公共污水处理场规定的工业污水排放标准。

聚合物法是另一种现代化学破乳方法，其基本概念类似于无机盐法（即酸-明矾法），也是加入高电荷阳离子以使分散相上的阴离子电荷消失从而失去安定性。有时也还要加一些无机酸、碱、盐，但加入量比不加聚合物时要少得多。聚合物法与酸-明矾法的主要不同之处是加入高电荷的有机聚合物，而这些化合物的化学作用是特殊的，除了使用阳离子有机聚合物外，也使用阴离子聚合物及非离子型聚合物。

聚合物法一般处理成本低于酸-明矾法，而且有些硬水安定性非常好的乳化液非用聚合物法不可。但由于聚合物法是专利技术，因此需要良好训练的操作者，或是聚合物供应商的现场指导。

4. 薄膜过滤

薄膜过滤所用的过滤材料完全不同于常规的过滤材料。常规过滤材料是固-液分离的工具，而薄膜过滤所用的半透膜则是只容许较小的分子及离子通过，不容许较大的分子及离子通过。薄膜过滤在废油再生中又是一种脱除乳化液中的水相或乳化水中的油相的手段。乳化液或乳化水在压力下平行流过薄膜表面，"水相"从薄膜的微孔中渗透过去而除去，逐渐将乳化液或乳化水浓缩。"水相"渗透过半透膜的速度称为流通速度或超滤速度。

薄膜是人工合成的。薄膜表面遍布微孔，微孔的孔径很小。制造薄膜时工艺不同，可得到不同微孔档次的薄膜。薄膜制成的过滤器叫"膜过滤器"。

膜过滤器又可分为两类。一类是由改质乙酸酯及其他类似化合物制成的，它所具有的微孔形状及大小（$10^{-3}$～$10^{-1}\mu m$），允许水及其中的溶解盐通过而阻止油及悬浮颗粒进入，因此为恢复渗透压头所进行的反冲洗就可以省去。当薄膜过滤器的过滤速度直接决定于静压时，称为超微过滤，这类薄膜叫超滤薄膜。另一类薄膜制成的膜过滤器（微孔直径

$10^{-4} \sim 10^{-3} \mu m$)可认为是一个粗的分子过滤器,它允许较小的分子、离子通过,阻止较大的分子、离子通过。这种类型的膜过滤器用于逆渗透。它所用的薄膜也叫逆渗透薄膜,是由其他类型的有机物质经过特殊处理制成的,例如,聚丙烯腈、聚酯合成纤维。

薄膜过滤技术在20世纪70年代发展到可以在水处理中实际应用的程度,它代替了水处理中的化学破乳,使需要许多人力进行的化学破乳变成可以几乎无人管理的自动的乳化液超微过滤分离。前述两类薄膜都可用于乳化水的处理。

两类膜过滤——超微过滤和逆渗透,其操作原理的相同之处为都是通过渗透除去"水相"而减小废物的体积,当乳化液被脱水后,乳化就被破坏了。而两种薄膜过滤操作原理的不同之处则是:在超微过滤中,表面活性物质随着水相一起从乳化液中分离出来,失去表面活性物质就导致乳化的破坏;在逆渗透中,溶解盐及乳化剂都留在油相中,因此破乳作用就归之于高浓度的盐。

不论是哪一种薄膜,使用中都会在膜表面堆集起固体粒子及油滴,从而降低了膜的流通速度。周期性地使用垂直于薄膜表面的湍流能扫去这些粒子及油滴,减少这种沉积物。

薄膜过滤元件常做成管形的集合体。要处理的乳化液用泵在过滤元件与乳化液罐之间循环,并使过滤元件保持在一定的压力之下,水相就不断从过滤元件渗透出来,直到乳化液变得很浓,再也没有水渗出为止。

在超滤薄膜处理浓度很低的废乳化水时,过滤速度或流通速度与油浓度无关,直接比例于操作压力。

对于某些管形的膜过滤元件,当通过管子的流速增大时,流通速度也增大。随着流通速度改变进料速度,但保持恒定的操作压力,则在22~38℃的范围内流通速度比例于温度。流通速度也与被滤过的油有关。

在处理油性废水时,有另一个现象影响着流通速度,这是沿着薄膜的表面形成一层浓缩乳化物的极化层。此层随时间而增加,它的存在使流通速度越来越下降。在层流流动的流速之下,由于极化效应使流通速度很低,因而处理起来很费时间。如果将流速增大到产生湍流流动,就可以降低极化效应,提高流通速度。但提高循环流速后,由于水相与半透膜接触的时间减少,又有一个降低流通速度的效应。所以过高的循环流速反而会使流通速度下降。

在逆渗透膜处理乳化水时,温度从常温直到此膜材料的最高允许操作温度,流通速度都与操作温度成比例。流通速度也比例于压力,但是太高的操作压力会造成逆渗透元件的永久性损伤。与超微过滤不同的是,逆渗透的流通速度反比于油浓度。

乳化液用薄膜过滤后,两种类型的膜都能将乳化液脱水至含油量达到40%~50%的水平,而体积只有原乳化液的4%~10%。将脱水后的浓缩物沉降,分为三层,即油层、中间层和水层。沉降时保持40~50℃,能促进分层。

薄膜过滤与化学处理破乳的不同之处是中间层含油不同。化学处理乳化水时,得到的中间层位置不定,中间层中除了含固体物之外,还含有大量水及高百分率的油。而薄膜过滤得到的中间层则形成截然低于油面的层,并仅含痕迹量的油,容易取出。将膜过滤中间层取出,用普通过滤除去水分后,余下的灰渣可以直接作为陆上丢弃物,滤出的水相则循环回乳化液中处理。

薄膜过滤回收的油与化学处理回收的油的性质对比见表7-9,分出的水的性质对比见表7-10。

**表 7-9　乳化液中不同方法回收的油的性质**

| 回收油的性质 | 超微过滤 | 逆渗透 | 化学处理 |
|---|---|---|---|
| 灰尘/(mg/100mL) | 26.0 | 30.4 | 49.3 |
| 38℃黏度/(mm$^2$/s) | 10.6 | 10.2 | 10.6 |
| 99℃黏度/(mm$^2$/s) | 3.25 | 3.25 | 3.25 |
| 水含量(体积分数)/% | 0.2 | 0.15 | 1.0 |
| pH | 8.0 | 7.6 | 6.4 |
| 酸值(以 KOH 计)/(mg/g) | 0.71 | 1.22 | 2.32 |
| 灰分(质量分数)/% | 0.88 | 0.64 | 1.42 |

**表 7-10　不同处理方法分出的乳化液中水的分析**

| 水的分析项目 | 超微过滤 | 逆渗透 | 化学处理 |
|---|---|---|---|
| 总固体含量/(mg/L) | 760 | 240 | 4000 |
| 硬固体总量/(mg/L) | 145 | 18 | 75 |
| 总可抽提物含量/(mg/L) | 78 | 34 | 10 |
| 矿物油含量/(mg/L) | 6.4 | 7.2 | 10 |
| BOD$_5$/(mg/L) | 94.0 | 35.0 | 20 |
| pH | 8.2 | 7.3 | 8 |
| Ca 含量[①]/(mg/L) | 52.0 | 1.0 | 32.0 |
| Mg 含量[①]/(mg/L) | 20.0 | 0.9 | 18.0 |
| Na 含量[①]/(mg/L) | 39.0 | 4.1 | 42.0 |
| Fe 含量[①]/(mg/L) | 1.1 | 0.1 | 0.1 |
| Mn 含量[①]/(mg/L) | 0.2 | 0.1 | 0.1 |

① 原子吸收光谱所得数据。

### 三、吸附精制

1. 吸附精制的原理

吸附精制是利用天然或人工合成的吸附剂对油进行精制的方法。与传统工艺相比，吸附精制具有三方面的优点：

① 再生润滑油的效率高，工艺流程简单，再生周期短；

② 废润滑油不经酸洗、碱中和、水洗等工序，不产生酸渣、废水、废气，降低了二次污染，能达到很好的环保效果；

③ 再生后产生的残渣可用于调和沥青炭黑等，使资源能得到充分的利用。

吸附的作用是将废油中存在的沥青、胶状物质、环烷酸、磺酸以及各种不饱和烃类等吸附在表面上，用过滤的方法将吸附剂连同吸附在其表面上的物质从油中除去，以改善油的酸值、残炭、灰分等指标及颜色与气味。吸附精制是废油再生最有价值的方法之一。

吸附剂的物理结构是多孔性的固体，活性表面不仅是颗粒的外表面，而是主要由穿入吸附剂颗粒内部的无数各种孔径的微孔、毛细管的表面所构成。这些细微的孔道直径小而数量多，自表面通向内部，因而孔道内壁有巨大的面积，这就是吸附剂的内表面。吸附剂的比表面积很大，每克吸附剂粉表面的面积为数百平方米。例如，硅胶的比表面在 $300\sim450m^2/g$，活性炭的比表面可达 $1000m^2/g$ 左右，白土的比表面在 $100\sim300m^2/g$。吸附粉末的研磨度越细，表面积越大，吸附能力越强。

废油的吸附再生是在溶液中吸附的过程，可分为两步。第一步，被吸附的物质从溶液中扩散到吸附剂的表面；第二步，这些物质被吸附剂所吸附，附着在吸附剂的内表面上。从吸附过程的速度来看，要注意扩散过程的速度及选择吸附的速度，这两个步骤的速度哪一个慢，哪一个就决定了整个吸附过程的速度。实验确定，吸附速度要比扩散速度快得多。

因此决定整个吸附过程速度的就是扩散速度。

吸附剂对不同分子的吸附力是一种电性力，它是由位于固体表面上的原子产生的。因为固体表面上的原子只受到内部各方向的原子的吸引，所以对空间这一面有剩余的力场。当极性分子运动到吸附剂表面附近时，极性分子的偶极矩就会与吸附剂表面上的原子互相吸引，使极性分子被选择性地吸附在吸附剂表面上。有机化合物中的含硫、氧、氮的基团，都是具有偶极矩的极性基团，含有这些基团的极性分子会被优先从油中吸附出来。废油中的胶质、沥青质、有机酸、有机酸盐和含氮化合物都是极性较强的分子，能优先吸附；有些硫化合物的极性较弱，它们与具有诱导偶极的芳香烃极性相近，它们又比饱和烃优先吸附。

温度对吸附有很大的影响，温度升高会增加分子的动能，使分子较易摆脱吸附剂表面吸附力的控制。因此，如达到吸附平衡时，升高温度会减少吸附量。但在废油再生时，由于润滑油馏分的黏度较大，因此极性分子的扩散速度是比较慢的，需较长时间才能达到吸附平衡；而在一般吸附精制的条件下只能有较短的时间，达不到平衡。因此，为了达到一定程度的吸附，需要加快扩散速度，而升高温度会明显降低油的黏度而加快扩散速度。因而在吸附精制时要加温，而且废油的黏度越大，温度也要越高。

在升高吸附温度的时候，还要注意温度对副反应的影响。随着温度的上升，在吸附剂表面上的聚合反应及缩合反应会增加。如果所用的吸附剂上有酸性中心，例如白土及人造硅酸铝，则过高的温度会使酸性中心的裂解活性发挥出来，使基础油裂解而黏度下降，安全性下降。

在接触到空气中的氧或油中的溶解氧存在的情况下，升高温度会引起油的氧化速率加快，聚合的氧化产物使油的颜色变坏，酸值上升。因此在升高温度处理时，为了防止氧化变质，宜于在密闭的白土处理装置或在惰性气体保护下隔绝空气，才可以采取较高的处理温度。在氮气的保护下，升高油温是有利于处理的，见表 7-11。

表 7-11　氮保护下接触温度与白土精制效果的关系

| 吸附剂 | 150℃ | | 200℃ | | 250℃ | | 300℃ | |
|---|---|---|---|---|---|---|---|---|
| | 脱色率 /% | 酸值(以 KOH 计) /(mg/g) | 脱色率 /% | 酸值(以 KOH 计) /(mg/g) | 脱色率 /% | 酸值(以 KOH 计) /(mg/g) | 脱色率 /% | 酸值(以 KOH 计) /(mg/g) |
| 漂土 | 44.0 | 0.45 | 44.0 | 0.32 | 50.0 | 0.13 | 52.5 | 0.09 |
| 白土 | 39.5 | 0.57 | — | — | 43.0 | 0.29 | 50.0 | 0.16 |

### 2. 吸附剂

废油再生工艺中，经常使用的吸附剂有各种白土、膨润土、漂土、铝矾土、硅胶、硅铝胶、活性炭、黏土、氧化铝、偏硅酸钙和分子筛催化剂等。硅胶的化学组成是二氧化硅，硅铝胶是人工合成的硅酸铝裂化催化剂，可用于废油再生。偏硅酸钙是工业上的副产品，其中含氧化硅 43%、氧化钙 45%、二氧化碳 5% 和水分 5%。

当前常用的硅胶、硅铝胶、氧化铝和偏硅酸钙等合成吸附剂的吸附性能一般比活性白土强，而活性白土的吸附性能又比天然白土强，但价格则相反。所以选用哪一种吸附剂，应根据技术经济指标和具体情况而定。

白土、漂土、膨润土有时也统称"白土"，白土的种类很多，各类白土组成也不同，同类白土的组成也不是不变的。其化学成分主要为氧化硅、氧化铝、氧化铁以及少量的氧化钙、氧化镁等，化学式为 $Al(OH)_3 \cdot nH_2O \cdot mSiO_2$。一些"白土"的物理性质见表 7-12。有些白土如漂土，在天然状态下即有较好的活性，经过粉碎及热活化就能以原有的天然形态而应用，这类白土叫天然白土。膨润土及另一些白土在天然状态下活性较低，需要先经过化学活化，然后再热活化，才可以使用。经过化学活化后的白土叫活性白土，其脱色能力远远超过天然白土。

表 7-12 一些"白土"的物理性质

| 白土种类 | 堆积密度/(g/cm³) | 视密度/(g/cm³) | 真密度/(g/cm³) | 比表面/(m²/g) | 孔半径/nm |
|---|---|---|---|---|---|
| 加利沙白土 | 0.89 | 0.91 | 2.0 | 198 | 2.0~5.0 |
| 查尔卡西膨润土（未活化） | 1.034 | 1.82 | 2.7 | 60 | 1.5~1.7 |
| 查尔卡西膨润土（酸活化后） | 0.748 | 0.90 | 1.962 | 235 | 2.0~6.0 |

在各地寻找天然白土是很重要的，如果能就近找到天然白土是十分经济的。各地的天然白土有不同程度的活性。由于白土有很强的吸湿性，商品白土在储存中能从空气中吸附水分，有时多至 15％以上，水分会填塞吸附剂的微孔，降低它对油中极性物质的吸附活性。水分含量为 6％~8％（质量分数，下同）的白土吸附能力最好，一般白土的出厂规格是含水量不大于 10％。因此，白土制备过程中的第一个工序便是干燥焙烧白土，利用加热将吸附水赶走，提高白土的活性，这就叫热活化。白土的最佳焙烧温度为 350~400℃。但是，实践证明 150~200℃下进行焙烧也可得到较好的效果。一般认为热活化的最佳条件是使白土失去吸附水而不损失结晶水，以免破坏白土的微孔结构。这主要是选择合适的热活化温度，热活化温度对白土活性的影响见表 7-13。

表 7-13 热活化温度对白土活性的影响

| 白土种类 | 干燥空气中常温下 | 热活化温度 | | | | |
|---|---|---|---|---|---|---|
| | | 110℃ | 250℃ | 350℃ | 450℃ | 550℃ |
| 佛罗里达漂土 | 67 | 70 | 72 | 78 | 78 | 72 |
| 格罗霍夫漂土 | — | 32 | 54 | 59 | 59 | 54 |
| 卡梅西洛夫蛋白土 | 63 | 69 | 70 | 70 | 72 | 69 |

注：白土活性指白土的吸附性能，吸附性能用数值的相对大小来表示。

从表 7-13 中的数据可看出，三种白土都是在 450℃下达到了本身的最高活性。在 350~450℃是最佳的活化温度范围。

化学活化是利用无机酸与白土中的氧化铁、氧化钙、氧化镁、氧化铝等反应，生成溶于水的盐而从硅氧骨架中溶解出来，以增加白土的微孔半径及微孔表面积。所以酸活化白土与原土相比，二氧化硅含量明显上升，铝、铁、钙、镁的氧化物含量都明显下降，微孔平均半径增大，比表面增大。这可从表 7-12 及表 7-14 中的数据看出。

表 7-14 一些商品白土的化学组成（质量分数） 单位：％

| 白土成分 | SiO₂ | Al₂O₃ | FeO+Fe₂O₃ | CaO | MgO | Na₂O+K₂O | TiO₂ | 水 |
|---|---|---|---|---|---|---|---|---|
| 佛罗里达漂土 | 62.83 | 10.35 | 2.45 | 2.43 | 3.12 | 0.04 | — | 14.94 |
| 克里米亚活性白土 | 68.51 | 10.96 | 2.90 | 1.47 | 3.99 | 0.70 | — | 12.47 |
| 膨润土 | 54.1 | 22.8 | 7.9 | 2.1 | 2.3 | — | 0.42 | — |
| 酸活化膨润土 | 67.6 | 19.4 | 2.6 | 0.4 | 1.0 | — | 0.4 | — |
| 蛋白土 | 81.66 | 7.35 | 3.03 | 0.75 | 1.25 | — | — | — |
| 酸活化蛋白土 | 85~86 | 5.92 | 1.89 | 0.50 | 0.80 | — | — | — |

化学活化的过程为：先用稀硫酸或稀盐酸浸泡原土（原土在浸酸之前须先粉碎成粒度为 5mm 左右，有时还须先将原土烧灼以除去存在的有机质，硫酸或盐酸的浓度为 10％~15％，浸泡温度为 100~115℃），在 2MPa 压力下浸泡 3h，然后将白土与稀酸分离。白土送去水洗，一般水洗 4 次左右，洗去游离酸及金属盐。将白土自水中取出沥干，在沥干后

尚含水 50％左右，须在转炉中进行加热干燥，干燥到含水 3％～6％后，送去破碎至 150～400 目。破碎的程度影响白土的活性，粒度愈小，活性愈高。但粒度太小的吸附剂在输送中粉尘大，吸附剂与油过滤分离时的阻力大，因此只能破碎到一定的程度。

硅胶是一种广为应用的吸附剂，也用于废油再生。它是将硅酸钠溶液与硫酸反应，生成硅酸凝胶，经凝胶老化、洗涤脱盐、氨化、干燥和筛选而制成，为白色玻璃状或半透明状颗粒，比表面在 450m²/g 以上，是一种高活性、高稳定性、高强度的吸附剂。除氢氟酸之外，硅胶不溶于所有的酸，可溶于强碱。

硅胶分粗孔硅胶和细孔硅胶两个品种。细孔硅胶的微孔主要分布在 1.0～2.0nm。虽然两种硅胶均可用于润滑油吸附精制，但由于粗孔硅胶的微孔平均直径大一些，更适合于废润滑油。市售硅胶按粒度分为大于 7mm、7～4mm 及 4～2mm 三个品种，一般在用于吸附润滑油时需事先经过球磨机粉碎，选取其粒度范围在 50～100 目或 30～50 目使用，视吸附粒允许的阻力降而定。

炼油厂过去使用的催化裂化催化剂是小球状或微球状的无定形硅酸铝。前苏联报道曾将其用于废变压器油的再生。直径 1mm 左右的小球状硅铝催化剂用于变压器油的渗滤精制，其组成如下：$SiO_2$ 84.70％、$Al_2O_3$ 7.56％、$CaO$ 0.70％、$Fe_2O_3$ 0.54％、$MgO$ 0.31％、$SO_3$ 0.16％。

现在炼油厂催化裂化装置已改为使用沸石催化剂，也是微球状的，其组成中既含有结晶硅铝酸盐也含有无定形硅酸铝，使用过的废催化剂在烧去炭后也可以用于废油再生。

俄罗斯报道过一种非常有效的吸附剂——单斜发沸石，接触精制时使用 0.5％～1％即可获得明显的精制效果。采取热活化的方法，加热时控制升温速度为 3～5℃/min，至达到240～265℃为止，控制此温度 5～6h 以活化之。将活化后的吸附剂取 0.5％，于 70℃加入废 И-50A 润滑油中，进行接触精制，精制油的质量能恢复到新油的水平。

离子交换树脂也可用作废油再生的吸附剂。最有效的离子交换树脂有两类，一类是多孔的酚醛树脂，商品的一例为戴-普罗率公司生产的 Duolite；另一类是多孔的脂肪酮与双芳香醛（最好在两个芳香醛基之间有一个或多个酚基或吡啶基）的缩聚物，商品的一例为YO74。离子交换树脂的微孔直径为 0.6～30.0nm，孔容应大于 0.1mL/g，一般在0.6mL/g左右。离子交换树脂用于渗滤精制，缺点是废油还要用溶剂稀释，精制后还必须蒸出溶剂。

3. 吸附精制的方法

(1) 接触精制　接触精制是最常用的吸附精制方法，有着工艺设备简单、操作容易实现的优点，也是废油再生中常用的方法。此法是将粉末状的吸附剂加在废油中，于选定的温度下搅拌一定的时间，然后用沉降、离心、过滤等方法将废白土与精制油分离。

接触精制的吸附剂用量，视吸附剂种类、原料油性质、产品性质及处理温度而不同。最常用的吸附剂是白土，白土处理的温度范围非常宽，从常温到 400℃左右的高温都有使用，可根据油品的不同和精制的目的不同来选定。

在接触温度低于 100℃时，由于油温不足以使白土吸附的水分释放出来，因此吸湿量多的白土活性不高，有必要在使用前将白土进行预干燥；当接触温度在 100℃以上时，因为白土吸附的水分会在热油中释放出来，不影响白土的活性，可使用未经干燥的商品白土，并且在释放水的那一段时间，逸出的水蒸气会置换接触反应釜上空的空气，有保护油液不被空气氧化的作用。

如果使用开口接触精制釜，由于不能隔绝空气，故接触温度不宜太高，一般以低于140℃为宜。搅拌宜用机械方法，包括桨叶搅拌或泵循环，也有采用吹水蒸气搅拌的。开口搅拌釜的构造如图 7-12 所示。

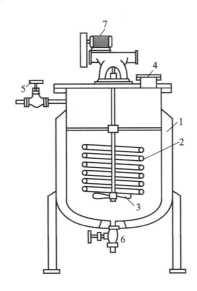

图 7-12 接触精制用的开口搅拌釜
1—蒸汽夹套；2—蒸汽盘管；3—搅拌桨；4—白土加料口；5—进油阀；
6—油与白土排出阀；7—电动机

一种重质润滑油再生时，白土处理温度与精制油质量的关系见表 7-15。从表中数据可看出，无论是脱酸还是脱色，升高温度都是有利的，所以处理重质润滑油时常选用较高的温度，但选用温度还应考虑设备情况。开口釜在没有惰性气体保护的情况下不宜超过 140℃，即使有惰性气体保护也不宜超过 200℃。更高的温度时，应选用密闭釜或管式炉-闪蒸塔。

表 7-15 接触精制温度与白土精制效果的关系

| 选用白土 | 150℃ | | 200℃ | | 250℃ | | 300℃ | |
|---|---|---|---|---|---|---|---|---|
| | 脱色率/% | 酸值（以 KOH 计）/(mg/g) | 脱色率/% | 酸值（以 KOH 计）/(mg/g) | 脱色率/% | 酸值（以 KOH 计）/(mg/g) | 脱色率/% | 酸值（以 KOH 计）/(mg/g) |
| 佛罗里达漂土 | 44.0 | 0.45 | 44.0 | 0.32 | 50.0 | 0.13 | 52.6 | 0.09 |
| 济克夫白土 | 40.0 | 0.44 | 40.0 | — | 44.0 | — | 44.0 | 0.18 |
| 贡布林白土 | 39.5 | 0.57 | — | — | 43.0 | 0.29 | 50.0 | 0.16 |

管式炉-闪蒸塔白土接触精制装置的原理流程如图 7-13 所示。将白土与废润滑油在搅拌罐 1 中搅成均匀的悬浊液，用泵 2 打入管式炉 3 中。控制油在管式加热炉出口的温度为 300～350℃（视所处理的废油而定）。带着白土的热油进入闪蒸塔 4，闪蒸出的轻油蒸气至冷凝器冷凝。带白土的润滑油在塔底再沸器 5 内经水蒸气汽提，并停留一定时间以使白土充分发挥作用，然后用泵抽出，经冷却器 9 降温至过滤温度，进入过滤机 10 滤去白土。此装置处理残渣润滑油时，温度及停留时间的影响见表 7-16。

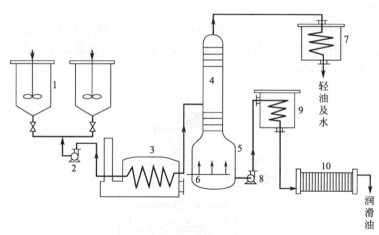

图 7-13　管式炉-闪蒸塔白土接触精制装置

1—搅拌罐；2,8—泵；3—管式炉；4—闪蒸塔；5—再沸器；6—水蒸气喷管；

7—冷凝器；9—冷却器；10—过滤机

表 7-16　残渣润滑油白土处理温度与处理时间对脱色效率的影响

| 温度/℃ | 在闪蒸塔底停留时间/min | 脱色效率/% | | |
|---|---|---|---|---|
| | | 白土 A | 白土 B | 天然白土 |
| 260 | 0 | 30 | 12 | 9 |
| 260 | 10 | 39 | 16 | 12 |
| 260 | 30 | 42 | 20 | 13 |
| 315.5 | 0 | 47 | 22 | 15 |
| 315.5 | 10 | 61 | 30 | 17 |
| 315.5 | 30 | 69 | 36 | 20 |
| 371 | 0 | 77 | 40 | 18 |
| 371 | 10 | 94 | 58 | 32 |
| 371 | 30 | 100 | 69 | 35 |

表 7-16 中对比了三种白土，白土 A 最好，B 次之，天然白土最差。但不论哪一种白土，提高白土处理温度或延长处理时间，都能明显提高脱色效率，其中提高温度的作用尤为显著。

另一种高温白土接触精制装置是管式炉-蒸馏釜装置。虽有管式炉，但不是连续白土处理装置，它是在间歇式蒸馏白土接触精制釜上加管式炉循环。用泵将釜内的油与白土的混合物抽出，送经管式炉加热后回到接触精制釜中。炉管出口温度及釜内油温控制相差 20℃。升到某温度就停止加温进行过滤，与升到某温度再恒温一段时间的对比列于表 7-17。表中数据显示随着处理温度的上升，油的黏度上升，延长高温下的恒温时间也使黏度上升，这都是因为蒸出了较多轻油的缘故。从精制效果来看，无论是色度、酸值、灰分还是残炭，都是升高温度及延长时间的效果更好。

综合表 7-16、表 7-17 来看，单纯白土处理需要较高的温度才有良好的精制效果。温度宜在 370~380℃，在此温度下的停留时间宜为 30~50min。

还有人发现白土处理是很有效的脱金属手段。废发动机油用少量的白土在高温下长时间接触，白土用量 2%~6%，处理温度 343~385℃，接触时间 0.5~4h。如果在氢气压力下处理则效果更好。处理时间与温度的搭配关系为高温短时间，低温长时间。例如，343℃×4h、350℃×2h、361℃×1h。处理后将白土滤出，所得精制油金属含量大为下降。

颜色也有所改善，可直接用作铁路车辆的润滑等非苛刻使用条件的润滑油，也可经再蒸馏或加氢生产高质量的基础油。

表 7-17　废内燃机油在管式炉-蒸馏釜白土处理装置上的结果 （12％白土精制）

| 油的种类 | 温度/℃ | | 恒温时间 /min | 黏度(100℃) /(mm²/s) | 闪点 (开口) /℃ | 酸值 (以 KOH 计) /(mg/g) | 灰分 (质量分数)/% | 残炭 (质量分数)/% | 比色 |
| --- | --- | --- | --- | --- | --- | --- | --- | --- | --- |
| | 炉管出口 | 釜内 | | | | | | | |
| 废　油 | — | — | — | 6.36 | 168 | 0.38 | 0.55 | 0.60 | 黑色 |
| 再生油 | 310 | 290 | 0 | 6.55 | 190 | 0.38 | 0.63 | 0.524 | >25 |
| 再生油 | 320 | 300 | 0 | 7.37 | 201 | 0.36 | 0.32 | 0.270 | 23 |
| 再生油 | 370 | 350 | 0 | 7.62 | 220 | 0.12 | 0.0006 | 0.012 | 16 |
| 再生油 | 400 | 380 | 0 | 7.39 | 232 | 0.08 | 0.0004 | 0.008 | 15 |
| 再生油 | 400 | 380 | 50 | 9.31 | 234 | 0.03 | 0.0002 | 0.003 | 14 |

还有一种间歇式白土处理方法是采用 300～380℃ 的高温。白土是一种天然裂化催化剂，在此种温度时，能表现出裂化作用来，较多地除去胶质与多环芳烃，对油有较深的精制作用。但重质润滑油的黏度因裂化作用而有较大幅度的下降，同时还会产生少量轻油，所以高温的白土处理常与蒸馏合在一起，一般称为"带土蒸馏"。带土蒸馏一般用在酸-白土再生工艺中，用来处理硫酸洗过的酸性油。

所用的蒸馏搅拌釜就是一般的单独釜加上搅拌器，搅拌器轴承的密封是一个关键，可采用铜垫来进行密封，效果较好。蒸馏搅拌釜有立式、卧式两种，立式釜在国内再生业广为应用。一种卧式带土蒸馏搅拌釜如图 7-14 所示。

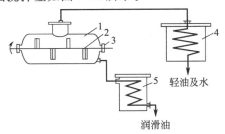

图 7-14　一种卧式带土蒸馏搅拌釜
1—釜；2—搅拌器；3—密封轴承；4—冷凝器；5—冷却器

（2）**渗滤精制**　吸附与过滤相结合的方法叫渗透过滤，简称渗滤。渗滤精制是使用颗粒状吸附剂填充在吸附柱中，油在重力作用下自动地过滤，或在压力作用下，经由容器中吸附剂过滤而获得精制效果。颗粒吸附剂的直径应在 5mm 左右，最大不超过 10mm。粒度大的吸附剂，床层阻力小，但精制作用下降。

当液体混合物中不同极性的组分通过吸附剂床层时，极性强的组分吸附牢固而脱附难，在床层内的运动速度慢；极性弱的组分则吸附不牢易脱附，在床层内的运动速度快。经过足够距离的床层内运动到出口时，混合物中不同的组分按极性由弱至强顺次流出。废油中的氧化变质成分和某些添加剂是极性物质，在一定的操作周期中被保留在吸附剂床层上，流出来的就是质量纯净的基础油。

如果将吸附与蒸馏对比，接触精制比作蒸馏过程中的一次汽化，则床层渗滤精制可比作多段精馏塔，由此可见应用吸附剂床层的渗滤精制，有着高于接触精制的效率。

渗滤精制的设备比接触精制庞大复杂，因为不仅单位质量的吸附剂可处理更多的废油，而且吸附剂床层还可以再生后重复使用。吸附剂床层再生很麻烦，因此渗滤精制未获得广泛应用，只使用于变压器油的再生。一个用于变压器油再生的渗滤装置的原理流程如图7-15所示。此装置有两个吸附柱切换使用，内装粒状白土，废变压器油经过加热，自下部进入吸附柱，自上部流出精制油，进入精制油储罐中。

渗滤精制吸附柱的构造如图7-16所示。柱身是一个有较大的高径比的直立金属圆筒，下部有孔板及金属丝网。吸附剂颗粒则均匀填充在孔板及金属丝网上，形成床层。吸附剂床层的高度与直径之比宜在4以上，以防短路。充填吸附剂时应使床层均匀紧密，以防短路。原料油从进口管1、分布器2进入吸附床层3，自下部4流出。渗滤器在装入新吸附剂后一段时间内精制能力最强，随着吸附剂上吸附杂质的增多，精制能力下降。当流出油质量降低到一定程度时，停止进料，经阀6通入空气或水蒸气将吸附剂上的油吹出。然后卸开法兰，将吸附剂放出，用焙烧的办法多次再用。

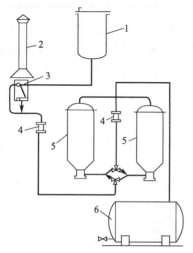

图 7-15　变压器油再生的渗滤精制装置
1—油罐；2—排烟罩；3—加热器；4—油面
指示仪；5—吸附器；6—再生油罐

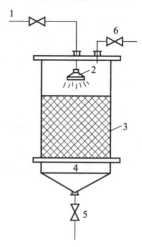

图 7-16　渗滤精制吸附柱
1—原料油入口；2—喷头；3—吸附剂床层；4—孔
板及金属网；5—精制油出口阀；6—气体阀

某些高电压设备的油，如油开关中的变压器油，经过开关多次动作之后，就会产生沉淀，降低油的耐电压及闪点。变压器中的油运行一段时间后也常降低了耐电压。如果停电换油或处理油，所影响的面就很广，所以在高压设备中，采用直接过滤或渗滤精制的方法来除去杂质及提高油的耐电压。变压器油在变压器中带电再生的原理流程如图7-17所示。

图7-17中，含杂质及溶解水的变压器油从变压器1底部阀抽出，经过预热器2预热，到渗滤器3除去杂质，再经滤机4过滤后打回油枕，循环时间大于72h，即可恢复油的品质。如果运行中的变压器油的质量还很好，只是耐电压降低，则可不用预热器及渗滤器，通过过滤机循环过滤即可。

## 四、加氢

加氢是天然润滑油加工中的重要工艺过程，在废油再生中近年也得到广泛的应用。它是无污染再生工艺流程中广为采用的精制手段，但它在废油再生中的应用也有一定的局限。加氢是在高温高压下进行的，氢与空气的混合物很容易爆炸，加氢装置泄漏出来的氢在厂房内与空气混合就非常危险。因此对装置的建设、运行、检修、维护都有严格的要求。如果附近没有氢气来源，则还需要自建昂贵的制氢装置，这就只有大装置才是经济的。因此只有能收集到大量废油的再生厂才能采取加氢工艺。

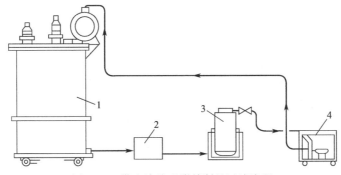

图 7-17　带电渗滤吸附精制及过滤流程
1—变压器；2—电热预热器；3—渗滤器；4—过滤机

1. 加氢精制的原理

（1）废油中的含氧化合物　废油中可能存在各种各样的氧化产物，主要是羧酸类、羧酸酯类、醛类、酮类、醇类、酚类、过氧化物类等，废油中也还可能有残存的酚型添加剂。

含氧化合物是最容易加氢的，一般很快反应生成相应的烃及水，同时还伴随着脱烷基、异构化、缩合、开环等反应。

（2）废油中的含硫化合物　废润滑油中的含硫化合物有的是新润滑油基础油中原来就有的，有的是作为添加剂加进来的，有的则是被污染物带来的。

含硫化合物存在较多的可能是噻吩类及氢化噻吩类，以及少量的硫化物、二硫化物，还有来自添加剂的硫代磷酸盐、硫化烯烃、硫磷化烯烃等。

含硫化合物的加氢一般比含氧化合物难一些，但不同结构的含硫化合物，反应难易也不同。硫化物、二硫化物在缓和加氢的条件下就迅速反应，生成相应的烃及硫化氢；环状硫化物如氢化噻吩加氢就要难一些，因为它先要开环，再生成烃及硫化氢；噻吩类则更困难一些，首先是环的饱和，然后再开环，之后才是生成烃及硫化氢。

含硫化合物也能与加氢催化剂中的金属或金属氧化物反应，生成金属的硫化物，其效应有时是使催化剂的活性上升，有时是使催化剂的活性下降或使催化剂中毒。

（3）废油中的卤素化合物　废油中的卤素化合物主要是氯烃，它来自作为绝缘油的氯烃以及作为润滑油添加剂的氯烃，也可能来自污染物。氯烃加氢时生成氯化氢及相应的烃，加氢的难易程度与含硫化合物差不多，但由于要求彻底脱除卤代烃，所以选用的条件还是比较苛刻的。

（4）废油中的氮化合物　废油中的氮化合物很少，来自基础油或添加剂，化合物种类有胺类、吡啶类、吡咯类等。一般脱氮比脱氯、脱硫困难一些，从结构上看，也是直链的较易而环状的较难。由于废油再生中一般不以脱氮为目的，故不在此细述其反应。

（5）废油中的烃类　废油中的烃类主要是饱和烃及芳烃。在废油再生所选择的加氢条件下一般都不起变化。有些使用时经历过高温的废油可能含有烯烃，在加氢时烯烃的双键为氢所饱和。

2. 加氢补充精制

在废油再生中的加氢，一般属于补充精制的范畴，大致是偏于较苛刻的补充精制。加氢往往是作为再生工艺流程中的最后一道工序。

在加氢条件下，一般使用普通的加氢脱硫或加氢补充精制催化剂。3～8MPa 压力，280～370℃温度，$0.5～2.5h^{-1}$ 的空速，$15～284m^3/m^3$ 的氢循环速度，氢耗量（标准状态）在 $40\sim50m^3/m^3$ 油。

既然处理的是废油，也就有一些与天然油加氢补充精制不同的特点。主要是因为废油中含有添加剂等带来的重金属化合物。虽然在上游工序中的絮凝、脱灰分、脱金属、热处理、蒸馏等的处理时已脱去了大部分，但仍有若干存在。它们在加氢时沉积在加氢催化剂的表面上，使催化剂失活。所以在废油再生的加氢装置中，都在反应器之前加两个可切换使用的装有吸附剂的容器。被加氢的油先经过吸附剂床层除去含金属及磷系的化合物之后，再进入加氢反应器。

有人将数个自美国不同地区取来的混合废发动机油样品，经过预处理及蒸馏之后，将蒸出的馏分油在不同的条件下加氢，温度为 $288\sim344℃$，空速为 $1.0\sim1.5h^{-1}$，氢循环速度为 $142\sim284\ m^3/m^3$，压力为 4.5MPa，所得加氢油全部符合 150SN 的标准。其中一例是空速 $1.0h^{-1}$，氢循环速度 $142m^3/m^3$，数据列于表 7-18。对比不同加氢温度的影响，从表中数据可看出温度高的条件略好一些。

表 7-18　废油蒸馏馏分油加氢前后的性质

| 性　　质 | 废发动机油 | 蒸馏馏分油 | 加氢温度/℃ | | | 150SN 典型性质 |
|---|---|---|---|---|---|---|
| | | | 288℃ | 316℃ | 344℃ | |
| | | | 加　氢　油 | | | |
| 38℃黏度/(mm²/s) | 51.0 | 33.9 | 33.7 | 33.5 | 33.2 | 33.3 |
| 99℃黏度/(mm²/s) | 8.9 | 5.69 | 5.65 | 5.65 | 5.60 | 5.62 |
| 黏度指数 | 166 | 102 | 101 | 104 | 103 | 104 |
| 颜色号(D1500)/号 | 黑色 | 7～8 | L1.5 | L1.0 | L1.5 | L1.5 |
| 色安定性(16b,100℃) | — | — | 18 | 16 | 17 | |
| 闪点(开口)/℃ | 93 | 227 | 216 | 221 | 210 | 213 |
| 倾点/℃ | −35 | −10 | −8 | −8 | −10 | −10 |
| 酸值(以 KOH 计)/(mg/g) | 5.87 | 0.51 | 0 | 0 | 0 | 0.01 |
| 残炭(质量分数)/% | 3.33 | 0.01 | 0.001 | 0.001 | 0.001 | 0.01 |
| 铜片腐蚀(3h,100℃) | — | — | 2 | 2 | 1 | 1 |
| 硫含量(质量分数)/% | 0.30 | 0.12 | 0.053 | 0.031 | 0.012 | 0.08 |
| 氮含量(质量分数)/% | 0.08 | 0.018 | 0.006 | 0.005 | 0.002 | |

### 五、硫酸精制

硫酸精制是废润滑油深度精制的再生方法，用来再生废旧度很大的废油和具有特殊用途而需仔细净化的废油。为了大幅度改善再生油的品质，获得质量等于或超过新油的再生油，常需要在再生工艺流程中采取硫酸洗涤精制。硫酸白土再生工艺曾经是废油再生的主要工艺，但由于硫酸精制时产生黏稠黑色的难以处置的酸渣，同时还产生刺激性很强的酸性二氧化硫气体，对环境有相当严重的污染，后来许多新建的大型废油再生装置都不再采用，而代之以加氢精制、溶剂精制和吸附精制等。但是，也不能完全废除硫酸精制方法，实际上只要采取了必要的措施，可以减轻甚至完全解决硫酸精制对环境的污染。

#### 1. 反应原理

硫酸精制是为了除去废油中的氧化物、酸性物质，以及在使用过程中产生的沥青质、胶质等，主要是起磺化、酯化、氧化、中和等化学反应，还有物理化学作用的絮凝和物理作用的溶解。硫酸精制的原理，就是利用浓硫酸在一定条件下，对油中某些组分起强烈化学反应，对某些组分起溶解作用，将润滑油中的有害组分除去。

硫酸与润滑油中各组分及杂质的反应如下。

（1）废油中的胶质、沥青质、炭粒 胶质、沥青质、炭粒原来以悬浮微粒或胶体微粒的形态存在于废油中，硫酸能起絮凝作用，使这些悬浮微粒及胶体微粒絮凝成较大的粒子沉降下来，与油分离。在絮凝的同时，还有对沥青及胶泥起溶解作用，并发生氧化、缩合、磺化等复杂的化学反应，放出二氧化硫。温度升高时，化学反应更激烈一些。

（2）废油中的含硫化合物 废油中的含硫化合物除来自添加剂之外，就是来自润滑油基础油。主要是硫醇、二硫化物、硫化物、噻吩类、氢化噻吩类（环状硫化物）等。硫酸是极有效的脱硫试剂，质量分数大于93%的硫酸能将硫醇氧化成二氧化硫；二硫化物和硫化物在硫酸中的溶解度较大，环状硫化物也被硫酸溶解而除去；硫酸能使噻吩类起磺化反应，生成磺酸进入酸层；还能使氢化噻吩类及硫化物氧化。

（3）废油中的含氧化合物 废油中的含氧化合物数量较大。因为氧化往往是润滑油变质的原因，而变质则是生成了许多含氧化合物（主要是酸、醇、醛、酮和酯等）；深度氧化时还能生成羟基酸，并且缩聚成不溶性的含氧沉淀物、沥青质和沥青酸。硫酸能使醛类、酮类缩聚，能与醇反应生成酸性硫酸酯及中性硫酸酯，能使有机酸的酯类变成硫酸酯并析出有机酸。

（4）废油中的含氮化合物 废油中的含氮化合物除了来自添加剂外，主要来自润滑油基础油。可分为碱性氮化合物及中性氮化合物两类。碱性氮化合物包括脂肪族胺、芳香胺及含吡啶环的化合物，即使用稀硫酸，它们也能很快反应，被酯化而脱除。中性氮化合物主要是含吡啶环的化合物，它们也能被硫酸磺化，但需浓硫酸才能反应，并可完全除去。

（5）废油中的烯烃 润滑油中由于高温（如在蒸馏时局部过热）而裂化产生的烯烃，在酸洗时，会发生酯化、叠合、烃化等反应。烯烃酯化时生成酸性硫酸酯；烯烃还能继续与酸性硫酸酯反应，生成中性硫酸酯。其中酸性硫酸酯溶于硫酸层中，中性硫酸酯则会进入油层中。中性硫酸酯容易分解，使油液的稳定性降低，并产生腐蚀性。烯烃也能在硫酸作用下发生叠合和异构化。

（6）废油中的芳烃 废油中的芳烃来自基础油，但有些降凝剂也是芳烃。废油中的芳烃主要是少环、长侧链的芳烃，也有多环、短侧链的芳烃存在。

芳烃能被硫酸磺化，生成磺酸。其磺化程度随硫酸浓度的增大而加剧，随温度的升高而增加。磺化后生成的一个磺酸基的油溶性磺酸（红酸），主要留在油中；生成的两个磺酸基的水溶性磺酸（绿酸），则进入酸层。芳烃也能被硫酸氧化缩聚成多环稠环的胶质、沥青质类物质。芳烃也能溶解于硫酸中。

（7）废油中的饱和烃 在通常硫酸精制的条件下，作为废润滑油中的主要成分的饱和烃是基本上不起反应的。在较高温度下，或在发烟硫酸处理时，具有叔碳原子的饱和烃也能与硫酸反应。饱和烃也能少量溶解于硫酸中。

由上述可见，硫酸对于非烃有很强的脱除能力，对烯烃也能相当彻底地除去。在酸用量适当时，不仅饱和烃不会反应，就是少环、长侧链的芳烃也只有少量反应。因而使再生油具有近似于天然基础油的组成，但精制深度比天然基础油又深了一点儿，所以对添加剂有良好的感受性。

2. 酸洗设备

酸洗设备主要有酸洗罐、储酸罐、硫酸计量罐等，如图7-18所示。酸洗罐一般高径比为1:1，下部锥度底装阀门，作为沉淀排渣用，罐上还应装温度计、进油管和出油管。罐内设有蒸汽加热盘管，以备酸洗时加热。全罐应该带有保温夹套或用保温材料包起来，以控制酸洗温度，利于酸渣沉降。罐上还装有齿轮减速器带动的搅拌器和压缩空气管道，供酸洗搅拌时应用。罐应有顶盖和排风管，以便排除加酸和加白土时产生的气体。

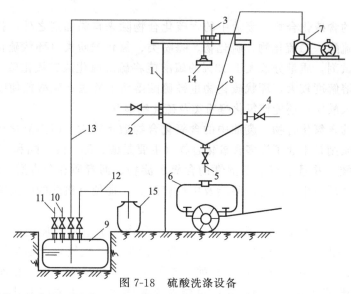

图 7-18　硫酸洗涤设备

1—酸洗罐；2—蒸汽加热盘管；3—进油管；4—出油管；5—排酸渣管；6—装酸渣的铁制小车；
7—空气压缩机；8—吹空气管；9—储酸罐；10—真空管线；11—压缩空气管线；
12—抽酸管；13—压酸管；14—喷头（将管端砸扁而成）；15—硫酸计量罐

　　由于浓硫酸对碳钢的腐蚀性小于稀硫酸，所以酸洗罐、放渣阀及酸性油管线上的阀宜采用铸铁或钢，也有采用大陶瓷缸作酸洗罐的。储酸罐用 $6 \sim 8mm$ 厚的钢板焊制而成，要求能耐压 0.3MPa 以上，需埋入地下，保证安全。硫酸管线可采用塑料管，因为只需 $50 \sim 100kPa$ 就足以将酸压进酸洗罐。

　　3. 硫酸精制操作参数的影响

　　(1) 硫酸浓度　硫酸浓度的选择与精制的目的有关。一般为了脱除碱性氮化合物，10%浓度的稀硫酸就可以了；为了脱除不饱和烃，80%的硫酸浓度是合适的，它可以完全除去不饱和烃及碱氮；如果想脱除废油中的氧化产生的胶质、沥青质及一些中间氧化产物，则硫酸浓度至少为 90%；如果想脱除废油中的芳烃，则硫酸浓度越大越好，最好是 98%以上的浓度，甚至是发烟硫酸或气态三氧化硫。

　　根据精制的目的产物，也可以选择硫酸浓度。如果目的是生产燃料，例如作炉用燃料油，则只需要降低废油的重金属含量，这时用稀硫酸就可以达到目的。如果为了生产润滑基础油，则要选用 90%以上的浓硫酸，选择 93%～96%的浓度为宜，可以比较充分地脱除氧化产物而又基本不太影响芳烃及饱和烃。如果目的是想生产白油，则要选用浓度在 98%以上的浓硫酸或发烟硫酸。但选用发烟硫酸时要注意其浓度与凝点的关系，以选用含 $SO_3$ 18%左右或 62%左右者为宜，因为凝点不高，容易使用；若选用含 $SO_3$ 45%左右时，则因为其凝点高达 35℃，常温下是固体，使用时要加热到 35℃以上，此时 $SO_3$ 的蒸气压已相当大，容易发生问题。

　　硫酸浓度越高，精制能力越强。但浓度过高时，因磺化反应过于强烈，会降低再生油的收率，同时还使油中磺酸量过多，导致中和困难。

(2) 酸用量 酸量的选择取决于废油的杂质含量和种类以及再生油的质量要求。硫酸用量的选择，实质上是精制深度的选择。一般废油质量好，用酸量少；再生油质量要求高，用酸量就多；酸含量高，酸量就可少一些。

合适的硫酸用量是通过具体试验来确定的。各种全损耗系统用油一般为 $1\%\sim5\%$（质量分数，下同）；变压器、汽轮机油、内燃机油为 $2\%\sim8\%$；低黏度油的酸用量在 $1\%\sim8\%$，高黏度油的酸用量在 $4\%\sim15\%$。

对于精制后要调和添加剂的油品，因基础油精制深度深，对添加剂的感觉性能会变好。所以在采用添加剂时，为了获得高质量的油品，精制浓度就需比不加添加剂时更深，酸量也可适当增多。

废油再生制造润滑油基础油时，关键问题是选择适当的精制深度，以达到基础油的质量标准。在基础油的各项质量中，用硫酸精制可以改善的主要是氧化安定性、颜色。

基础油的抗氧化安定性与酸用量的关系比较复杂，与抗氧化安定性的试验方法及是否加抗氧化添加剂有关。有些情况下是精制越深，抗氧化安定性越好；有些则有一个最佳精制深度，即在最佳精制深度时抗氧化安定性最好，高于或低于此精制深度的油，抗氧化安定性均较差。

在正常的硫酸精制操作条件下，精制深度越深，基础油的颜色就越浅，也就是硫酸用量越大，油色越浅，同时油的收率也越低。

(3) 温度 硫酸精制温度是相当重要的操作参数，在选定了硫酸浓度及用量之后，就要选择合适的温度。一般化学反应，温度每升高 $8\sim10℃$，反应速率增加一倍，硫酸精制也不例外。但有时升高硫酸精制温度，会因氧化等副反应使精制油的颜色变差。而低温硫酸精制的颜色较好，含硫量低。有人证明在 $-6℃$ 下硫酸精制废变压器油得到了颜色浅、安定性好的再生油。

另外，需要根据废油的黏度来选择硫酸精制温度。因为低黏度油在低温时不影响酸渣沉降速度，而在高温时比较容易受氧化而使颜色变深，故一般宜选择低温。高黏度的油在低温时酸渣的沉降时间太长，而在高温时对氧化不像低黏度油那么敏感，所以可以在高一些的温度下操作。油品黏度与硫酸精制温度的关系见表 7-19。

表 7-19 油品黏度与硫酸精制温度的关系

| 油在 50℃ 时的黏度/$(mm^2/s)$ | 油在 100℃ 时的黏度/$(mm^2/s)$ | 酸洗温度/℃ |
| --- | --- | --- |
| <10 | | 10~25 |
| 10~20 | | 20~25 |
| 20~40 | | 25~35 |
| 40~70 | 8~11 | 35~40 |
| 70~130 | 11~16 | 45~50 |
| 130~185 | 16~21 | 50~55 |
| >185 | >21 | 55~60 |

(4) 反应时间 硫酸精制的反应时间，一般从开始加酸时计算，到停止搅拌，开始沉降为止。反应时间常采取 30min，但也要根据与反应温度的配合来增减。例如反应温度过高，则要把时间缩短一些；低温度反应，可以将时间延长些。较慢的磺化反应也采取较长的时间。

要注意加酸时间问题，不可一下子把全部酸量倾入油中，那样容易出问题。要将硫酸以分散的小滴或细流徐徐加入油中，一般宜将酸在 5～10min 内加完。

（5）搅拌　硫酸精制时的混合手段可采用机械搅拌、静态混合器混合或压缩空气搅拌。因为浓硫酸与废油有较大的密度差，所以选用的混合手段应有足够的强度，足以使硫酸分散成细小的液滴悬浮在废油中进行反应，不会在混合时期产生酸与油分层的现象。

在气候比较干燥的地方，采用压缩空气搅拌是一种好方法，此法设备简单、操作方便，没有机械搅拌桨的挂酸渣和静态混合器元件上挂酸渣的清除问题。因为压缩空气可通过一个活动的管子吹入酸洗槽的底部，使油与酸混合均匀，在搅拌完后，又可以将空气管提出来，以免沉降的酸渣附着在管子上，将管口堵死。但在潮湿地区，压缩空气能将空气中的水分大量带入油中，使硫酸稀释而降低其作用。

在加酸时，搅拌应激烈一些，以保证加入的硫酸能够很好地分散于油中。加酸速度视酸量而定，一般在 5～20min 内可加完。以后就可将空气量适当减少，因为空气中含有水分，能使酸稀释，减弱酸的作用。缓慢的搅拌有利于下一步沉降时酸渣的凝聚分离。

处理轻质润滑油时，一般包括加酸时间在内，搅拌 20～30min 就可以了。处理重质润滑油时，则搅拌 30～50min。时间长有利于磺化反应，如果希望从轻质润滑油中除掉更多的芳烃，可增长时间，但搅拌时间过长，会使酸渣中一些不良成分返溶解于油中。

（6）酸洗次数　如果油中不含水，全部硫酸用量可一次加入；如含水量大，也可采用多次酸洗。从理论上分析，同样 8% 的加酸量，一次加入与分成四次酸洗，每次加入 2% 相比，应该是四次酸洗比一次酸洗更为有效。但实际上很少这样做，因为实践证明，增多酸洗次数不仅要增加设备，操作工序也要增加。而且加酸次数的增加，将导致最后一次酸洗分渣困难。所以除非用酸量很大，一般不采取多次酸洗。

如果用酸量很大，例如生产白油时，则要采取多次酸洗。此时各次酸洗的搅拌时间相同，但沉降时间不同，前面的几次只需沉降 1～2h，最后一次酸洗加助凝剂并充分沉降。

还有在用酸量不太大时也有采用两次酸洗的。第一次叫预酸洗，用 1%～2% 的硫酸，或是用第二次酸洗的酸渣，可节省硫酸，目的是除去废油中存在的水分和机械杂质，使后面的一次主要酸洗更为有效。

（7）酸渣分离　硫酸精制时，许多反应产物、未反应的硫酸和被硫酸絮凝下来的杂质一起构成酸渣，还会产生一些油溶性的反应产物留在酸性油中。酸渣与酸性油的完全分离是硫酸精制中很重要的问题。

激烈的混合是达到有效精制所必需的，但激烈混合的结果是硫酸以很细微的小滴分散在油中反应，生成的酸渣也以细微的小滴分散在油中。虽然酸渣与油的密度差仍然较大，但由于小滴酸渣周围的磺酸的作用，沉降却是比较困难的，需要很长的时间。

酸渣是一个很复杂的体系，包含着硫酸、胶质、沥青质、各种氧化脱氢缩合产物、烃油、水溶性磺酸、酸性硫酸酯、硫化物、环烷酸等。而且酸渣又是一个还在继续进行氧化、缩合和磺化等反应的体系。在继续进行反应中，很可能生成一些不良组分返溶于油中。酸渣中的继续反应，也会使酸渣变硬而流动困难，因此既要充分沉降，又要迅速分离酸渣。

在间断操作时，要有足够的沉降时间。沉降时间的长短视沉降罐的大小而不同。一般较小的沉降罐应不小于 4h，较大的罐应不小于 8h 或更长的时间。在开始沉降 1h 后分第一次酸渣。这第一次已将酸渣的主要部分分出，以后或仅在最后再分离一次，或在沉降时间的一半增加一次分离。也有人主张在开始沉降 10min 左右分出第一份酸渣，沉降 0.5～1h 分出第二份酸渣，然后在沉降完结时排出第三份酸渣。

在连续硫酸精制时，混合后的酸与油离开混合器后，先在沉降罐中停留 0.5～1h。沉降罐底部连续分出酸渣的主要部分，沉降罐上部连续引出含有少量酸渣微粒的酸性油，送入连续离心机，可以达到快速而良好的分离。

也有人不采用离心机而采取串联的大沉降罐，连续沉降分渣。只要有足够的停留时间，还是能把酸渣分净的。

（8）助凝剂 在酸性油中，有一些即使长时间也难以沉降下来的细微酸渣粒子，为了使其凝聚成较大颗粒，加速酸渣的沉降，可在硫酸精制搅拌完了时加入少量助凝剂帮助酸渣絮凝。能用的絮凝剂包括水、废碱液、有机溶剂（如丙酮）和固体吸附剂（如废白土）等。

助凝剂一般用水，因为水的助凝效果已能满足要求。用水量大，有利于酸渣凝聚，但水量过多会使一部分酸渣水解物进入油中，使油的颜色变坏，而且与碱中和时容易引起乳化现象，所以加入助凝水时必须适量。

助凝剂的加入量一般很少，为 0.2%～1%。硫酸加入槽内后，应立即加入助凝剂并继续搅拌，待酸渣凝聚到最大颗粒时，停止搅拌，最佳搅拌时间一般为 10～20min。

# 第三节 废合成油的再生

合成润滑油基础油是单一的纯物质或同系物的混合物。构成合成润滑油基础油的元素除碳、氢之外，还包括氧、硅、磷和卤素等。在碳氢结构中引入含有这些元素的官能团是合成润滑油基础油的特征。

合成油的再生，有其不同于烃类润滑油的特点，回收时要注意两个问题：一是合成油很贵重，不可与其他油混在一起，必须单独回收、单独存放，在容器上写明品种，做出书面记录；二是收集用的容器要清洁，储放的场所要整洁，防止收集及储运过程中的二次污染。合成油都比天然油贵得多，有些如硅油、氟油，其价格可能是天然油的千万倍，这些油的优秀性质只有在纯净时才能保持，如果混入普通的矿物油，物质就会有很大的变化，其价值一下就跌到了普通润滑油的水平。

## 一、废磷酸酯合成油的再生

磷酸酯具有优良的抗燃性和良好的润滑性，其氧化安定性比矿物油好，常用作抗燃润滑油，如作抗燃液压油用。由于维修上的问题及系统超压等操作上的问题，常会有磷酸酯液压油泄漏出来，一般要在使用磷酸酯液压油的机器周围的地面设置油沟及集油池，将设备漏出的磷酸酯油单独收集，送入使用单位的废油回收中心，单独处理。磷酸酯虽不像氟油和硅油那么贵，但也比普通矿物油贵得多，单独回收再生的经济意义是不小的。

上述收集的废油主要是含水及机械杂质，将它先通过 25 目过滤器以除去大的机械杂质，然后放在罐中沉降脱水，由于磷酸酯的相对密度大于 1，所以水浮在油的上面，从沉降罐上部将水放出，可除去大部分的明水。再用泵将油自沉降罐抽出，送经一个 10μm 过滤器，将细小的机械杂质除去，然后进入填料塔。填料塔处于真空下，磷酸酯液压油经过分配器均匀喷淋在填料的表面，形成下降的薄膜。塔底吹入空气，空气与蒸发的水分从塔顶被真空抽走。塔底的净化油再用泵抽出，经过一个 3μm 的过滤器将细小的机械杂质除去，循环回去使用。

对于已有一定程度变质的废磷酸酯液压油，先用水洗除去水溶性酸及其他水溶性杂质。从罐的上部将水放出后，再用碱液处理，中和溶于磷酸酯中的酸。最后用白土处理，除去极性杂质。

**二、废合成氟油的再生**

合成氟油具有极好的耐热性、化学安定性和阻燃性，在液体润滑油中是能耐最高温度的合成润滑油基础油。它的相对密度在 1.9 左右，不溶于大部分溶剂，也不溶于水、矿物油、动植物油和其他合成油。

氟油虽然化学性质相当稳定，但在长期使用中也会因氧化、热解和外来杂质的侵入而变质，因而需要再生。废合成氟油的处置一直是社会上的难题，因它不可能烧掉，不能热裂化或热解处理，也不可能被自然界的细菌所分解，只有再生利用是可行的办法。氟油比磷酸酯贵得多，其再生利用的经济价值是不小的。

合成氟油再生的方法之一是先加入含氟溶剂，将废合成氟油稀释，使其中悬浮的机械杂质及以胶体状态分散的杂质絮凝，沉降分离，也可用离心或过滤的方法分离。分离掉絮凝出的杂质之后，将含氟溶剂蒸出，得到的再生氟油与新油质量相当。用此法再生过的氟油有全氟聚醚、全氟聚苯基醚、全氟聚醚三嗪等，后者用于真空泵等机械。可用的含氟溶剂有三氯氟甲烷、四氯二氟乙烷、三氯三氟乙烷，或次甲基氯化物与三氯三氟乙烷的混合溶剂，或异丙醇与三氯三氟乙烷的混合溶剂，对氟油的溶剂比为 (1～10)∶1。

另一个再生废氟油的方法也是处理上述那些化学组成的氟油的，使用的含氟溶剂相同，不同之处是吹入空气进行浮选，使杂质浮于表面的泡沫层中除去。除去泡沫层后，加入一个非氟溶剂，搅拌、沉降，分为两层。剩余的杂质进入上层的非氟溶剂层，下层则为氟油与含氟溶剂及少量非氟溶剂的混合物。将下层蒸馏回收溶剂后，得到的再生氟油质量与新油相当。此法速度快、质量好、产率高。可用的非氟溶剂包括水、戊烷、己烷、煤油、轻汽油、苯、甲苯、二氯乙烯、二氯甲烷、甲醇、丙酮、甲乙酮、乙酸乙酯、乙二醇单甲醚乙酸酯等。

还有一个再生方法是不用含氟溶剂稀释，只用石油醚与废合成氟油混合，氟油在与石油醚混合之前经过离心过滤脱水杂。氟油与石油醚搅拌混合后，沉降分为两层，合成油使用中的裂化产物及外来杂质进入石油醚层中，分离石油醚层后，将氟油中溶解的少量石油醚蒸出，蒸发可在 70℃ 的真空干燥箱中进行。此法中的溶剂石油醚，也可用苯、甲苯、丙酮、甲乙酮、乙酸甲酯、三氯乙烯、三氯甲烷等代替。

再生氟油与新油的质量对比见表 7-20。

**表 7-20　再生氟油与新油的质量对比**

| 氟油的质量参数 | 氟油 I | | 氟油 II | |
|---|---|---|---|---|
| | 再生油 | 新　油 | 再生油 | 新　油 |
| 外观 | 完全无色透明 | 完全无色透明 | 完全无色透明 | 完全无色透明 |
| 密度(23℃)/(g/cm³) | 1.89 | 1.89 | 1.89 | 1.89 |
| 含水量/(mg/kg) | 4.1 | 2.9 | 5.7 | 2.9 |
| 润滑性 | | | | |
| 　耐负荷(曾田四球法)/kg | 9.5 | 9.5 | 9.5 | 9.5 |
| 　耐磨耗(高速四球法)磨痕直径/mm | 0.67 | 0.65 | 0.62 | 0.65 |
| 　铜片腐蚀(100℃,3h) | 1年 | 1年 | 1年 | 1年 |

### 三、废合成酯类油的再生

常用的酯类油是新戊基多元醇酯与双酯，新戊基多元醇酯中主要是季戊四醇与饱和羧酸反应生成的季戊四醇酯。酯类油有良好的综合性能和灵活多变的结构可供选择，合成酯类油具有表面张力大、不易流散的特点，这对仪表轴承的润滑特别重要，其黏温性质及抗氧化性也较好。以合成酯类为基础油的润滑油中，加有抗氧化剂、抗腐蚀剂和抗磨损添加剂等。

作为航空发动机用过的废合成酯类油，使用中因热氧化引起酯类分解，产生游离酸，故酸值升高。此外还因腐蚀及外来杂质等原因，引起灰分和机械杂质含量升高。废油中还含有添加剂的分解产物及残存的添加剂，再生的任务则是得到纯净的再生酯类油基础油。

一个由季戊四醇与合成脂肪酸 $C_5 \sim C_9$ 馏分合成的季戊四醇酯作为基础油配制的航空润滑油，加有 4-羟基二苯胺及卡普塔克斯添加剂，经使用变成废油后，用碱精制法再生，所用的碱为氢氧化钠水溶液，搅拌时间为 20min，其浓度、添加量及处理温度对再生油质量的影响见表 7-21。

表 7-21 酯类油的再生条件与产率

| 再生油编号 | 再生条件 | | | 再生油产率（质量分数）/% | 添加剂及其分解产物（质量分数）/% | |
| | 氢氧化钠水溶液 | | 温度/℃ | | 4-羟基二苯胺 | 卡普塔克斯 |
| | 浓度（质量分数）/% | 加量（质量分数）/% | | | | |
|---|---|---|---|---|---|---|
| 1 | 20 | 20 | 45~55 | 75.1 | 0.1 | 0 |
| 2 | 20 | 25 | 45~55 | 76.2 | <0.05 | 0 |
| 3 | 20 | 30 | 45~55 | 74.6 | <0.05 | 0 |
| 4 | 20 | 50 | 45~55 | 63.3 | 0 | 0 |
| 5 | 20 | 25 | 30~45 | 73.0 | 0.2 | 0 |
| 6 | 20 | 25 | 55~65 | 70.4 | 0.16 | 0 |
| 7 | 10 | 20 | 45~55 | 76.1 | 0.1 | 0 |
| 8 | 10 | 25 | 45~55 | 78.6 | <0.05 | 0 |
| 9 | 10 | 30 | 45~55 | 74.2 | <0.05 | 0 |
| 10 | 10 | 50 | 45~55 | 61.2 | 0 | 0 |
| 11 | 10 | 25 | 30~45 | 72.0 | 0.15 | 0 |
| 12 | 10 | 25 | 55~65 | 71.6 | 0.1 | 0 |
| 13 | 15 | 25 | 45~55 | 76.8 | 0.1 | 0 |
| 14 | 5 | 25 | 45~55 | 68.0 | 0.16 | 0.5 |

由表 7-21 的数据可看出，氢氧化钠水溶液的浓度宜在 10%~20%，如果降至 5% 就不行了。溶液对废油的用量宜在 20%~25%，更大的添加量虽然能更多地除去 4-羟基二苯胺及其分解产物，并进一步降低酸值，但会引起凝点及黏度不合格，且再生油的收率大幅度下降。

精制温度在 35~65℃ 间都可得到满意的结果，但低于 45℃ 时再生的酯类油酸值要高一些，高于 55℃ 再生油的收率要低一些，因此以 45~55℃ 为宜。

### 四、废硅油的再生

硅油具有黏度指数高、耐热性好、凝点低的优点，可用于要求工作温度很宽的地方，从很低的温度到相当高的温度。硅油的化学性质是比较稳定的，但经过长期使用后，也会因氧化及外来杂质的侵入而变质。硅油价格昂贵，应单独回收、单独再生。

废硅油有两种再生方法。一种是对用于电气设备的废硅油的再生，将废油用硅胶或活性氧化铝或二者的混合物接触精制，也可以使用活性白土或活性炭处理，滤去废吸附剂的油，还要在 50~100℃进行真空脱气，大多在 95℃抽真空。也可以采取吹氮气气提，气提温度为 20~80℃，吹氮气量为每千克硅油每分钟 0.1L。

另一种再生方法是将液态的废硅油与溶剂蒸气混合，凝缩的溶剂抽出了废硅油中的杂质，成为与硅油不互溶的另一液相，例如凝缩的溶剂抽出了废硅油中的 PCBS（多氯联苯）。将溶剂凝缩液分离后，精制硅油中还含有微量溶剂，可通过真空干燥除去。

# 第四节　废润滑油的质量控制

### 一、废润滑油的分析

废润滑油的分析有两种情况：一是作为再生厂的原料分析；二是作为使用单位的油质监测。这两种分析因其目的不同，分析的项目也有所不同。

1. 再生厂的原料分析

原料油检验工作的好坏，直接影响再生油的质量和再生成本。原料油检验分类工作做得精细，就可以用较简单的生产工艺和耗用较少辅助材料，生产出质量较好的润滑油。

作为再生厂的原料分析，国内一般观察其颜色、气味，并分析其黏度、闪点、凝点、酸值、水溶性酸碱等项目，以此确定其再生工艺条件。有的采用硫酸精制工艺的厂，还做一个硫酸酸渣产生量试验（废油用等体积的溶剂汽油稀释，再将稀释油 90mL 与浓硫酸 10mL 混合 5min，沉降 15min 后看酸层体积），大致确定需用多少硫酸来精制。

国外再生厂的原料分析，据报道，美国芝加哥的马达油精制公司要分析三个项目——黏度、PCBS 含量及金属含量（发射光谱法或原子吸收光谱法，可测出 21 种金属含量）。

2. 使用单位的油质监控

以大型内燃机的运行为例，对用过的内燃机油定期采样，分析以下三个方面的数据。

（1）物理性质分析　分析黏度、不溶物、燃油稀释量（用气相色谱法）及水分。当黏度超出允许的范围或水分过多时，都要马上进行处理。

（2）元素分析　用发射光谱法或原子吸收光谱法分析废油中金属元素的含量。有些元素为磨损金属，常与磨损有关，如 Fe、Al、Cu、Cr、Pb 等。但也可能来自添加剂及污染，所以不能单纯从元素分析作出最后判定。废油中元素的可能来源见表 7-22。

使用单位的试验室有用于表明异常磨损开始的磨损金属指标，但这些指标是各型机器在各种操作条件下取得的上千个数据的平均值，而各型发动机设计及使用的材质又常常大不相同，都有其特殊的磨损数据，所以不能不注意具体的机型而机械地运用平均值指标。

表 7-22　废油中元素的可能来源

| 元素 | 可能的主要来源 | 可能的其他来源 |
|---|---|---|
| Si | 空气滤清器 | 抗泡剂、防冻液添加剂、密封材料 |
| Na | 防冻液添加剂 | 润滑油添加剂 |
| Cu | 轴承轴瓦 | 润滑油添加剂 |
| B | 防冻液添加剂 | 润滑油添加剂 |
| Pb | 轴承轴瓦、含铅汽油 | 柴油中混入含铅汽油 |
| Cr | 活塞环 | 含铬淬火剂处理 |
| Mo | 活塞环 | 润滑油添加剂 |
| Fe | 汽缸壁 | 阀部件、齿轮、活塞环、锈 |
| Al | 阀部件 | 活塞 |

有人试图用来自添加剂的金属如 Ca、Mg、Zn、P 等来找出添加剂衰变的规律，但由于油品添加剂在使用中衰变常常只是化学结构发生了变化，而没有改变金属在油中的浓度，所以这种试验是难以成功的。

（3）化学分析　一般不做复杂的化学分析，只分析总碱值。所有严格按配方配制的内燃机油中都应含有碱性添加剂，以中和含硫燃料燃烧产生的 $SO_2$ 及 $SO_3$，从而减少腐蚀。总碱值下降到一定程度就要增补碱性添加剂。

**二、再生润滑油的质量控制**

要保证再生油的质量稳定和合格，首先固然要做好废油的分类和管理工作，并选用合理的再生工艺及正确的操作，但质量的检验和控制也是很重要的一个环节。没有适当的检验，就无法得知再生的效果，更谈不上对产品质量的控制和保证。

对再生油的质量要求，首先理化性能指标要完全符合国家标准和部颁标准，这是对产品的起码要求。但这还不能决定它是否真正好用，还必须通过台架试验和实际使用试验来证明，产品质量才算真正过了关。试验通过后再按照选定的工艺流程和操作条件来进行再生。如果改变了工艺流程和操作条件，就应该重新做台架试验和使用试验。

为了保证产品的质量稳定合格，必须控制中间产品的质量。如果不控制中间产品的质量，等到成品检查时不合格而返工，就会造成较大的浪费。中间产品质量的控制项目，决定于工艺过程。例如蒸馏后的油应该控制闪点和黏度；沉降离心后的油要控制水分和杂质；过滤后的油要控制机械杂质；精制后的油应控制酸值和颜色等。

对生产中的再生基础油及润滑油，都是做理化指标的分析，一般分为日常分析与出厂分析两种。日常分析只作为控制日常生产所需的项目；出厂分析则是对成品油罐采样分析，一般是做全分析，按照国家标准或行业标准的规定执行。润滑油及基础油的质量项目的分析方法，在我国没有专用于再生油的，均按通用的国家标准（GB）及行业标准（SH）执行。

在国外的废油再生中，再生基础油及润滑油的分析也是按照所在国通用的试验方法进行的。例如在美国，主要是按照美国材料与试验协会（ASTM）的标准方法进行的，但也采用了一些其他协会和公司的试验方法。同时，ASTM 也对原来用于天然石油产品的试验方法进行了必要的修改，使之适于再生油的分析，也发展了一些专门用于再生油的分析方法。

# 第五节　废润滑油再生过程中的 HSE 管理

**一、废润滑油再生过程的健康防护**

1. 危险介质分析

（1）加氢精制用的氢气　氢气是一种无色、无嗅、无毒、易燃易爆的气体，和氟气、氯气、氧气、一氧化碳以及空气混合均有爆炸的危险，其中，氢气与氟气的混合物在低温和黑暗环境就能发生自发性爆炸，与氯气的混合体积比为 1∶1 时，在光照下也可爆炸。氢气由于无色无味，燃烧时火焰是透明的，因此其存在不易被感官发现，在许多情况下向氢气中加入恶臭的乙硫醇，以便使嗅觉察觉，并可同时赋予火焰以颜色。

氢气虽无毒，在生理上对人体是惰性的，但若空气中氢气含量增高，将引起缺氧性窒息。与所有低温液体一样，直接接触液氢将引起冻伤。液氢外溢并突然大面积蒸发还会造成环境缺氧，并有可能和空气一起形成爆炸混合物，引发燃烧爆炸事故。与空气混合能形成爆炸性混合物，遇热或明火即会发生爆炸。气体比空气轻，在室内使用和贮存时，漏气上升滞留屋顶不易排出，遇火星会引起爆炸。氢气与氟、氯、溴等卤素会剧烈反应。

（2）硫酸精制用的硫酸　硫酸浓度的选择与精制的目的想除去什么成分有关。一般为了脱除碱性氮化合物，10％的浓度的稀硫酸就可以了；为了脱除不饱和烃，80％的硫酸浓度是合适的，它可以完全除去不饱和烃及碱氮。而基本不攻击其他烃成分。如果想脱除废油中的氧化产生的胶质、沥青质及一些中间氧化产物，则硫酸浓度至少为90％；如果想脱除废油中的芳烃，则硫酸浓度越大越好，最好是98％以上的浓度，甚至是发烟硫酸或气态三氧化硫。

根据精制的目的产物，也可以选择硫酸浓度。如果目的是生产燃料，例如用作燃料油，则只需要降低废油的重金属含量，这时用稀硫酸就可以达到目的。如果为了生产润滑基础油，则要选用90％以上的浓硫酸，选择93％～96％的浓度为宜，可以比较充分地脱除氧化产物而又基本不太影响芳烃及饱和烃。如果目的是想生产白油，则要选用浓度在98％以上的浓硫酸或发烟硫酸。但选用发烟硫酸时要注意其浓度与凝点的关系，以选用含 $SO_3$ 18％左右或62％左右者为宜，因为凝点不高，容易使用；若选用含 $SO_3$ 45％左右时，则因为其凝点高达35℃，常温下是固体，使用时要加热到35℃以上，此时蒸气压已相当大，容易发生问题。

生产白油时，如果有条件，选用 $SO_3$ 比较经济。一般在使用发烟硫酸或 $SO_3$ 之前，废油最好先经过用2％浓硫酸处理脱去可能存在的微量水分，或先经过用白油酸渣预处理。

2. 废润滑油再生过程的健康防护措施

由于加氢精制过程中的反应物氢气为易燃易爆气体，在废润滑油再生过程中操作人员一定要穿戴防静电服装进入加氢精制生产装置。

废润滑油中含有很多对人体有毒有害的组分，在润滑油再生装置操作过程中要严格佩戴防毒面具和防腐蚀性手套等劳保用品。

3. 氢气起火应急处理

迅速撤离泄漏污染区人员至上风处，并进行隔离，严格限制出入。切断火源。建议应急处理人员戴自给正压式呼吸器，穿消防防护服。尽可能切断泄漏源。合理通风，加速扩散。如有可能，将漏出气用排风机送至空旷地方或装设适当喷头烧掉。漏气容器要妥善处理，修复、检验后再用。灭火方法：切断气源。若不能立即切断气源，则不允许熄灭正在燃烧的气体。喷水冷却容器，可能的话将容器从火场移至空旷处。灭火剂：雾状水、泡沫、二氧化碳、干粉。

**二、废润滑油再生过程的安全卫生防护**

1. 废润滑油生产的常见事故

润滑油在使用过程中由于高温及摩擦等综合作用而逐渐变质，成品润滑油中原有的成分发生变化，废润滑油中出现了大量的致癌物-多环芳烃（PNA），含硫和含氮添加剂、各类重金属及亚硝酸盐类都对人体有很大危害。

废润滑油生产过程中如果不注重安全防护，可能会引起操作工人的中毒。

2.废润滑油生产的安全卫生防护

加氢精制装置的压力控制和装置泄漏控制是防止废润滑油加氢精制装置发生事故的主要安全防护措施，需要在定期校验加氢精制装置高压分离器和低压分离器顶部的安全阀，确保能正常使用，严格控制高压分离器和低压分离器中间的角阀，防止高压串低压事故的发生。

在废润滑油再生的硫酸精制工艺中严格要求浓硫酸的加入方法，防止硫酸烧伤事故的发生也是废润滑油生产的安全卫生防护措施之一。

工作场所配置通风、除尘、排毒、净化、防暑降温、抗震、防噪声等防护设施，能有效降低粉尘、毒物、物理因素等职业病危害因素的浓度（或强度），从而保障劳动者健康。

安全装置和防护设施应当定期维护，并遵守：不得随意拆除，不得使其失效；发生故障时，应及时报告上级，尽快维修；即使安全装置正常，也不得接触危险部位，必须接触时应使用辅助工具；必须拆卸安全装置或防护设施时，应切断电源，并加强信号联络。

氢气因为是易燃压缩气体，故应储存于阴凉、通风的仓间内。仓内温度不宜超过30℃。远离火种、热源。防止阳光直射。应与氧气、压缩空气、卤素（氟气、氯气、溴）、氧化剂等分开存放。切忌混储混运。储存间内的照明、通风等设施应采用防爆型，开关设在仓外，配备相应品种和数量的消防器材。禁止使用易产生火花的机械设备工具。验收时要注意品名，注意验瓶日期，先进仓的先发用。搬运时轻装轻卸，防止钢瓶及附件破损。

**三、废润滑油再生过程的环境保护**

1.废气

废油再生时，硫酸与废油的反应之一就是氧化，在氧化反应中放出大量的二氧化硫气体。这就是硫酸精制时产生强烈的刺激性嗅味的原因。自酸洗罐逸出的二氧化硫气体不仅刺激操作人员呼吸系统的黏膜，影响人的健康，而且也对周围的生物、建筑物、艺术品有不良的影响。二氧化硫能强烈刺激动物的呼吸道、引起炎症，其酸性对于植物也是有害的。二氧化硫作为酸性气体还能腐蚀大理石、汉白玉等碳酸钙成分的岩石，还能与涂料中的颜料反应。引起颜色变化。因此在硫酸精制时不让二氧化硫逸出，还是很有必要的。

酸洗时使二氧化硫不逸出的方法就是采取密封的酸精制装置，同时将酸洗时产生的二氧化硫气体由管线引出，用碱液或废碱液吸收。

2.废液

废润滑油再生过程中产生的废液包括絮凝过程中产生的废液、碱洗水洗工艺的废碱和废水、硫酸精制过程中产生的酸性油。

硫酸精制过程中产生的酸性油酸精制分去酸渣后的酸性油中，还含有油溶性磺酸、少量游离硫酸及酸渣的微粒等，需要对酸性油做进一步的处理，除去这些物质。

酸性油的处理有三种方法，一种是用碱液中和，另一种是白土接触精制，也可将酸性油直接蒸馏脱除酸性油中的有害成分。

3.废渣

　　废润滑油再生过程中产生的废渣主要包括吸附精制过程产生的废催化剂和硫酸精制产生的酸渣。

　　吸附精制常常采用活性白土作为吸附剂,吸附后的废白土存在污染环境的问题,不能随意丢弃,一般经过焚烧处理后,经白土活化处理可再循环使用。

　　硫酸精制时,许多反应产物和被硫酸絮凝下来的杂质,与未反应的硫酸一起构成酸渣。酸渣是一个很复杂的体系,包含着硫酸、胶质沥青质、各种氧化脱氢缩合产物、烃油、水溶性磺酸、酸性硫酸酯、硫化物、环烷酸等。而且酸渣又是一个还在继续进行着氧化、缩合、磺化等反应的体系。在继续进行反应中,很可能生成一些不良组分返溶于油中。酸渣中的继续反应,也会使酸渣变硬而流动困难。因此既要充分沉降。又要迅速分离酸渣。

　　在间断操作时,要有足够的沉降时间。沉降时间的长短视沉降罐的大小而不同。一般较小的沉降堆应不小于 4h,较大的罐应不小于 8h 或更长的时间。在开始沉降 1h 后分第一次酸渣,这第一次已将酸渣的主要部分分出。以后或仅在最后再分离一次,或在沉降时间的一半增加一次分离。也有人主张在开始沉降 10min 左右分出第一份酸渣,沉降 0.5～1h 分出第二份酸渣,然后在沉降完结时排出第三份酸渣。

　　酸渣中含有硫酸及有机物两大部分,利用时也要根据具体酸渣中含硫酸量多少而有不同的利用方案。

　　如果酸渣中含硫酸量多而含有机物较少,则可考虑循环用于废油的预酸洗。即在硫酸精制之前,先用含硫酸多含有机物少的酸渣去处理,以利用酸渣中的硫酸进行精制。这样可以降低新酸的用量。

　　含硫酸较多的酸渣的另一种用法就是送到硫酸制造厂去,送入含硫矿石的焚矿炉中;既以纯净状态回收了酸渣中的硫酸,又利用了其有机部分的燃烧热。燃烧烟气在进入催化反应室之前,先将过剩的热量传给锅炉发生水蒸气。

　　如果酸渣中含有的有机质占一半以上。则可以着重合理利用有机部分。

　　利用酸渣的有机部分,首先要脱酸,主要是脱去硫酸。脱酸有两类方法,一是中和法,二是分离法。中和法是使用各种碱性物质,主要是廉价的无机碱来中和。常用的无机碱有石灰、碳酸钙、氨、碳酸钠、氢氧化钠等。石灰的优点是便宜且易买到,但中和后生成的硫酸钙在水中溶解度很小,成为粉末状的硫酸钙留在酸渣中。如果这不妨碍酸渣的使用目的,则石灰中和是可取的。氨中和的优点是生成水溶性的硫酸钱,不会增加有机质中的灰分,而且分离的水溶液可作廉价农田肥料。

　　还有一些利用其他含有氧化钙及碳酸钙的天然物质来中和的方法,例如利用煅烧过的贝壳粉来中和。

　　使用氢氧化钠或碳酸钠中和,中和后的产物是水溶性的硫酸钠。如果能顺利地将水相与有机质分离,也是可取的方法。

　　分离方法就是沉降后将酸与有机质分离。直接沉降只能分出一小部分硫酸。加适当的水量将酸渣的浓酸略加稀释,然后加热沉降,对于自轻质润滑油形成的酸渣,能分成两层,上面的有机层及下面的酸水层。酸水层中的酸浓度在 50% 左右,颜色深褐;有机层为黑色油状物,能水洗成中性物质,可调配燃料油。对于精制重质润滑油生成的酸渣,在水洗脱酸时需加破乳剂,才能使有机相与水相分离。

**[ 知识拓展 ]** 废润滑油回收与再生利用技术导则（GB/T 17145—1997）

1. 范围

本标准规定了废润滑油的定义、分类、分级、回收与管理、再生与利用。

本标准适用于油单位和个人更换下来的废润滑油和废润滑油的回收、再生、销售及管理。

2. 引用标准

下列标准包含的条文，通过在本标准中引用而构成为本标准的条文。本标准出版时，所示版本均为有效。所有标准都会被修订，使用本标准的各方应探讨使用下列标准最新版本的可能性。

GB/T 261—1983 石油产品闪点测定法（闭口杯法）

GB/T 3536—1987 石油闪点和燃点测定法（克利夫兰开口杯法）

GB/T 7631.1—1987 润滑剂和有关产品（L类）的分类　第一部分　总分组

GB/T 8030—1987 润滑油现场检验法

GB/T 8978—1988 污水综合排放标准

GB/T 16297—1996 大气污染物综合排放标准

3. 定义

本标准采用下列定义。

3.1 废润滑油　used oil

润滑油在各种机械、设备使用过程中，由于受空气的氧化、热分解作用和杂质污染，其理化性能达到各自的换油指标，被换下来的油统称废润滑油（以下简称废油）。

3.2 废油再生　re-refining of used oil

将废油经处理或精制，除去变质的和混入的杂质，根据需要，加入适量的添加剂，使其达到一定种类新油标准的过程。

3.3 废油回收率　rate of recovery

废润滑油回收量与原用油量的百分比。

4. 分类

更换下来的废油按 GB/T 7631.1 进行对应的分类和命名。

回收利用的废油包括：

a) 废内燃机油；

b) 废齿轮油；

c) 废液压油；

d) 废专用油（包括废变压器油❶）、废压缩机油、废汽轮机油、废热处理油等。

5. 分级

5.1 根据废油的变质程度、被污染情况、水分含量及轻组分含量等来划分等级。

5.2 废油分级指标见附表1。一级废油变质程度低，包括因积压变质及混油事故而不能使用的油；二级废油变质较高。本表所列油品外的各类废油可按蒸后损失的百分比划分等级，≤3%为一级，≤5%为二级。

5.3 二级以下的废油称为废混杂油。

6. 回收与管理

6.1 各产生废油单位应指定专人专职或兼职管理废油的回收工作。

---

❶ 对含有多氯联苯的废变压器油，应按有关环保要求集中处置。

附表1　废油分级

| 类别 | 检测项目 | 一级 | 二级 | 试验方法 |
|---|---|---|---|---|
| 废内燃机油 | 外观 | 油质均匀,色棕黄,手捻稠滑无微粒感,无明水、异物 | 油质均匀,色黑,手捻稠滑无微粒感,无刺激性异味,无明水、异物 | 感观测试 |
| | 滤纸斑点试验($\alpha$值)[①] | 扩散环呈浅灰色,油环透明到浅黄色　1≤$\alpha$值≤1.5 | 扩散环呈灰黑色,油环呈黄色至黄褐色　2≤$\alpha$值≤3.5 | GB/T 8030 滤纸斑点试验法 |
| | 比较黏度(试验温度40℃) | 试样中钢球落下的速度慢于下限参比油,快于上限参比油。下限参比油 $\nu_{100℃}=18mm^2/s$　上限参比油 $\nu_{100℃}=8mm^2/s$ | 试样中钢球落下的速度快于下限参比油,慢于上限参比油。下限参比油 $\nu_{100℃}=18mm^2/s$　上限参比油 $\nu_{100℃}=8mm^2/s$ | GB/T 8030 采用滚动落球、比较黏度计 |
| | 闪点(开口)/℃ | ≥120 | ≥80 | GB/T 3536 |
| | 闪点(闭口)/℃ | >70 | >50 | GB/T 261 |
| | 蒸后损失/%[②] | ≤3 | ≤5 | |
| 废齿轮油 | 外观 | 油质黏稠均匀,色棕黑,手捻无微粒感,无明水、异物 | 油质黏稠均匀,色黑,手捻有微粒感,无明水、异物 | 感观测试 |
| | 比较黏度(试验温度40℃) | 试样中钢球落下的速度慢于下限参比油,快于上限参比油。下限参比油 $\nu_{100℃}=5mm^2/s$　上限参比油 $\nu_{100℃}=25mm^2/s$ | 试样中钢球落下的速度快于下限参比油,慢于上限参比油。下限参比油 $\nu_{100℃}=5mm^2/s$　上限参比油 $\nu_{100℃}=25mm^2/s$ | GB/T 8030 采用滚动落球、比较黏度计 |
| | 蒸后损失/% | ≤3 | ≤5 | |
| 废液压油 | 外观 | 油质均匀,色黄稍浑浊,手捻无微粒感,无明水、异物 | 油质均匀,色棕黄,浑浊,手捻无微粒感,无异物 | 感观测试 |
| | 比较黏度试验温度30℃ | 试样中钢球落下的速度慢于下限参比油,快于上限参比油。下限参比油 $\nu_{100℃}=10mm^2/s$　上限参比油 $\nu_{100℃}=50mm^2/s$ | 试样中钢球落下的速度快于下限参比油,慢于上限参比油。下限参比油 $\nu_{100℃}=10mm^2/s$　上限参比油 $\nu_{100℃}=50mm^2/s$ | GB/T 8030 采用滚动落球、比较黏度计 |
| | 蒸后损失/% | ≤3 | ≤5 | |

①　斑点试验$\alpha$值为油环直径$D$与扩散环直径$d$的比值,即$D/d$。当油环颜色明显加深呈褐色、$\alpha$值也明显增大时,说明混有较多重柴油和齿轮油,应列为废混杂油。

②　蒸后损失(%)是废油经室温静置24h,除去容器底部明水以后的油为试油进行测定的。测定方法是取试油1L,充分搅动后取100g(准确至±0.01g)盛在干燥清洁的200mL烧杯中,用控温电炉缓缓加热并搅拌,控制油温缓慢升至160℃,待油面由沸腾状逐渐转为平静为止。此时,试油所减少的质量(g)与充分搅动后量取质量的比,即为该油的蒸后损失(%)。因蒸出物中含有轻质可燃组分,测定时应注意防火安全。

6.2　回收的废油要集中分类存放管理,定期交售给有关部门认可的废油再生厂或回收废油的部门,不得交售无证单位和个人。

6.3　废油回收率见附表2。

附表2　废油回收率

| 废油种类 | 内燃机油 | 齿轮油 | 液压油 | 专用油 |
|---|---|---|---|---|
| 回收率 | ≥35% | ≥50% | ≥80% | ≥90% |

6.4 回收的废油按第 4、5 章要求分类分级并妥善存放，防止混入泥沙、雨水或其他杂物。严禁人为混杂或掺水。

6.5 废油回收部门和废油管理部门都应做好回收场地的环境保护工作，严禁各单位及个人私自处理和烧、倒或掩埋废油。

7. 再生与利用

7.1 废油再生厂必须具备的条件

7.1.1 合理的再生设备和生产工艺流程。

7.1.2 专职技术人员和规定的化验评定手段。

7.1.3 再生油的质量应符合国家油品标准规定的各项理化性能和使用性能要求，再生后作为内燃机油使用的还应通过发动机（台架）试验评定。

7.1.4 具有符合要求的"三废"治理设施和安全消防设施。对生产过程中排放的废气、废水、废渣的处理要符合 GB 16297、GB 8978 及其他相应环保要求。严禁对环境的二次污染。

具备上述条件的废油再生厂，须经技术监督及环境保护部门审定，"合格"才可对废油进行再生加工生产，"不合格"的不得从事废油再生加工生产。

7.1.5 废油再生厂所产生废渣、废液的处理

废油再生厂在生产过程中所产生的废渣、废液等，应进行综合利用；不能综合利用的应按环保部门规定妥善处理，达标排放。

7.2 再生油的利用

7.2.1 国家鼓励废油的回收、再生和使用再生油，并制定优惠政策。

7.2.2 凡废油再生厂生产出来各种符合国家标准的再生油品，石油产品经销部门可按质论价进行收购，供应市场；凡不符合国家标准要求的再生油品，石油经销部门不予收购。

7.2.3 对生产销售劣质石油产品的再生厂和石油产品经销部门，技术监督等执法部门要依照国家法律严肃查处。

7.2.4 企业中自收、自炼、自用的废油再生车间所生产的产品应在本企业内使用，如对外销售，其产品质量应符合本标准的要求。

# 本 章 小 结

废润滑油中有害杂质（包括变质物）的总含量通常在 1%～25%（质量分数，下同）范围内，其余 99%～75%都是好成分，只要采取适当的工艺方法，将其进行净化再生处理，质量是能够接近或达到新油标准的。此外，废润滑油再生的工艺简单、投资少、见效快，收率可高达 60%～90%，开展废润滑油再生对于节约能源、减少环境污染都具有重要意义。

本章叙述了废润滑油再生的基本知识，着重介绍了废润滑油再生的方法、设备的构造和它的操作过程，重点对沉降、离心分离、过滤、碱中和、水洗、吸附精制、加氢、硫酸精制等单元操作的原理及影响因素了理论联系实际的阐述，还介绍了废润滑油的组成和性质、国内外废润滑油再生的概况，并简单探讨了再生油工艺的发展历程。此外，还对再生润滑油的污染物分析、质量控制及意义作了概要介绍。

# 习　　题

1. 列举你身边接触到的废润滑油再生情况，并说明其是否对环境造成了危害。

2. 试述目前针对废润滑油有哪几种处置方法，并比较其优劣。

3. 国际上对润滑油再生工艺流程是如何分类的？国内外都有哪些比较成熟的再生工艺流程？

4. 温度对再净化中的沉降速度有什么影响？沉降时间受哪些因素影响？

5. 离心分离时，当物体质量为 1kg 和旋转半径为 0.1m 时，在转速为 1000r/min、4000r/min、20000r/min 下的离心力各为多少？转速为 20000r/min 时的分离速度为转速 1000r/min 时的多少倍？

6. 过滤材料是如何分类的？列举两种类型压滤机的优缺点。

7. 碱中和时，某酸性油 1t，酸值（以 KOH 计）为 0.5mg/g，所用氢氧化钠溶液的浓度为 5%，则中和所需氢氧化钠溶液的理论量为多少？实际操作时大概需氢氧化钠溶液多少？

8. 如何对两种不同类型的乳化液进行化学破乳？

9. 简述超微过滤和逆渗透的异同点。

10. 吸附精制与传统工艺相比有何优点？为什么说扩散速度决定着整个吸附过程的速度？

11. 什么叫带土蒸馏？

12. 硫酸能与废润滑油中的各组分、杂质进行哪些反应？

13. 硫酸精制受哪些操作参数的影响？

14. 结合实际谈谈如何控制废润滑油的再生质量。

# 实 训 建 议

【实训名称】　废机油再生

实训步骤：

1. 除水

将废机油收集到集油池除水后，置于炼油锅内，升温到 70～80℃ 后停止加热，让其静置 24h 左右。将表面的明水排尽，然后缓慢升温到 120℃（当油温接近 100℃ 时，要慢慢加热，防止油沸腾溢出），使水分蒸发掉，约经 2h，油不翻动，油面冒出黑色油气即可。

2. 酸洗

待油冷却至常温，在搅拌下缓慢地加入硫酸（浓度为 92%～98%），酸用量一般为油量的 5%～7%（系根据机油脏污程度而定）。加完酸后，继续搅拌 3min，然后静置 12h 左右，将酸渣排尽。

3. 碱洗

将经过酸洗的机油重新升温到 80℃，在搅拌下加入纯碱（$Na_2CO_3$），充分搅拌均匀后，让其静置 1h。用试纸检验为中性时，再静置 4h 以上，将碱渣排尽。

4. 活性白土吸附

将油升温到 120～140℃，在恒温和搅拌下加入活性白土（其用量约为油量的 3.5%）。加完活性白土后，继续搅拌 30min，在 110～120℃下恒温静置一夜，第二天趁热过滤。

5. 过滤

可采用滤油机过滤，过滤后即得合格油。如无滤油机，也可采用布袋吊滤法。

以上即为提纯机油的一般操作过程，但应根据实际情况而定。如含杂质水很少，则第一步可省掉；如经过酸碱处理后，油的颜色已正常，就不必用活性白土脱色吸附了。

# 第八章　食品级润滑油简介

随着社会的发展，人们安全意识的提高，食品卫生正在逐步的被食品安全所替代。近年，食品方面的问题层出不穷，食品卫生越来越受到人们的重视。在食品的加工过程中，加入润滑油，能有效地减少摩擦、磨损，延长机械的使用寿命。但是，润滑油也是潜在的一个安全隐患，如发生滴油、漏油、溅油等都可能导致润滑油与食品的直接接触，出现润滑油污染产品的现象。食品、制药、啤酒、乳制品、化妆品、茶叶、家禽屠宰、肉类加工等……食品安全已经连续几年成为社会的热点问题，如今食品安全问题已经涉及包括原料渠道、添加物质、机械润滑油、贮运销售等方方面面的细微环节。

## 一、食品级润滑油的地位

食品加工行业量大而面广，是直接关系人民生活和健康的行业，食品机械加工是食品工业的重要支柱，配套使用润滑材料也相应得到发展。在国内，根据商务部 2007 年流通领域食品安全调查报告显示，城市消费者已经高度关注食品安全问题，大部分消费者开始愿意为保障食品安全支付少量的额外费用。据调查，城市消费者中，最关注食品安全的占 71.8%，不关注食品安全的仅占 0.6%；购买食品时首选质量的占 30%，选择质量价格并重的占 61.7%，选择"价格优先"的仅占 8%；80% 以上的消费者认为超市食品安全状况好于批发市场和农贸市场，50% 左右的高收入和中等收入阶层只到超市购买食品，《中华人民共和国食品安全法》的出台，消费者会更加重视食品的安全。在国外，世界上许多发达国家在加强食品安全管理的同时，纷纷借机设置各种各样的技术性贸易壁垒，通过提高标准、增加检验检疫项目、不断制订、修订新的技术法规等手段，提高食品进口的门槛，给发展中国家的食品出口造成很大的障碍。如发达国家已要求在食品生产中必须使用食品级润滑油，而在发展中国家，则还没有相关的法律法规。

所以，"民以食为天，食以安为先"，食品安全已经成为当今社会发展的一个重要问题，为了解决食品安全问题，食品级润滑油将成为未来食品工业的专用润滑油，在食品加工工业中扮演重要的角色。

## 二、食品级润滑油的特点

首先要有出色的润滑性能，其次必须符合相关的食品安全法规要求才能称之为食品级润滑油。食品级润滑油和普通润滑油最大的区别就是其组分，包括基础油和添加剂都是无毒无害的，偶尔和食品接触到也不会污染食品，仍然可以确保食品的卫生安全。由于食品级润滑油是专门针对食品机械的工作环境，如高/低温、高湿度等设计配方的，一般要求非常好的抗氧化、耐高低温和抗乳化性能。不少国内的中小型食品加工企业，特别是华北地区，其中有不少人在必要时会用猪油、花生油和色拉油来润滑食品机械，以满足他们认为的无污染要求。这是一种观念上的错误，也许和国内目前没有明确的法规和宣传有关系。且不说其润滑性能远远比不上专业润滑油，这些东西在高温高湿环境下使用，很快就会长细菌、发霉变质，产生有毒有害物质，从而污染食品。

在食品企业冷库工作的链条，如果没有耐低温的链条油，就会因为润滑油冻住而无法正常运转。很多食品机械特别是肉类加工厂，每天都要用大量的水来冲洗设备，溅到设备润滑点的水很容易被普通润滑油中的添加剂吸收，导致润滑油乳化，进而在高温下发生油品氧化反应，产生结焦、油泥和胶状物质，使润滑油很快变质失效，润滑失败，造成机械损坏。

### 三、食品级润滑油的应用范围

食品级润滑油脂的应用非常广泛，可渗透到食品行业的各个角落。它不仅可以用在普通的对食品机械的润滑上，比如说在轴承、齿轮、链条等敞开部位的润滑，同时也可用在对安全性要求更高的密闭机械中，如用于食品加热用的导热油、用于提供动力的液压油等。它还可以作为水果和蔬菜的保鲜膜层、医药胶囊的载体或脱模剂，烤面包的烘箱、托盘以及模具的脱模剂等。大家比较了解的大米、瓜子的刨光剂，用食品级润滑油就能达到非常好的外观效果，并且安全无毒，食后不会对人体造成任何伤害。所以食品级润滑油脂的应用范围是非常广泛的。

目前世界各国对食品级润滑油还没有统一的定义，但一些发达国家对此要求大体一致。世界上食品级法规最严格的国家是美国，所以很多国家的企业都默认其规定为行业标准。而在国内，由于没有这方面的强制性规定，整个行业使用食品级润滑油尚处于起步阶段，但是为避免使用工业润滑油对食品造成的污染和品质的影响，国际上许多著名设备制造商都推荐食品级润滑油。

### 四、食品级润滑油的组成

食品级润滑油主要由基础油和添加剂调配而成。由于食品级润滑油主要用于食品工业中，所以对润滑油的要求就非常严格，不仅要满足机械的润滑，而且不能污染产品，对食品安全造成影响。

1. 基础油

基础油一般采用加氢裂化的精制矿物油，其特点是组分比较纯净，含硫和芳香族成分少，含水量少，不易被氧化和乳化。另外，常用的食品及润滑油基础油还有聚 $\alpha$-烯烃（PAO），它是一种人工合成的基础油，组分纯净单一，不含硫和芳香族成分，具有天然的疏水性能和耐温抗氧化性能。总的来说，食品级润滑油的基础油必须具有非常好的抗氧化性能、耐高低温和抗乳化性能，使用寿命长，能减少设备的磨损，延长设备的使用寿命，并降低维护频率；同时，还不含有毒物质，不会对产品造成污损。

2. 添加剂

添加剂可以显著改善润滑油的某些特殊性能，或者赋予润滑油基础油某些其本身不具备的性能。在高性能的润滑油中，添加剂的品种和数量反而比普通润滑油少，甚至不加添加剂，特别是很多人工合成的超高性能润滑油。

对于很多普通润滑油而言，其基础油一般为溶剂抽提矿物油，成分比较复杂，含有芳香烃、硫化物和其他不具润滑性能的杂质。为了提高其性能，研究人员开发了一系列添加剂，如抗氧化剂和油性剂等。这些添加剂性能很好，但是往往有一定的毒性，不适用于食品级润滑油。有时候配方中添加剂品种多了，会导致不利的影响。比如有些添加剂含金属盐成分，容易吸收水分，导致油品含水量增加。所以为提高食品级润滑油的性能，要从两个方面着手，一是采用性能出众的基础油；二是开发适用于食品级润滑油的无毒添加剂。食品级润滑油也是从这两个方面着手的。首先采用优质精制基础油，如加氢裂解的矿物油，它的链状饱和碳氢化合物占99％以上，不含芳香烃类，含硫量小于$10\mu g/g$。而普通溶剂抽提矿物油链状碳氢化合物只占65％～75％，芳香烃占25％～35％，含硫量为$13\sim15000\mu g/g$。另一种是人工合成的基础油，油分子被人工设计成一定的大小和结构，成分单一，在微观结构上不给氧化剂和水以结合的空间。其次还开发了针对这些精制基础油的新一代无毒添加剂技术，以进一步提高食品级润滑油的性能和安全性。两者的结合保证了食品级润滑油在食品、饮料、制药工业温湿的工作环境下能保持优异的抗氧化性、耐高低温和抗乳化性能。

### 五、食品级润滑油的分类

多年来，美国农业部的食品安全和调查服务部（USDA/FSIS）对包括润滑油在内用于公用肉类制品和家禽的企业的维护规定和化学品的经营进行调查，使这类企业在美国农业部（USDA）的检查下经营。众所周知，这项"预先审批程序"，是决定食品级润滑油的工业标准。美国农业部/食品安全检查服务部（USDA/FSIS）的"所有物质和非食品合成物清单"是全世界涉及食品和饮料加工厂商的食品级润滑油的"圣经/权威"。清单中分类按标签 H-1，H-2，H-3 和 P-1 列出了所有的润滑油。

USDA H-1 类润滑油，是美国农业部审批的真正的食品级润滑油，允许用于与食品有接触可能的设备部件的润滑。

USDA H-2 类润滑油，通常含有无毒成分/配料，可用于食品加工厂的设备润滑，润滑油或被润滑的机器部件不会有接触食品的可能。

USDA H-3 类润滑油指的是水溶性油，机器部件在再次使用之前必须清洗和清除乳状液。

USDA P-1 类润滑油指的是用于美国农业部的授权书所提出的条件一致的润滑油。这类润滑油不能用于食品和饮料加工厂。

### 六、食品级润滑油的应用前景

随着经济的发展，人们意识到地球的生态环境正在遭受着前所未有的破坏，食品的安全卫生也面临着威胁，进而危害到人类自身的健康和安全，所以食品级润滑油的应用也受到越来越多的重视。其次，从国家监管机构上看，在十届全国人大一次会议上审议通过了国务院机构改革方案，于 2003 年 4 月 7 日正式挂牌成立了国家食品药品监督管理局，它是国务院综合监督食品、保健品、化妆品安全管理和主管药品监管的直属机构。与美国的 FDA 职能相类似，加强了国家对食品安全的管理。不久，中国就出现有关食品方面的专业的标准与法规——《中华人民共和国食品安全法》。

从食品生产厂家来讲，企业生产的食品必须能够安全的食用，这是提高产品品质的充分条件，也是提高产品竞争力的必要条件。所以，企业为了提高产品的品质，提高市场竞争力，采用食品级润滑油也是一个必然的趋势。

### 七、食品级润滑油的认证机构

食品级润滑油的权威认证机构为是美国联邦食品药品管理局（Food and Drug Administration，FDA），隶属于美国卫生教育福利部，负责全国药品、食品、生物制品、化妆品、兽药、医疗器械以及诊断用品等的管理。在食品安全领域，FDA 对食品生产中使用的润滑油有严格的规定，要求润滑油生产商必须使用其规定的配料以避免潜在的化学危害，这个条款为 21 CFR Section 178.3570 of Federal Register。

依据 FDA 的规定，美国农业部（United States Department of Agriculture，USDA）的对非食品化合物包括润滑油有一个清单，按标签 H-1，H-2，H-3 和 P-1 列出了所有的润滑油。USDA 负责检查润滑油生产企业是否符合 FDA 的规定，并对其润滑油进行检测和评价，这就是 USDA H1、H2 等级别食品级润滑油的由来。

NSF 是美国国家卫生基金会（National Sanitation Foundation）的简称。成立于 1944 年。1999 年之后，NSF 自 USDA、FDA 之后接管润滑油安全认证工作，按照 USDA、

FDA 的标准对食品级润滑油增加了成品检测的标准。凡是达标产品通过其官方网站"白皮书"公布。NSF 因在公众环境健康、安全和保护标准，产品测试和认证服务等方面的专业性及权威性而闻名于世。每年有数以百万计消费品、商业和工业产品被印上 NSF 的标识，多年来被消费者、行内人士和生产制造单位所信赖。NSF 认证系统对行内人士、消费者和生产制造单位意义重大。由 NSF 这个公众及政府一致认可的可信、客观和独立的第三方监控机构，已经测试而且查证检定产品遵从特定的标准，这代表着有该标识的产品是经过严格测试而且是对消费者有保证的。

因此，NSF 的认证是最新的食品级认证，而 USDA 也鼓励润滑油生产商重新向 NSF 申请检测并获得评价。NSF 也把所有通过其认证获得评级的润滑油供应商和产品公布在其官方网站查询。

NSF 的认证证书是一封确认信，并没有任何公章，但是有 NSF 相关负责人的签名，判断真伪的最简单、最有效的方法就是上其官方网站查询。

# 参 考 文 献

[1] 张晨辉,林亮智.润滑油应用与设备润滑.北京:机械工业出版社,2001.
[2] 王汝霖.润滑剂摩擦化学.北京:中国石化出版社,1994.
[3] 熊云.油料应用及管理.北京:中国石化出版社,2004.
[4] 梁治齐.润滑剂生产与应用.北京:化学工业出版社,2000.
[5] 郑发正,谢凤.润滑剂性质与应用.北京:中国石化出版社,2006.
[6] 林世雄.石油炼制工程.第3版.北京:石油工业出版社,2006.
[7] 水天德.现代润滑油生产工艺.北京:中国石化出版社,1997.
[8] 李淑培.石油加工工艺学.北京:中国石化出版社,2009.
[9] 颜志光,杨正宇.合成润滑剂.北京:中国石化出版社,1996.
[10] 张景河.现代润滑油与燃料添加剂.北京:中国石化出版社,1991.
[11] 蔡智,黄维秋等.油品调和技术.北京:中国石化出版社,2005.
[12] 谢泉.润滑油品研究与应用指南.第2版.北京:中国石化出版社,2007.
[13] 关子杰,钟光飞.润滑油应用与采购指南.第2版.北京:中国石化出版社,2010.
[14] 王先会.润滑油脂选用与营销指南.北京:中国石化出版社,2008.
[15] 王宝仁,孙乃有.石油产品分析.第2版.北京:化学工业出版社,2009.
[16] 朱焕勤,朱成章.油料化验员读本.北京:中国石化出版社,2007.
[17] 戴均梁.石油产品应用知识丛书:废润滑油再生.第3版.北京:中国石化出版社,1999.
[18] 何大均.工业废油的净化再生.北京:机械工业出版社,2001.
[19] 王先会.新编润滑油品选用手册.北京:机械工业出版社,2001.
[20] 董浚修.润滑原理与润滑油.第2版.北京:中国石化出版社,1998.
[21] 唐俊杰.石油产品应用知识丛书:合成润滑油.北京:烃加工出版社,1986.
[22] 李继武,于新安.废油再生工艺.北京:中国铁道出版社,1984.
[23] 徐先盛.中国石油添加剂大全.大连:大连出版社,1999.
[24] 王松汉.乙烯装置技术与运行.北京:中国石化出版社,2009.
[25] 康明艳.石油化工生产操作与控制.北京:化学工业出版社,2013.